U0380405

国家自然科学基金(编号 51278109)资助项目

建筑自主性研究丛书

材料呈现

——19 和 20 世纪西方建筑中材料的建造-空间双重性研究
第二版

The Presence of Material: Research on Material's Constructional and Spatial Properties
in the 19th and 20th Century Western Architecture

史永高 著

SHI Yonggao

东 南 大 学 出 版 社
南 京

内 容 提 要

材料是建筑学的基本问题。建筑中对于材料的呈现也有不同的态度——压抑或是张扬材料的特征，并由此而至对于材料的隐匿或是显现。本书突破了以往仅从材料的结构属性或技术角度出发的研究视角，而是从材料的表面属性和空间角度来进行探讨，对于正统建构理论中对于材料结构属性的过度关注，以及由此而来的材料与空间之间的失衡状态作出了批判性的解读，以期获得空间－材料的同时性呈现并达致它们真正意义上的平衡。作者首先以"本性"和"真实性"为两个关键线索总结了西方至19和20世纪之交的材料研究，然后从材料、面饰"与空间的关系方面集中考察了森佩尔的建筑理论思想，从而得以区别于结构理性主义，把研究的焦点集中到材料的表面属性上，建立材料和空间在知觉意义上的联系。接下来，作者分章节对材料的显现、材料的隐匿以及材料的透明性等一系列问题进行了分析研究，详细考察了材料的建造和空间双重属性。最后从"抽象约减"与"材料回归"两个方面对于这一问题的思考进行深化并做出总结。

本书在国内首次从理论角度阐述了材料的建造和空间意义，并梳理了西方建筑学中的相关研究成果。在森佩尔以外，还重点论述了早期现代主义时期的路斯、柯布西耶和密斯，以及卒姆托、赫尔佐格与德莫隆、安藤忠雄、坂茂、巴埃萨、帕森等当代建筑师。

本书适于建筑设计、建筑历史以及建筑理论等相关领域的专业人士阅读，同时可作为高等院校相关专业高年级学生和研究生的教学参考用书。

图书在版编目（CIP）数据

材料呈现：19和20世纪西方建筑中材料的建造－
空间双重性研究 / 史永高著. —2版. —南京：东南大学
出版社，2018.8
（建筑自主性研究丛书）
ISBN 978-7-5641-7037-0

Ⅰ. ①材… Ⅱ. ①史… Ⅲ. ①建筑材料—研究—西方
国家—19-20世纪 Ⅳ. ①TU5

中国版本图书馆CIP数据核字(2017)第019408号

材料呈现：19和20世纪西方建筑中材料的建造－空间双重性研究

著　　者	史永高	
出版发行	东南大学出版社	
社　　址	南京市四牌楼2号　　邮编：210096	
出 版 人	江建中	
网　　址	http://www.seupress.com	
责任编辑	戴　丽	
文字编辑	辛健彤	
责任印制	周荣虎	
经　　销	全国各地新华书店	
印　　刷	深圳市精彩印联合印务有限公司	
开　　本	787 mm×1092 mm　　1/16	
印　　张	17.25	
字　　数	480千字	
版　　次	2008年3月第1版　　2018年8月第2版	
印　　次	2018年8月第1次印刷	
书　　号	ISBN 978-7-5641-7037-0	
定　　价	68.00元	

丛书出版说明

"自主性"首先是一个哲学概念，并且不同的学科甚至是同一学科内部对其都有不同的理解。不过，这一丛书并不希望将梳理其渊源与流变作为工作的开始，而是在相当纯粹的建筑学的范围内进行探讨。

通常而言，所谓建筑自主性，指的是因其形式上的合法性与内在意义，建筑具有某种自足自治的特质。虽然一般认为有关建筑自主性的各种观点衍生自艺术领域的自治性，然而，它们毕竟还有着这样那样的区别：艺术品的自主性在于针对大众文化的堕落与破产，而建筑的自主性则来自从文艺复兴到启蒙运动的建筑学学科的成型——教育机制的建立、形式法则的规范化、建筑类型的社会内涵的觉醒……到了20世纪60年代末、70年代初，对于建筑学中使用性质的强调已然导致了其学科边界的瓦解，此时，艾森曼主持的"城市与建筑研究所"及其出版物《反对》再次提出建筑自主性的概念并作出新的阐释：建筑形式自身的突变潜力成为对抗资本主义意识形态对建筑活动的控制与同化的重要（甚至是唯一的）手段。这样，建筑自主性成为保持建筑的社会批判性的一个途径，建筑师和历史学家们也把它视作抵抗资本主义的生产与消费怪圈的最后机会。

与这种基于形式自律的建筑自主性相比，这一丛书中的自主性毋宁是指的建筑学中一些不可抽离的主题，也是一个学科赖以建立的内在要素。其目的在于逐步建立自己的学科对象和研究范式，而不去依附他学科既有的描述语言，从而也不去成为他学科的诠释和映射。设定这一指向乃是基于对建筑学研究的如下认识：

近几十年来，建筑研究越来越多地将视野投向了传统建筑学之外的领域。它们或者借助于其他学科的发展来展开有关建筑理论的研究，或者是侧重于新的技术材料和社会环境问题所引起的建造和使用方式的变化，来展开有关具体建筑实物的研究。但这样的两种研究角度，其出发点往往都超出建筑学本身的范畴。这些研究一方面从外部为建筑学汲取了动力，但同时也对建筑学的学科性形成了巨大的挑战。因为建筑学的一个基本任务便是将这些外部的促动因素与建筑学的某种"内在性"结合起来，这是建筑学科的核心所在。没有这种"内在性"，一切将无从谈起。

在其基本意义上来看，建筑正是用材料来搭建以创造空间，它又必然呈现为某一特定的形式，而最终，任何建造注定将无法脱离大地。材料、空间、形式、场地于是首先成为任何建筑都不可脱离的要素，它们也理所当然地成为建筑自主性研究的重要对象和基础。但是，在建筑自主性研究的框架下，对于这些基本要素的讨论并非独立或僵硬的，而是围绕建筑学的核心来展开。这一意义上的建筑自主性，直指建筑学本身，更为注重建筑学的学科基础。在具体的实物和抽象的理念之外，它还以一门学科独有的特质联系着思想和现实，体现出自身的价值。它超越了艾森曼形式主义的自律范畴，毕竟建筑学的自主性终究是一个悖论，因为其限定条件由外部给定。建筑学的本质不是通常认为的纯粹的自主性，而是包含外部条件限定的内在性。

在中国当代语境下来讨论这一意义上的建筑自主性，不仅必要而且具有特殊的意义。这是因为，一方面现代建筑学的传统和基本内核在中国尚未完全确立，外围因素对于建筑研究的影响在中国也更为突出；另一方面，当代中国的建筑实践已经卷入国际建筑语境之中，建筑创作拥有了前所未有的实现机会和连接国际建筑主题的可能。在这种情况下，如何回到建筑本身，在新的视野下来审视与发展这些主题，呈现出它们在当代建筑学中新的面貌和可能，便成为现今中国建筑学必须面对的一个挑战。

五位青年学者首先展开对于这些基本问题的研究，适逢其时，并展现出不同的视角和途径。史永高的《材料呈现》固然意味着对于建筑物质性的坚守，但更是对于材料的空间可能性的追问；朱雷的《空间操作》不再仅仅专注于抽象的思想概念或具体的物质体验，而是从设计操作的角度将二者联系起来；王正的《功能探译》借助功能概念内在目的性的发掘，将这一议题引向对建筑形式来源及其正当性的探问；周凌的《形式阅读》以几何作为抽象形式问题的核心，追溯从古典到现在之几何观念的变迁；陈洁萍的《场地书写》不再囿于建筑坐落的客观条件，而是融入了主客体互动的观察、设计与操作。他们完成的工作虽然只是一个阶段性的成果，但已可视为某种基础性的准备。期望这套丛书的出版，能够激起更多对于建筑学基本理论的思考与研究，促进建筑学科的实质性发展。

东南大学出版社
2008 年 2 月

致　谢

本书是基于我的博士论文《隐匿与显现——材料的建造与空间双重属性之研究》修改而成。在写作和修改过程中，许多人给予了我生活上的关怀与助益，很难想象没有这些我能够最终完成，我首先要表达对他们的谢意；另一方面或者说更为重要的是，我应该在这里交代对于这一研究有过学术贡献的人，没有他们，就没有眼下的这本著述。

而无论从哪一方面来讲，我都首先要向我的导师仲德崑教授致以最深切的谢意。

师从先生七年以来，先生给予我的既是学术研究上的谨严，更是在学术与生活之间的一种平衡，是他对于生活的一份睿智。我常常想，这种睿智与洒脱该是一种与生俱来的智慧，不是我后天的努力可以造就，便常常惭愧于自己无法拥有这么一种不碍不滞的灵动。幸运的是，氤氲于先生周围的那种气质常常帮助了我逃离于思辨的迷思，并再注入鲜活的内容，使思想更富生机，令论述更有力量。对于这么一个看似实践实则偏于理论的研究，对于思考的逃离与沉浸同样不可或缺，而就人作为一个整体的发展而言，前者甚至更为重要。

材料曾经是一个陈腐不堪而如今又是一个略带时尚意味的课题，无论何者都意味着我要面对难以驾驭的危险——前者是对于自身学术贡献的考验，后者则是对于学术力量的检测。因此，能够最终完成这一研究，在导师以外，我还要感谢许多对于这一研究有所启发或做过贡献的学者。

王骏阳（王群）教授引导我转向对建筑本体性要素的关注，他对《建构文化研究》的评介事实上成为这一研究的学术起点。赵辰教授促使我去思考和辨别最基本的概念，他曾首先问我研究的是"材料"还是"材质"，由此我区分了材料的结构属性和表面属性。

宾夕法尼亚大学的戴维·莱瑟巴罗教授引导我在真正意义上进入对于材料的思考。他在《建筑发明之根》中有关材料的论述，以其独特视角为我提供了西方至 19 与 20 世纪之交时有关材料的研究概貌，其他几本著作则丰富了我对于当代材料问题的认识。2005 年底有机会在南京陪同并向先生请教，这种亲身接触融化了书本上纯然的知识，化为蔓延流动的思想，亦因而更显重要。澳大利亚新南威尔士大学的冯仕达（Stanislaus Fung）先生为我引导和介绍了国际上这一领域的关键学者和著作，但是于我而言，他的意义又远不止此。他对于学科历史的广泛了解和研究动态的深刻洞察拓展了我的视野,历史于是也变得生动而富有生机。如果这么一部有着大量历史性考察和论述的书籍能够少一些陈腐之气的话,在很大程度上是得益于冯先生言说中的生气。2005 年夏日冯先生曾亲自为我讲解莱瑟巴罗有关材料的论述,就如何准确有效地阅读文献而言,这种具体的指导虽然极其短暂,但是影响该是深远的。如果这一著述能够展现出一些精微的分辨与思考的话,应当首先归功于冯先生的教诲。

感谢本校王建国、韩冬青、黎志涛、阳建强、董卫等五位教授在研究开始时提出的宝贵意见。其中,韩冬青教授质疑了那种纯粹材料视角的"表皮"研究,认为它失却了建筑的空间内涵,这种批判态度引人深思,并让我受益良多。感谢莫天伟、项秉仁、陈薇、郑炘、龚恺、张宏等六位教授在答辩时提出的宝贵意见,在对于论文的修改中,他们的意见是一个重要的参照。

感谢澳大利亚昆士兰大学的约翰·麦卡瑟(John Macarthur)先生,在研究的开始阶段,他帮助我梳理了西方语境中与材料相关的一些概念,尤其是它们在含义上的微差。此外,他有关图像与材料之关系的论述也对我有所启发。感谢东南大学陈薇教授对于这一研究给予的持续关注。她认为中国传统建筑中对于材料问题,多为经验总结而鲜有理论思考。这既是特征,但也在客观上为今日的研究带来了困难。在与她的交谈中,这种困惑也传染给了我,并使我对于材料问题中理论形态的思考兴趣更浓。她的数次漫谈在不经意间比较了中西方在材料研究上的差异,但是由此提出的一些问题却非我在这一研究中能够回答。虽然如此,它们还是化作一种问题意识,潜藏在字里行间。我还要特别感谢香港中文大学的顾大庆教授,他不仅与我探讨了书中的部分内容和观点,还在研究方法上给予了指导。他说在想要清晰言说材料问题的时候,他也遇到了诸多概念上的困扰,这一坦言舒缓了我内心的焦躁,此前我一直以为只有我面对着这一困境。他认为目前中国建筑教育中存在着这么一种倾向,就是对于建构的研究变成了对于建造技术的偏执,这让我明确了空间取向的材料研究所具有的本土和当下价值。他关于材料影响空间的三个要素的观点也让我此前的类似设想获得了某种确认,从而对于这一研究有了进一步的信心。

这么一部书稿的完成,如果不能说是七年来学习的最终总结的话,那么它起码也是与这一长时间的经历难以分离的。为此,在母校以外,我还要感谢香港大学建筑学院,在那里所作的短暂的交流与学习,拓展了我的学术视野,因此在许多方面于我来说也是一个新的开始,我要特别感谢香港大学贾倍思教授在此间给予我的帮助和指导。而就广泛意义上的学习而言,我还要感谢北京大学董豫赣副教授,他的《极少主义》一书似乎一下子让我意识到建筑与现当代艺术之间的牵连。我要向东南大学葛明副教授致以深切的谢意,我曾经旁听了他一个学期的概念设计课程,第一次领略了建筑学中的智性特质与内涵,并在建筑学与其他学科之间建立了广泛而真切的联系。

所有这些,我并分辨不清与这一研究有无直接的关联。但是可以肯定的是,没有他(它)们,眼前的这部书将会以另一种面貌,并且是以一种单薄许多乏味许多的面貌在这里呈现。

在这些有过亲身接触的学者以外,更多的却只能从书本上惠受教益。但正是他们,筑起了坚实的学术阶梯,让后来者得以继续前行。对他们的谢意虽然无法被传达,但是将一直珍藏在我的内心。

这几年,与许多同窗好友的相处令我受益匪浅。冯烨专注于墙体研究的硕士论文对这一研究构成了直接的启发,事实上本书中多处都有他的影子。朱雷与周凌对于空间和几何(形式)的研究对我有着直接的助益。宾夕法尼亚大学博士生埃斯拉·萨赫因(Esra Sahin)着重于对材料表面的研究,与她的交流帮助了我在中英两种语境下的概念对照,并区分它们之间的微妙差异。在对于路斯的研究上,与清华大学范路博士的交流使我受益良多。

东南大学出版社戴丽女士在此书出版过程中给予了大力协助,在此向她表达由衷的谢意。

最后,我要把最深沉的谢意与爱献给我的家人,我亲爱的爸爸妈妈,我挚爱的妻子和女儿。在此书完成之际,我的内心在多年的焦灼之后再次溢满了温馨与甜蜜。也是在此时,在我的内心被重新释放的时刻,我方能真切地回忆起我曾经对于家人的漠视。在这漫长的过程中,她们的宽容、理解与忍耐,不是我如今能够想象的,但却总是令我在感激之外满心遗憾。

史永高
2008 年 2 月

献给我的父亲和母亲

目　录

序一

　　永高君是我的本科学生,我曾指导过他的毕业设计。当时他就体现出对于设计问题的探究精神和处理能力。毕业以后,他先后在苏北、新加坡和非洲的设计和施工单位工作过近十年。独特的工作经历,使他对于材料的属性这一建筑学核心问题有着特别的思考。所以,回到学校,再次在我的指导下攻读博士学位的时候,他选择了"隐匿与显现——材料的建造与空间双重属性之研究"这一课题。本书即是在其博士论文的基础上,调整修改而成的学术专著。

　　材料是建筑学的一个基本问题, 一方面它是建筑学科自身建设的重要课题,另一方面,它对于具体的建筑设计实践有着首要的和根本性的影响。

　　回顾近三十年来中国建筑的发展历程,由于改革开放这一独特的历史境遇,与之前几十年的建筑实践相比,这一时段的建筑一直且同时受到来自外部世界的多重影响。在长期封闭以后,国内建筑界快速地吸取外部世界的思想和实践成果。而在内部,从材料视角来看,早期的实践注重地方性的语言,突出地面临着传统手工匠作与现代机器生产的突出矛盾,材料更多的具有符号性的意义。进入 20 世纪 90 年代,一个重要的特征便是由图像化向着物质化的转变——伴随着对于建筑学基本问题的关注和追索,建筑设计逐渐远离材料的图像化拼贴而转向材料的物质性本身。在这一转向中,结构理性主义的思想居于主导地位,在教育领域它对于"布扎(Beaux Arts)"以后的图面建筑具有强烈的针对性,在实践领域则意图去除前十年里赋予建筑的过多文化责任, 回归建筑的基本内核——材料问题。然而, 近几年中对于"结构理性"的理解逐渐落入某种技术的褊狭与偏执之中,建筑成为纯然的"物",而不再是为"人"而存在的"物"。建构学的内涵也被大大简化,竟至成为对于材料与节点的简单暴露。正是置于这一背景,本书的出版对于当下中国的建筑教育与实践具有突出的意义。

　　材料通常被认为是一个纯粹的实践问题,本书则在梳理西方建筑学的相关成果的基础上,从理论形态阐述了它的建造和空间意义。作者一方面以材料来对抗建筑的图像化，另一方面也批判了正统建构理论对材料结构属性的过度关注，以及由此导致的材料与空间的失衡状态，而强调空间与材料的同时性呈现，以及它们之间真正意义上的平衡。这样的两个方面的立场对于中国当代建筑的发展无疑有着警醒的作用。

本书所作研究有不少独到之处。首先，在研究角度上，突破了通常从材料的结构属性和技术角度来进行研究的取向，而是从材料的表面属性和空间角度来进行探讨。这一角度的选取在材料和空间之间建立起了知觉意义上的联系，也扭转了当代建构理论的偏颇。其次，本书提出材料的"本性"和"真实性"问题并把它们作为解读西方材料研究的两个关键线索，起到了纲举目张的效果。在这种考察以后，作者指出二者的象征性实质，因而需要在具体情境下不断地加以阐释。对于"本性"和"真实性"这一性质的认定，为多重层面和角度上的材料研究打开了新的局面。再者，作者从建造角度出发把握住墙体的实体性与层叠性，从空间角度出发把握住材料的透明性区分，以"隐匿"与"显现"来表述上述两种建造方式，并概括不透明材料的表面属性和透明材料的透视属性以及它们之于空间的意义。这便把一个复杂的问题加以系统化和明晰化，并在设计策略上具有应用价值。最后，作者提出中国建筑教育面临的空间和材料的双重挑战，指出空间－材料的同时性呈现之于当下建筑教育的重要意义，也是一种必然的和有效的选择。

这些独到的见解令人耳目一新，突破了以往有关材料问题的论述，也丰富了这一领域中的研究成果。也因此，对于建筑学科本身的发展，以及当代中国建筑教育和实践，都有着颇为重要的理论和实践意义。

从理论上来说，这一研究在注重对现当代建筑讨论的同时，对于19世纪以前的研究取向也有纲领性的考察，尤其注重19世纪建筑转型期的研究，从而拓展了对于材料的思考范畴，并使本书得以在时间的跨度中呈现材料问题的时代性殊异。书中发展了一系列有关材料的理论思考的独特范畴，这使得在技术性探求以外，还有其他的方向和角度能够深化对于材料及其与其他建筑要素之间关系的认识。可以预期，本书的面世，将会促进研究者们更为深入的去思考建筑学的诸多基本问题，诸如物体与图像，本体与再现，材料与空间，具体与抽象，等等。从实践层面来看，这一研究可以对当前的建构教学提供一种补充。同样是以材料为核心，但是这一研究已经不再从其结构属性和具体建造方式来着手进行，而是关注其非结构属性中与空间品质密切相关的部分，这将丰富目前以"建构"为核心的材料教学。另一方面，本书也将有助于提升建筑实践中材料主题的概念内涵。材料不仅仅是围护空间的物质性手段，对于它的操作乃至其存在的本身也都参与构成建筑的意义。事实上，这种具有思辨特质的概念性正是当代建筑学的重要特征之一。

我想，最为重要的是前述理论和实践意义的最终落脚点。虽然作者的主要研究素材是西方建筑理论与实践，但是从研究视角的选择到研究内容的针对性，都无不体现作者对于中国本土的当代实践状况与存在问题的洞察。毋宁说，这一落脚点不是"显现"在外，而是"隐匿"在那些表面的论题与素材之后。也因此，作者才能够对当代西方建筑理论有一个批判性的解读，在国际学术热点和本土境况的结合中，对于学术新潮保有审慎的批判性态度，而不是简单地追随另一种经济和文化境况下的时尚与新潮。我期待着本书所做的研究和思考，将会对中国建筑和中国建筑师对于材料这一基本问题的探究开辟一个全新的领域。

　　二十多年前，当我在英国取得博士学位回国之际，我的导师 R. S. 约翰斯顿教授在赠送给我的书的扉页上题词"到来时是学生，离去时是朋友"，多年来这一句话始终萦绕在我的心中。今天，我愿把这句话题写在这篇序言的结尾，祝永高君在未来的学术生涯中，用建筑教学和建筑实践的成果，为本书的研究，作出精彩的注脚。

仲德崑

2008 年春
于金陵半山灯庐

仲德崑，东南大学教授，曾任全国高等学校建筑学科指导委员会主任。

序二

　　史永高先生的博士论文《隐匿与显现——关于材料的建造和空间双重属性之研究》将要正式出版，他邀请我为书作序。我当然非常高兴，一来是看到自己的学生在认真踏实地做一些事情并取得不错的成果，二来也可借此机会阐述一下自己对于材料问题的一些看法。但是同时我也难免一丝犹豫：虽然我在教学的过程中也将材料作为建构和空间研究的一个重要的问题，但是从教学实践出发的研究和纯理论研究两者是很不同的，我不能因为从一个角度对这个问题做过些思考，就自认有资格从另一个角度对同一个问题发表议论。但是，面对作者的一再催促，不写是不行的了。唯一能做的大概就是从我自己的角度对作者的研究提点看法，或许这也正是作者所希望的。史永高先生在书中几处提到了我和同事在中文大学建筑学系"建构工作室"所做的一个"建构和空间"的设计教学研究（原文题为《空间、建构与设计——建构作为一种设计的工作方法》，发表于《建筑师》第 119 期）。如果把两个研究放在一起作一比较，确实存在很多方面的暗合，但是两者研究的角度又是非常的不同，这大概可以成为这篇序言的切入点。所以，我想从两个研究的比较入手，来谈谈关于材料的建造和空间双重属性之研究的不同策略。此外，我还想谈谈理论和理论研究的分别。

　　史永高先生在书中明确指出这个关于材料的研究所关注的是材料的"表达"问题，也就是如何在设计中从形式和空间的角度来处理材料的问题。他还把材料的表达与那种"图像化"的设计对立起来作为立论的依据。而我们在着手教学研究时也采取了类似的方法，即先在建构表达与非建构表达之间作一甄别。我们先想到的是三种"表达"，即形象的表达，抽象的表达，和建构的表达。形象表达的例子如上海博物馆所表达的"天圆地方"的概念，虽然把这个建筑建造起来必然要采用某种结构形式，特定的建筑材料以及建造的方法，但是它们并没有对该建筑的形式表达有什么贡献。形象的表达也可以说成是"符号的"、"象征的"或"图像的"。所用的词汇虽然不同，但它们都有一个共同点，即建筑的形式表达与建筑的空间和建造没有关系。而抽象表达也可称之为塑性表达，它的例子如里特维尔德的施罗德住宅，抽象的板片成为建筑的主要表达方式，而粉墙掩盖了建造的方式。而建造的表达的例子如卒姆托的老年公寓,水平的混凝土板和垂直的石墙表达了建造的关系,谓之"建构的表达"。后来在教学的过程中我们感到建构表达的内涵需要扩展,这次是由三位现代主义建筑的大师所设计建造的建筑作为研究的重点,它们的空间概念相同,均被视为"流通空间"的典范,但是在材料处理上又是非常的不同。柯布西耶的萨伏伊别墅的粉墙掩盖了真实的建造方式,密斯的巴塞罗那德国馆则重在材料的展示,赖特的雅各布斯(Jacobs House, 1937)所表现的是实际的建造方式。进一步,我们还通过另外的案例分析区分材料表达、建造表达和结构表达。如是,我们得到了一个有关形式表达的范围(spectrum),从形象的表达、抽象的表达、材料的表达、建造的表达,再到结构的表达。从实际的教学来考虑,我们的建构与空间的研究范围是在抽象表达和建造表达之间。

透明的问题在这个材料研究的范围中并没有出现,它来自一个不同的讨论语境(context)。一般我们在绘画和视觉艺术中提到材料时强调两个概念,一是肌理(texture),即材料表面的纹理,二是形式表面的图案(surface pattern)。从建筑空间的角度来讨论材料的问题,主要是研究材料对空间知觉的影响。材料的肌理重在触觉,从空间的角度来说比较平面化,好像并不直接提示三维的空间关系。我觉得肌理的意义还在于两种材料的并置所产生的对比在表达上的可能性。就如同用词造句,单一的词汇的排列不成为句子,不同词汇的组合才能表达一定的意思。两种材料的运用就可能在不同的建筑构件之间作出区分,进而表达不同的意义,如结构和建造的关系等。所以,什么材料本身并不重要,重要的是对比和差异。进一步说,材料的隐匿不一定是粉墙,单一的材料也造成隐匿的结果。通过对材料表达的压抑来宣扬空间。而粉墙如用上不同的颜色,造成色彩的对比,也可以表达结构和建造的关系。如此,色彩和肌理这两个要素在讨论空间知觉时的功能是非常接近的。图案就很不一样了。在绘画和视觉研究中,图案和空间的知觉是直接相关的。这就是吉布森(James Gibson)关于肌理(实际是表面图案)对空间知觉的心理学研究。我们在思考这些问题时进一步发现,色彩、肌理和表面图案还不全面,对建筑空间的知觉来说,材料的透光和视觉穿透性不得不提。材料的不透明、半透明、透明和反射对于空间的知觉具有直接的作用。玻璃作为一种特定的材料理应放在肌理的范畴内讨论,但是玻璃的视线穿透性又给予它与其他材料完全不同的空间知觉可能性。一片实墙不但阻隔了空间也阻隔了视线,而一片玻璃墙虽然阻隔了空间但却容许视线穿透,我们的空间知觉与空间的界定之间就产生了差异。再加上不同的透明材料在视线穿透性上的差异,空间知觉的变化就有很多的可能性。所以,透明作为材料的一个特殊性,是可以拿出来单独讨论的。

通过以上的简单陈述，我们大致确定了在教学中对建构和空间研究的若干问题。当然，这并不是我们所要研究的问题的全部内容。作为一个设计教学研究，最重要的是要解决方法学问题。其次，有关问题还要通过一个逻辑的线索串联起来，既能有序地把问题逐一呈现出来，又有设计的可操作性，可以导致一个最终的设计成果。这才是研究的真正之难点所在。而抓住模型材料在设计过程中的种种运用的可能性就成为解决问题的一个关键。模型材料作为设计的工具，它具有三种基本的特性，即模型材料的操作性，表达性，和象征性。如果把这三个特性放在一个设计的连续过程中，它们恰恰在设计的不同阶段发挥作用。模型材料的可操作性与材料的物理特性有关。一张纸板拿在手上，我们可以切割、划痕、弯折。这些操作的结果是产生了空间。如果是一张比较厚的卡纸板，就只能是切割和拼接了。操作的可能性是和所用材料的物理特性相关的。就这一点来说，用模型在工作室中的操作与建筑工人在建筑工地用建筑材料的操作是极其相似的，都是建造。而我们若只是用单一的模型材料来做设计，它在表达上实际具有"材料的隐匿"的特性。通过对材料的隐匿来突出空间和抽象形式的思考。它不但可以来研究材料的隐匿，在一个教学过程中也有循序渐进的实用考虑。而多种模型材料的引入，自然丰富了表达的可能性。"材料的显现"只是一种手段，问题是表达什么？最后，当我们开始研究建筑材料和建造的问题时，1:20 的模型中材料的运用是来模拟真实的建筑材料。比如，在灰卡纸板上划痕来表现混凝土的模板效果。这时的模型材料的运用实际是将其作为一种象征性的符号，与建构就没有什么直接的关系了，只是一种模拟的手段。把以上的思考综合起来，我们设计了一个练习的操作程序，包含四个阶段：方法，抽象，材料和建造。具体的细节就不在此一一叙述了。

以上是关于我们在中文大学所进行的建构设计教学的研究思路。以此为参照，下面来讨论史永高先生的研究策略。

本书结构清晰，可以分成三个部分。前面的两章交代关于材料研究的理论背景。我注意到作者是将讨论的语境完全放在一个西方建筑文化的思辨中，从西方的理论研究出发，引出问题。这与这段时间国内热衷于建构文化的研究有直接的关系。下面的三章是论文的核心和主体，把有关材料表达的论述分为三个内容，即材料的显现，材料的隐匿，还有透明。不需要太多的理论铺垫，关于材料的表达的研究把"显现"和"隐匿"作为问题的两个方面来讨论似乎是不言而喻的。而"透明"问题在这个理论架构中的出现还是有点周折的。作者用了一个颇具辩证意味的"在隐匿中显现"的题目很聪明地把三个问题联系在了一起。不过我还是可以看出在前两个问题和后一个问题之间可以划一条虚线。在书的最后，作者试图对材料和空间的关系再作进一步的思考，作为对于本书的核心问题材料与空间的双重特性的研究，这一章似乎必不可少。

我比较喜欢的还是本书的主体部分，即对显现、隐匿和透明的讨论，也就是案例研究的部分。作者选择的案例均是历史上的佳例，读者如有基本的西方建筑修养，不需详读内容，就是提及人物和建筑名已经能够大致体会作者的理论框架。在具体讨论"显现"和"隐匿"两个问题时，作者作了主次的分别。如在讨论"显现"时把重点放在路斯身上，在讨论"隐匿"时把重点放在柯布西耶身上。路斯的材料显现与"空间规划"的概念密切相关，而柯布西耶的材料隐匿与他的"现象透明"的空间相关。这两个案例实在是讨论材料和空间表达的最好题材。作者在深入讨论两个案例之后又通过其他几个案例的研究来展开"显现"和"隐匿"两大概念之中的细微分别。比如，在讨论"显现"的部分，作者列举了里特维尔德的施罗德住宅、密斯的巴塞罗那德国馆、路易斯·康的特伦顿公共浴室以及卒姆托的老年公寓，这些佳例为作者的论述提供了有力的证明。至于究竟是材料本身特性的显现，还是结构的显现，或是要素的显现，不同的读者在解读这些佳例时或许会有一些认识上的差别，但是这并不影响对这个问题的基本认识。作者在论述"透明"问题时，放弃了前面用到的有重点案例研究和延伸讨论的方法，对三个玻璃住宅作了并列的讨论。很显然，作者在思考的逻辑上有了一些犹豫。是不是也可以找到一个案例可以作重点讨论，再用其他案例来扩展问题的内涵呢？关键是这个案例可以讨论与"真实透明"相关的空间概念。如果从空间概念和材料表达之间的匹配关系来考虑，在路斯的"空间规划"和柯布西耶的"流通空间"之外，还有什么空间概念尾随其后呢？这里作者似乎遇到了和我们在设计教学面对的相同的问题，即玻璃的透明所引出的空间问题好像属于一个不同的讨论语境。

在书的最后一个部分，作者又把对材料表达和空间的关系的思考推进一个层次，提出了颇具挑战性的问题，如空间优先还是材料优先，物质先行还是形态先行。空间或形态，物质或材料，谁先谁后的问题与设计的方法有关。作者提出这些问题的背景在于空间自现代主义建筑以来所取得的"霸权"地位，而一篇关于材料的文章似乎要对材料的重要性作一申辩。作者在讨论这些问题时主要采用了思辨的方法，试图从理论上来求得问题的答案。而我却觉得既然是方法问题，还是从设计过程的角度思考来得容易。就设计的过程来说，谁先谁后的问题就是从哪个问题入手来设计。答案不外有三：一是空间优先，二是材料优先，三是空间和材料并行。还是用案例研究的方法来讨论这些问题是非常困难的，因为我们很难有建筑师设计过程的翔实材料来作分析。所以，另一种研究的方法就是作者自己设想，如果是空间优先，在操作上究竟是怎样的一个程序。以此类推。就我的体会而言，这三种进入设计的方式都是可能的。事实上，我们从一开始就考虑了三种不同的研究建构和空间的预案。而现在所采用的方式应该是空间和材料并行的方法,也就是空间的产生来自于对材料(特指模型材料)的操作。而且,这三种设计的操作程序各自有特定的讨论问题的重点和范畴。比如,空间优先的设计会重点建立空间类型的框架,若从图(图形、绘画、图解)的角度来研究或许比较方便。材料优先的设计会重点讨论建筑材料(不是模型材料)和建造体系的问题,就必须要先对采用的材料的结构、建造和视觉的特性有感性的认识。每一种进入设计的方式都是一个自成体系的架构,互相之间有交织,也一定有相互矛盾的地方。这也正是建筑设计研究的奇妙之处。

作者还提出了一个材料的自主性问题,即材料是不是可以独立于空间而存在。解答这个问题的困难在于作者在前面的案例研究中试图在空间概念和材料的显现或隐匿之间建立内在的关系。就路斯和柯布西耶的具体案例而言,这种内在的关系确实是存在的。但是,如果我们脱离具体的案例,把研究的视角放得宽一点,空间概念和材料的表达应该是可以分开来讨论的。材料的隐匿和显现作为一种表达的手段可以弱化或强化一个空间概念,不管是什么空间概念。我对这个问题的认识最早来自视知觉的研究,把形式的要素分为基本形式要素和表象要素两大类别。所谓的表象要素就是它们可以改变我们对形式和空间的知觉,但是不能改变形式和空间的基本特性,如大小、形状、关系等。这样,光影、色彩和肌理均为表象要素。试想一下,假如我们把路斯的米勒住宅的丰富的材料表达换成一色的粉墙会是什么样的结果,或把柯布西耶的萨伏伊别墅的粉墙换成不同材料的丰富表达会是什么样的结果?有时候用实验的方法或许更容易来讨论问题。我会尽量避免就这些问题做哲学上的思考,因为我担心过多地陷入哲学思辨有时反而影响到对问题的研究。因为材料和空间的问题,归根结底还是一个操作和知觉的问题。

但是,我并不抵制理论,恰恰相反,理论对于我们的研究也是非常重要的。这里,我想顺便谈一谈理论和理论研究的关系。很显然,史永高先生的论述属于理论研究的范畴,而我们的设计教学属于方法研究的范畴。同样的一个关于材料和空间的问题,这是两种研究的策略。设计教学作为一项研究来进行,必然是需要理论的。我们并没有从一开始就有一个完整的关于建构和空间的理论架构。对形象的表达、抽象的表达、材料的表达、建造的表达等的认识是在一个若干年的教学实践中慢慢达到的。教学研究的本质是操作性的。理论,对我们来说是实验的归纳,是经验的升华,是观察的提炼。它不是固定不变的,而是阶段性的和发展的。它也一定不是完整的,体系和理论的完整性是相对的。理论研究则重思辨,重推理,讲求理论的渊源关系。但是,我觉得理论研究未必就一定非得完全建立于别人的说法之上,在不断的引文中建立自己的体系。就作者的这篇研究而言其实可以有不同的研究方法,第一部分(第一、二章)偏重于历史和理论,建立在实在的历史材料基础上，可以说是典型的理论研究。第二部分(第三到五章)是案例研究，分析和观察的成分多一些，而不完全是理论陈述。在我看来，分析和观察方法的运用不妨再透彻一些。更多地通过个人的观察来做判断。而第三部分(第六章)既缺少历史理论的材料，又缺少案例的研究作为主体，而太多地依赖思辨式的推理，不免会掉入思辨的泥沼。如果作者不在"先有鸡，还是先有蛋"这个问题上费时费力，而是用前面的分析来讨论当前国内设计实践中对建构和空间的探索，或者对设计教学中的案例做深入的分析，或许会更有意义。

我们还可以把教学研究和理论研究的关系再扩大到实践、教学和理论的三角关系来讨论理论研究的重要性。最近几年国内的建筑设计实践出现了一个对空间和建造的不断增长的兴趣，涌现了一批代表性的建筑师和设计作品。相对来说，设计教学对这个问题的关注尽管要早很多，但是就影响力而言，不能和设计实践相提并论。而理论研究方面，似乎又要比设计教学来得弱。我认为这是三种设计研究的方式，各有不同的特点和局限性。设计实践是最直接、最有力量的设计研究，但它往往缺少系统性，受到实际条件的制约，有经验的局限性。相对来说，设计教学研究可以把问题放在一个近似于实验室的环境下来进行，又可以超出个别建筑师的设计经验的局限，着眼于设计的一般规律的研究，其结果应该有普遍的适用性。理论研究应该是从一个更高的层面来看问题，更加关注于设计实践和设计教学研究背后的思想渊源和学术背景，能够提供一个讨论和分析建筑设计的观点和方法。就这一点来说，史永高先生的研究的最重要的意义在于为我们提供了一个研究建筑的材料和空间问题的特定视角。对于我国"布扎"之后的设计理论建设而言，这是非常重要的一个贡献。

2008 年 2 月 28 日

顾大庆，香港中文大学建筑学系，教授。

绪论：空间要素介入材料研究的必要性与可能性

一、问题提出的背景及研究对象的确立

1. 问题提出的背景

（1）图像时代及抵抗建筑学

材料是建筑学的一个基本问题。如果说传统上材料的重要性源自建筑本身的物质性，那么，今天重提材料问题则往往还与对"图像"的抵抗相联系。

法国学者雷吉斯·黛布雷把人类社会划分为三个时段（书写、印刷和视听），并声称今天我们已经处于所谓的"视听时代"，在这一时代，"视觉"处于至高无上的地位[1]。而前国际美学学会主席阿莱斯·艾尔雅维茨更是直指这根本就是一个图像的时代，在其《图像时代》一书中，他干脆借用安迪·沃霍尔的话来作为第一章的标题："我从不阅读，只是看看图画而已。"[2]弗雷德里克·杰姆逊指出，这种现象主要源自两种力量：一是晚期资本主义的生产方式，二是高度发达的大众传媒。这些现象也常常被笼统地看作是后现代文化的主要特征，——虽然以图像化来概括后现代主义难免以偏概全。

在这种以短暂性为特征的无根文化中，建筑以其物质性以及相对的恒久性被寄予厚望，希望它能作为一种抵抗力量，在纷繁瞬变的图像时代成为人们实在的、可以依托的处所。但是，在一个从总体上来说朝向"图像"的文化转向中（相对于之前的语言学转向），建筑也并不能独善其身。如果说后现代建筑在对于早期现代建筑抽象性的反思中找回了建筑的具体性，那么却由于这种具体性的获得过多地依赖于意义上的阐释及形象上的象征而忽略了建筑的实在性。在对于思想领域的后现代性的图像化移植中，它把建筑简化为视觉上的符号拼贴，也便背离了后现代建筑的现象学回归的初衷。从这一意义来说，建筑界的后现代实践非但没有成功寻获人及建筑的根本意义，反而由于其对于建筑的真实性和实在性的过于轻易的放弃，而在事实上加入了图像化消解的合谋。

这在总体上被以"布景化"来笼统描述，它也构成了肯尼斯·弗兰姆普敦以"批判地域主义"为主要内容的"抵抗建筑学"所要抵抗的重要对象。在他首版于 1980 年的《现代建筑——一部批判的历史》在 1992 年第三版时，他把其中被称为整部著作精髓的一章的标题由"场所、生产与建筑"改为"场所、生产与布景（sceno-graphy）"，以此表明所谓后现代建筑带来的不良影响的严重程度。作为抵抗建筑学的重要内容，也是对抗建筑图像化

的重要手段和途径，材料理所当然地得到了特殊的重视。这也成为当代建筑学中材料研究再次兴起的总体背景。

但是，单纯的对于材料的关注果真可以成为疗治图像化的良药吗？抵抗本身又如何不会被它的对象所同化，如何不会成为被抵抗者的另一种形式？——就像早期现代主义在以白墙来抵抗装饰的同时，白墙不也正是成为了另一种装饰吗？无论是高技术的产品主义式的精雕细琢，还是对于材料的感性特征（尤其是也常常是视觉特征）的精心组合，在当代建筑学中，这种对于材料就事论事的态度，事实上正在使得材料越来越变成另一种图像。从这一意义来说，它凸显了以建造和结构为基础的建构文化的重要性。在《建构文化研究》这一继《现代建筑——一部批判的历史》以后另一部颇有影响的著作中，弗兰姆普敦事实上延续了他的"抵抗建筑学"，并通过对于建造、结构等建筑的实体性层面及其潜在表现力的深入论述，把这一原则赋予了某种实践上的可操作性。就对抗建筑图像化而言，则因其对于重力要素的强调而切入了建筑的物质性内核，比那种单纯视觉性的材料迷恋更有力量。

（2）建构学的意义及其局限

在反"布景化"建筑以外，《建构文化研究》一书还有另一个重要目标——就是扭转现代建筑以来对于空间的过度关注。在弗兰姆普敦看来，建构文化虽然自卡尔·博迪舍和戈特弗里德·森佩尔以来一直贯穿在现代建筑的发展中，但是，"建构"作为一个建筑学概念却逐渐从理论家们的视野中消失了，取而代之的是"空间"等新的建筑学概念。受到森佩尔深刻影响的德国学者奥古斯特·施马索夫提出了"空间创造"的概念，它在这一点上具有开创性意义。施马索夫把空间作为建筑创造的根本所在，而在弗兰姆普敦看来，"自那时起，空间已经成为我们建筑思维的一个不可分割的组成部分，以至不强调建筑的时空变化，我们就无法思考建筑"[3]。这种对于空间的过度关注压抑了对于建筑其他品质和潜力的探索和表达，自然也便需要以对于空间赖以生成的实体构成方式的关注来加以平衡。对于这种平衡或说扭转，弗兰姆普敦特意强调，建构文化的研究"无意于否定建筑形式的体量特征，它寻求的只是通过重新思考构筑空间所必需的建造和结构方式来丰富和调和人们对于空间的优先考量"[4]。

然而，贯穿整部著作的对于结构理性的强调损害了为达成这一目标所作的努力。弗兰姆普敦从法国人克劳德·佩罗来着手追溯现代建构形式之起源这一事实本身就说明这一研究对于力学意义上的结构的偏重，也说明他对于广泛意义上的材料问题的阐述的相对不足。事实上，与其说《建构文化研究》扭转了现代建筑以来对于空间的过度依赖，不如说在对于建筑实体重力传递的视觉可读性的强调中，在对于材料的结构属性和建造特质的关注中，并没有有效地表达材料与空间之间错综复杂的关系。因为，正如唐考·潘宁在她的博士论文《空间–艺术：空间与面饰概念之间的辩证关系》（*Space-Art: The Dialectic between the Concepts of Raum and Bekleidung*）中雄辩地论证的那样，空间概念的产生与森佩尔的"面饰"概念有着不可分离的关系[5]。路斯则更是发展了森佩尔的面饰的原则,指出对于空间的感受真正起决定性作用的是房间四壁的表面,而非其背后结构性的支撑,进一步说,真正影响空间的是材料的表面属性,而非其结构属性。这样,弗兰姆普敦在对于希腊哥特与新哥特的对比中,在对于法兰西–盎格鲁结构理性的追溯中,对于材料之于空间的意义,不能不说仍然没有得到适当的表达,而对于"构筑空间所必需的建造和结构方式"的"重新思考"便也难以完全达到"丰富和调和人们对于空间的优先考量"这一目标了。

2. 研究对象的确立

(1)研究对象的确立

综上所述,单纯的对于材料的"表达"——不论这种表达是貌似理性的高技还是对于其感性特质的强调——都无法对于建筑的图像化倾向进行有效的抵抗。而根植于结构理性的现代建构文化由于过于偏重材料的结构属性,也无法建立起材料与空间这建筑学两大主题间的有机联系,其对于重力传递的视觉可读性的过分强调,则更是容易滑入另一种图像化的窠臼。即便如此,《建构文化研究》在两个方面对于本研究有着重要的意义。首先,从根本上来说,对于材料的关注与兴趣源自 2000 年左右国内大学建筑院系中弥漫的一种独特的气息——材料与建造等问题代替了形式获得了前所未见的中心位置,而这一转变是与其时对于《建构文化研究》的引介分不开的[6];其次,这一研究也得益于王群(王骏阳)教授关于此书的一篇评论式导读,其中,王群教授指出弗兰姆普敦在此书绪论部分对于材料的理论论述的不足:"……对于建构来说绝不在'结构形式'之下的材料的使用在'绪论'中只在对森佩尔理论论述中略有提及而未能成为一个重要的'反思'主题。这不能不说是'绪论'一章的不足之处,尽管我们完全有理由相信材料特性的重要性对弗兰姆普敦来说是不言而喻的。"[7]

这一略嫌苛刻的评论提示了另一种研究的可能性:即在承认材料视角与建构视角具有相当程度的交叉与重叠的同时,我们更有必要关注它们到底有哪些不同,这些差异又能带来一些什么新的启示?于我而言,它展示了两种可能的方向:①与弗兰姆普敦强调材料的结构属性不同,材料的非结构属性(主要是表面属性)可以进行探讨;②在他为了抵抗 20世纪 60 年代以来建筑的"布景化"以及整个现代建筑期间空间的绝对霸权而强调建筑实体的理性建造的时候,材料的表面属性与空间特性之间的关系其实可能值得进一步去研究,并且在这一取向中,空间与材料在其重要性上将得到更好地平衡,而不是把它们置于一种等级体系之中。

更准确地说,这一研究将从表面属性和透视(see through)属性两个方面来探讨材料与空间的关系。这一研究视角的选取乃是针对于当前建筑学领域中材料研究和应用的两种流行倾向:一是正统建构理论中对于结构的真实性再现或表现的苛求;二是当代建筑实践中材料研究和应用的图像化态度。虽然两种态度差异颇大,但是其共同点在于它们都有意无意地忽视了材料的空间意义和内涵。不幸的是,这两种态度在当代建筑教育与实践中却得到广泛的认同,对于建筑学的潜在危害尚未得到充分的认识和正确的对待。

（2）对象确立的针对性

以材料为研究对象,但是从空间的角度来切入,因此,材料与空间的关系便显得尤为重要。而这样的一个研究对于中国的建筑教育和实践具有尤为突出的意义,因而这么一个对象的确立便有着强烈而具体的针对性。而它的突显则首先需要被置于当代中国建筑教育与实践的宏观背景之中。

由于整体上缺乏现代建筑的健全发育以及对于现代建筑的风格化理解,建筑的图像化现象在教育和实践中一直甚为严重。而在新的传播媒介的推动下,这种状况正在愈演愈烈。假如撤除建筑生产全过程中的社会性因素而单纯从设计者的角度来说,这反映出建筑教育的偏颇。首先,长期以来,在种种客观条件的限制下,建筑学院里对于西方建筑史教育的关注点一直集中于古典时期(古埃及至 18 世纪末期)和成熟现代主义时期,至于二者之间的过渡与孕育,则常常由于对 19 世纪的折中主义的批判而掩盖了另一方面的探索。然而,正是这一时期基于材料与建造的探索,以及由现代艺术导引的现代空间观念的逐步成型奠定了现代建筑的基础。与这一阶段相比较,二战以后的现代建筑实践已经多了一些教条而失却了当初的活力。其次,就现代建筑设计方法的教育而言,从创始之初被简化了空间和建造内核的"布扎"的形式构图,到后来的抽象的"泡泡图"功能类型分析至 20 世纪 80 年代初期引进的抽象形式构成系统,直至最近十年伴随着传统媒介和电子媒体的双重发达而来的对于国外建筑设计界探索的一种"图像化"引入,材料与建造始终处于一种相对缺席的状态,而现代建筑的空间观念也始终没有得到充分的发展。这样,外国建筑史教育的取舍及设计方法教育的偏颇,在很大程度上导致了我们对于现代建筑的材料与空间内核的抽取,只剩下一种风格化的理解。

这种状况也几乎实时地映现于建筑实践之中。虽然多年来不乏一些优秀的建筑,但是在很多情况下,现代建筑的空间观念却还没有得到广泛的理解和实践;而对于材料的态度,也一直集中于技术性层面,至于其他层面上的研究则缺乏深入的探索,尤其缺乏理论上的深入思考。

正是基于这种认识,最近约十年以来,在教育和实践领域都有回归建筑基本要素的努力。希望通过回到建筑构成的基本要素使我们有可能"清除意义的干扰",从而使得"建筑就是建筑本身,是自主的存在,不是表意的工具或说明他者的第二性存在"[8]。具体来看,无论是在建筑教育还是建筑实践上,空间与材料常常被视作最为基本而不可约减的要素,在近二十年来受到越来越多的重视。只是二者之间那种互为依托的关系却常常被忽视,因而常常处于一种分离的状态——即由前十年的抽象空间构成而转向后十年的材料和技术关注,但是都忽略了它们——尤其是表面(*Bekleidung*)与空间——在源头上的互文关系。

在这样的国际和国内背景下,如果说西方当代建筑在以材料关注来扭转空间霸权的话,那么事实上我们则面临着双重任务:既要对抗图像化的不良影响,又要敏感于材料的当代思考与实践。而对于空间——如果说它不再是绝对的主角的话——则需秉持一种相对审慎的态度,不能以牺牲空间的重要性来获得对于材料的认知。相反,应该在对于材料与空间之关系做出研究的基础上,以材料来丰富空间的创造,达成一种真正的平衡。

二、研究展开的方式

建造是讨论建筑中材料的不可避免的主题。

因为建筑中的材料都是经过处理的材料,因此,所有的"建筑材料"究其本质来说都是人工材料(artificial material),灌注着人工的痕迹,而绝没有任何"自然的(natural)"材料。建造正是这种"自然的"材料的人工化的过程,也是建筑物生成过程中一个不可避免的环节。也可以说,建造是材料的必然延续,是它的必然要求。建造是材料与形态之间的连接与中介。固然,建造本身(这一"本身"当然也包括构成建筑的原料或者说作为建造行为对象的材料,以及建造行为的结果——建筑的形态)构成建筑的意义,但是从通常意义来说,建造的指向是空间。换句话说,建造与空间是在建筑学中讨论材料时所要面对的两个必然属性。也正是由于这一特性,这种讨论方才得以区别于建筑工程中那种单纯技术性的关注,也才能区别于非建筑学科对于材料的研究。

就对于空间的知觉感受而言,材料的意义首先在于它的透明性,这一属性直接决定了空间的明暗及其限定性的强弱;其次,它的意义还体现于不透明材料的表面属性(主要指质感特征),在这一方面,质感的强弱以及材料的多重与单一构成影响空间质量的主要因素。当然,这里突出不透明材料的表面属性并不是说透明材料没有表面属性,只是因为与透明性相比,它的表面属性显著地退居次要地位。而从建造角度而言,材料则既有结构与非结构的区分,也有饰面与实体的不同,还有物质化与非物质化的差异。它们当中有的是纯粹的建造问题,更多的则是与空间发生关联。但是,无论从空间还是建造角度,核心问题都是材料如何向我们呈现。

这种呈现既可以是对于材料张扬的表现与赞美,也可以是对其故意的收敛甚或压抑。换句话说,既可以是显现也可以是隐匿。这也使得本书得以确立"隐匿"与"显现"这样的主题来具体展开对于材料呈现的研究。

作者在两个意义上来使用"隐匿"与"显现"这一对概念:①它反映了设计者(或者建造者)对于材料选择和使用的态度,是表现和强调材料的特征,还是放弃和压抑对于材料的表现;②它还反映了材料自身的透视属性,简单来说,视线穿过而使材料的自身得以隐匿,视线不能穿越或部分穿越使材料得以显现。因此,前者描述的是 Celebration 与 Suppression 的关系,而后者反映的则是 Visible 和 Invisible 的关系。这样,"隐匿"与"显现"的表达方式就同时包含了设计主体对于材料的主动态度和客体(材料)自身的视觉属性这样两种基本含义。这样的两种含义也对应于前述材料对于空间的知觉性影响的两类主要因素。

需要指出的是,就材料的表面属性来说,任何一种材料都有其特定的触觉与视觉特征,包括光滑的白色粉刷。在江南乡村的黛瓦白墙绿树碧水之间,白墙便突出地以其质感和颜色参与了那种如画景致的构成,"显现"了自身的独特属性。但是,在"隐匿与显现"这一二元对立中,白色粉刷的应用被定义为一种"隐匿"材料的态度和方式,以便与其他那些质感相对丰富之材料的表现相对比。具体说来,把白色粉刷定义为对于材料的隐匿,一方面有着特定的指谓——以 20 世纪 20 年代的白色建筑为代表(而柯布西耶的作品可以认为是代表中的代表),另一方面它并且也为着特定的目的——对于建筑中材料因素的压抑以突出其抽象空间和形式的品质,这一目标先是在 20 年代白色建筑中被追求,并还在 60 年代"纽约五"那里进一步得到发展。

此外,虽然由于白色粉刷看上去其自身缺乏独特的表面属性而呈现一种隐匿的状态,在这一研究中,它还由于同时隐匿了建筑的真实建造材料而具有另一重含义,而这已经牵涉到层叠建造(layered construction)与实体建造(monolithic construction)这两种基本建造方式的问题。毫无疑问,由于白色粉刷自身的和易性,它在任何情况下都是依附于别的建造材料,换句话说,它总是掩盖了建筑中真正起到支撑作用的材料。从对于结构真实性和清晰性的表达这一角度来看,这其实构成了另一种隐匿与显现的关系,虽然它并非本研究的重点。总之,在隐匿与显现的笼统的两重含义之下,还有着更为细微的差异与分别,这些分别只能在具体的论述中方才可能展开讨论。

需要指出的是,就以上这两种基本含义而言,它们并非截然分离,而是在另一层次上有着诸多共性,这些共性大多与"透明性"有关。

阿德里安·福特在他的《词语与建筑》(Words and Buildings)一书中区分了三种"透明性",分别是材料的视觉透明性,柯林·罗与罗伯特·斯拉茨基提出的空间的现象透明性,以及安东尼·维德勒所谓的意义的透明性。然而,回顾 20 世纪 20 年代早期现代主义建筑成型的时期,我们还可以再加入两种含义上的透明性:一是社会意义上的,一是建造意义上的。前者关乎意识形态的追求,后者则人对于建造的理解和把握。最好的例证莫过于柯布西耶的白色建筑——它的部分目标便在于向公众传递一幅民主、公平、透明的社会图像,并且给人以一种实体建造的感觉。

在这个理想的民主社会中,一切都是透明而公正的。而白色建筑所表达的关于"透明"社会的理想,同时也为诗人和建筑师们以玻璃的透明性来追求。这既体现于 20 世纪初叶保罗·希尔巴特的诗作中,也还体现于布鲁诺·陶特那一时期建成和未建成的建筑创作中,直至 20 世纪 80 年代法国总统密特朗掀起的对于透明性的更高技术层次的追逐。于是,白色的表面以其隐喻意义与材料的透明性共同致力于表达和构筑一个现代的、透明的、民主的社会，也正是这样的一个社会，成为早期现代建筑奋斗的目标，并成为它努力表达的对象。

而从建造含义上来说，白色的粉刷有如一个魔具，把整个建筑装扮成一个同质性的实体，给人一种实体建造的感觉并在对于建造的知觉性上传达着另一种透明：在一个实体建造中——虽然它们无一例外都是貌似实体建造而实际却是层叠建造，看到了表面便就知道了内部的材料，从而对于视觉与理解力而言，墙体失去了厚度，化为透明。换句话说，虽然这一层表面最终只不过是一个图像，它却传递了一个实体性的外观，"达成了现代建筑所渴望的真实性，一个不能再被约减的实体，在视觉的凝视下渐显透明"[9]。而有趣的是，"凝视下的透明"恰恰正是材料的透视属性。

这种与透明性的紧密关联事实上反映了白墙——材料物质性上的隐匿，与透明——视觉意义上材料的隐匿，在更深层次上所具有的共性：一是建筑中轻与重的不同意向；二是建筑中物质化与非物质化的对立。两者都是早期现代主义的探索主题，并在当代建筑中被进一步挖掘。

建筑一直是与"重"相联系，这首先是由于作为物质性的实体，它无法逃脱重力的束缚。但是，这种"重"又不仅仅体现在其字面意义上，在某些情况下，其隐喻含义甚至更为突出。而在新技术和新观念的驱使下，"轻"在20世纪初的建筑中成为了一种理想，厚重的墙体被细细的架空圆柱所取代，白色的外表则强化了这一"轻"的意向。而玻璃的透明性更是在视觉上使得建筑近乎消失，化作无形，失去了最基本的对于"重"的获得途径。于是，白墙对于材料的隐匿和玻璃自身的隐匿共同服务于建筑中"轻"的品质的塑造。在这一意向的塑造中，建筑获得了一种"非物质化"效果的呈现。弗兰姆普敦在《建构文化研究》关于密斯的一章中，有十四处提到他建筑中的非物质化现象，而最为显著的两种便是玻璃的透明和白墙对于材料的隐匿[10]。二者也在包豪斯校舍中得到综合性的体现并完美结合。

这样，不妨把"轻"与"重"、"物质化"与"非物质化"作为藏在"隐匿与显现"背后的深层内涵。这一内涵事实上也表明，虽然本书主要从建造与空间的双重性来对材料进行研究，但是它不可能局限于这样的范畴，而是不可避免地要触及它的某种文化属性与内涵。

三、相关研究成果综述

无论材料还是空间都是建筑学中最为基本的问题，因此对于它们的研究也几乎可以说是以不同的方式贯穿于建筑学的整个历史。但是长久以来，对于材料的研究要么过于侧重其技术性内涵，要么是一味集中于其文化性外延。前者在具有操作性强的优点的同时却缺乏对于建筑学问题的综合思考；而后者则在拓展了思考范畴的同时却难以触及建筑学的核心问题。

本书选取了一个独特的角度来切入材料问题的研究,探讨对于材料一些重要的非结构属性的表现与否对于建筑空间的影响和意义。若是严格地就这一角度而言,类似的综合研究并不多见,而多为散见于学术期刊中就某一具体问题展开的一些专题性论文。但是这并不是说这一研究完全是自生自发而来,相反正如绪论第一部分"问题提出的背景及研究对象的确立"中对于《建构文化研究》的述评所呈现的,它从一开始便受到其他研究成果的影响。这些成果一方面在具体论述的时候提供了帮助,另一方面也在研究对象的具体选取和问题展开方式的确立上形成了制约。

总体来看,由于材料问题极强的技术性和实践性,对它的研究和论述在很长时期内一直完全集中于实践性层面。无论是维特鲁威的《建筑十书》,还是《营造法式》都意在指导人们的具体实践。当然,这并不是说它们之中没有理论思考的质素(事实上所有理论思考的质素恰恰最终都是来自于实践的需求与经验),而是说这一质素并未以理论形态来加以表述,有赖于后人的反复诠释。在西方,这一状况自15世纪的阿尔伯蒂之后有了重要的改变,而在中国则一直没有这种转化——甚至放大到整个建筑领域的论述也未在技艺、法式之外发展出另一途径的思考。在19世纪建筑发展的断层之后,则几乎完全是取用了西方建筑的思考与论述范式,这种状况凸现了观照西方研究成果的重要性。此时,我们首先碰到的其实是语言的差异。

1. 不同语言间概念的差异及内涵的区分

"材料"在汉语中的应用时间并不长,此前,皆是分开使用作"材"和"料",二者之间有着相近但是又有差异的内涵。中文的"材料"通常被当作英文"Material"的对等表达,但是假若把"Material"仅仅当"材料"讲,则法国建筑师和理论家凯奇对于森佩尔的拓展就会令人非常费解[11],因为,无论如何我们是无法把生物学(biology)或是信息(information)归入有形有态的"材料"里去的。然而,若是放到西语的语境里,这一切似乎又都顺理成章——在与"意识"相对的"物质"(Material)之含意上,它们无疑不属于前者。于是,在"物质"与"材料"间彼此的联系与疏离上,Material 保有了一份模糊,从而使得"材料"的内涵更为深厚,这一点却是在由西语向汉语的翻译过程中被丢失了的。

与 Material 含义相近的词语,尚还有"Matter / Materiality / Materialization"等等,它们在有关"材料"研究的英文文献中(尤其是近些年的研究文献中)也颇为常见。"Matter"的使用历史更为古老一些,并且哲学意味也更为浓厚;"Materiality"和"Materialization"皆是由"Material"引申而来,其中,"Materiality"更为强调材料自身的性质和它在建筑中的表现。这一区分微妙而复杂,美国建筑师理查德·威斯顿这样来解释"Materiality"在建筑学意义上的独特性:"如果说关注'材料的本性'这一态度强调了材料能够做(do)什么,那么,'Materiality'则被用来表达材料是(are)什么——并且更多地与材料给人情感上的影响相关联,而非其结构用途。"[12]虽然这一解释略嫌粗糙,不够精致缜密,但在帮助我们把握它在当代建筑学中的含义时却也有其简洁的优点。"Materialization"则强调由概念向着实物的转换而非某种静态属性的描述。在材料的现象学回归以及概念性思考越发重要的情况下,"Materiality"与"Materialization"在当代建筑学中也越发重要。在以上概念的简单剖析之外,也有必要对于"Materialism / Material-ist"与其汉语语境的含义作出梳理。由于 20 世纪马克思主义在中国的巨大影响,使得中文语境中的"Materialist / Materialism"已经成为了一个纯粹的马克思主义哲学意义上的"唯物主义"或是"唯物主义者"了。但在材料论述的领域,"Materialist / Materialism"则主要意指一种以材料(的结构和加工属性)为主要的甚至是唯一的或者最终的决定因素的观念,或可称作"材料决定论"。此外当"Material"和"Materialization"加上前缀 De-或Im-的时候,则获得了各自的反身意涵,即所谓的"非物质化",这也是当代建筑学比较热衷探讨的一个话题,但是至今尚没有一个很好的中文语境能够与之相对照。

从某种程度上来说,翻译在于尽可能地接近原文和原词这个极限,而极限便只能是无限趋近却永远不能到达,因为在两种符号系统之间并没有单一的对应关系。不过就一些关键词语的翻译而言,重要的不仅仅在于字面上对于这一(些)词语的接受,更重要的是真正吸收其所包蕴的思想内涵。因而,在这种字面上的翻译背后,更重要的是其后隐藏着的一种经验向另一种思维方式的转渡。

2. 国外相关研究成果及其不足

(1) 材料研究的三种取向

西方在对材料的研究上,总体说来,森佩尔在 150 年前归纳的三种路向至今仍然有效:①材料决定论者(Materialist)——认为由材料的性能自然可以得出理所当然的形式来;②历史主义者(Historicist)——常常以一种(新)材料去模仿历史上基于一种独特材料和工艺而来的建筑形式;③思辨主义者(Schematist)——材料的应用成了一种完全有赖于智力思辨而排除直觉与知觉的活动[13]。今天看来,以上三种路向其对应的缺陷分别为:①落入看似纯粹客观的产品主义的俗套,而忽视和漠视了人的因素;②难免一种恋乡怀古之情节,却以忽视与漠视当代的社会、文化与技术条件为代价;③迷失于哲学的思辨之中而不能自拔,最终却是远离了建筑本体而不知所终。需要指出的是,以上划分仅只是一个相对的分类,彼此之间的界定也并不严格。比如,在森佩尔看来,与其几乎同一时期的英国的奥古斯特·威尔比·普金和法国的维奥莱-勒-迪克可能会是材料决定论者,然而,他本人却又被同时代学者(如艺术史家李格尔)或是后世的建筑师(如贝伦斯)指为材料决定论者。即便如此,这种划分依然提供了一些基本的参照依据。

与其他两种态度相比,材料决定论在近现代以来占据主流,也颇富争议。这一态度得益于两个阶段的发展:一是 17 世纪以来静力学和材料科学的进展,使得文艺复兴建筑中那种绝对的或者说美学上的比例受到怀疑和挑战,但那时还局限于对自然材料诸如石、砖、木的讨论;第二个则是19世纪工业材料,尤其是铸铁和钢筋混凝土在建筑中的应用,它们促使人们在静力学和材料力学进一步发展的基础上,来重新思考前两个世纪关于所谓材料"本性"和"真实性"的讨论。(甚至可以认为,整个西方建筑史中关于材料的讨论都是围绕这两个概念展开的,详见本书第一章。)因为,以自然材料为考察对象时,制作、工艺以及其他因素如气候等,只是作为偶然要素对材料的本性施加一种附加和辅助影响,然而,对于那种完全是人工制作的材料而言,事实上它的本性在很大程度上根本就是由制作过程来决定的。如果说对于自然材料,本性是通过工艺(art)来理解的话,那么,对于人工(工业)材料,其本性则根本就是由工艺来决定了。但无论如何,由于铸铁和钢筋混凝土这两种材料的巨大结构潜力及其对于建筑学的重要意义,材料的结构属性被赋予"本性"的地位却是不争的事实。因此当奥托·瓦格纳的《现代建筑》出到第四版时,名字被更改为《我们这个时代的建造艺术》。这一更改生动地反映了19世纪末材料问题的重要性,也表明了瓦格纳对于那些沉湎于各种拼凑历史风格的做法的反感,而希望创造一种与新的材料相一致的建筑形式。

可以说,19世纪中至20世纪中整整一个世纪的时间,材料的结构属性占据了绝对主流的地位。也正是由于这一原因,阿尔瓦·阿尔托对待材料的"人情化"态度使其成为现代建筑大师中的一个另类,也在很长时间中不能与其他四位相并列。而另一位现代建筑的重要开创者——奥地利建筑师阿道夫·路斯——则更是在其去世后被整整湮没了近四十年之久。

瓦格纳寄望于由对新材料的尊重发展出新建筑的希望很难说是成功的,因为正如潘宁所指出的,事实上直至现代建筑空间观念的建立,建筑师们才最终走出折中主义的风格拼凑而发展出新的建筑。但是得益于19世纪德语区一批建筑理论家的工作,并基于抵抗建筑学的批判地域主义思路,弗兰姆普敦发展出了当代建构理论。它针对现代建筑中的空间霸权以及后现代文化中的建筑"布景化"而提出材料、结构与建造的重要性,其重点并不在于讨论建筑的具体构造方式,而是希望从建构的概念入手建立本体论基础上的建筑评价体系 [14]。但是,正如王群教授所指出的,相较于对结构受力体系在建构理论中的重要性,《建构文化研究》的"绪论"部分(也是此书集中的理论论述部分)对材料的重视则略显不够。此外,在一定程度上它也忽视了当代建筑中的表皮独立性以及由此带来的一系列问题,因此常常难免让人感到对当代实践的回应略嫌乏力。

(2)材料、表皮与空间

虽然表皮在近二十年中引发了越来越多的关注,但是在建筑史中,表皮的内涵复杂多样而非清晰单一。它通常被理解为建筑空间的围护(enclosure),而根据不同情况,建筑表皮又可能指向围护结构的表层。相较于后现代时期对于表皮的符号和象征意义的强调,当代建筑更为着眼于它的材料与制作。虽然就整个建筑来说它有其浮表性,但是就其自身构成来看又有其实在性。此外,当代建筑学被引入更广泛的理论和哲学范畴，表皮也以其他同类词语不具有的复杂性与抽象性获得新的建筑学内涵。

宾夕法尼亚大学教授戴维·莱瑟巴罗在其《表皮建筑》(*Surface Archi-tecture*)一书中展现了表皮的历史厚度。从结构与表皮的分离开始，他不仅考察了19世纪的瓦格纳、路斯等人的实践，更对于当代建筑中的表皮现象作出了回应。他反对当代建筑中那种要么采用历史上的风格和符号，要么简单暴露其制作过程的做法，而是试图在生产(production)与再现(reproduction)之间找到一条出路，使得建筑既不漠视技术，也不会完全被技术所驾驭和控制。此前，在其1993年的《建筑发明之根》(*The Roots of Architectural Invention*)一书中，他系统地论述了西方自维特鲁威至19世纪关于材料的主要思考，并且提出了一些思考材料问题的基本概念与范畴。出版于同一年的《论风化》(*On Weathering*)则把材料放在时间的延续中来考察，论述了人的使用以及气候的风化对于建筑的影响，以及这种通常被认为起破坏性作用的时间因素如何能够为建筑增色，它们对于材料表面的作用如何使得建筑获得一种时间中的真实。

莱瑟巴罗的一系列著作暗示着近年来材料研究的一个重要的转向，即由对材料结构属性的关注转向其表面属性，并且是一种时间向度中的变化而非某种静止的状态，一种受到加工方式的至深影响而非某种"本性"的单纯呈现。这也正是威斯顿所强调的"Materiality"的含义所在，它应和着一种建筑界中简化的现象学的影响和应用，正成为当代建筑学的一个兴趣点，即所谓的对于材料的"感性"(sensibility)——或者甚至是"肉感"(sensuality)——特质的发掘。

无疑，这在多种核心欧洲文化相交融的瑞士得到了最为深入的探索，这既是得益于它的建造传统，也和它独特的自然环境和气候条件有关。这些建筑师们背离了后现代建筑对待材料的历史主义方式，而努力挖掘制作方式的不同对于材料的知觉呈现所具有的潜力，以及材料在不同气候条件下及自然环境中的具体性呈现。但是，同样是对于材料现象学特质的关注，仍然有着不同的进入材料的方式。比如彼得·卒姆托对于制作的强调便有异于赫尔佐格与德莫隆的知性方式。前者对于材料有着一种几乎原始状态的敬畏，而后者则把这种敬畏消解于对可能性的无尽的探索与分辨之中[15]。事实上，它们也是当代欧洲建筑学中对待材料的两种典型方式，后者更是几乎可以认为是森佩尔所谓的"思辨主义"方式的当代表现和延续。

或许是由于现代建筑的空间观念在西方已经根深蒂固，这些研究都并未刻意强调甚至也鲜有提及它们对于空间塑造的意义。然而，事实上，任何一个成功的建筑寻求的都是对于人的综合知觉的传达，这种知觉的综合性恰恰是远远超越于单纯的视觉欣赏，而有赖于人在空间中的感受和体验。在这一意义上，卒姆托以"氛围"(atmosphere)而不是"空间"(space)来阐述他的建筑创作的价值基础[16]，便就并不是对于空间的漠视，而是对于另一种空间特质及其独特感受方式的强调。

但是在专门的历史理论的研究中，也有学者探讨了材料与空间之间的关系。莱瑟巴罗的《表皮建筑》在论述上便不同于一般同类著作中的单纯技术化路线，在他寻求让建筑表皮脱离历史主义图像的拼贴和当代技术的奴役的时候，空间发挥着重要的作用。同在宾大的唐考·潘宁则在她的博士论文《空间–艺术：空间与面饰概念之间的辩证关系》中追溯了森佩尔的"面饰"（*Bekleidung*）概念对于"空间"（*Raum*）概念在建筑学中的建立所起的决定性的作用。面饰首先是建筑的围护，再具体来说指的则是围护体的表面层，最终其实是落实到了材料的表面，这在路斯和瓦格纳那里有着进一步的发展。这不是否定材料的结构属性对于建筑的重要性，而是说建筑空间的知觉性更有赖于它的表面属性，因为这一属性才是直接对人施加影响的因素。这一研究于近年来表皮建筑图像化的不良倾向具有特别的针对性和建设性，也从理论形态上为在表皮建筑中注入空间的考量提供了依据，并且不再把表皮建筑仅仅视作一种当代现象，而是与19世纪的思考有着密切的关联。

只是，这些思考在国内近年来对表皮建筑的引进和探讨中却几乎是缺失的，它部分地源自近几十年来理解上的惯性。

3. 国内相关研究成果及其不足

历史地看，20世纪中国内地从建筑学角度对材料进行的研究伴随着现代建筑在中国的不同发展时期和方向。李海清在《中国建筑的现代转型》一书中，较为全面地探讨了建筑风格转型背后的深层因素，包括材料所扮演的重要角色，但显然更集中于材料的结构性能与综合经济性能。而在很长一段时间里，对于材料的教授与研究，采取的都是一种单纯的技术化路线，即把材料的结构或是建造孤立出来（配合《建筑结构》《材料力学》《建筑构造》等科目的设置），而不联系建筑的结构形态与空间特质。然而，建筑学视角的研究需要更为关注材料的选择及其建造方法与建筑设计之间的关系，而不是孤立简单地对待某一种材料或是材料的某一种属性。

20世纪80年代起始于东南大学的建筑学教育改革在两方面具有开创性的意义：一来它突出了空间在建筑中的核心地位，二来它突出了材料的形式特质，并且它与建筑的形式、空间的关系也得到了一定程度的重视。

进入90年代，在对于材料的研究中，"建构"占据着核心地位。它一方面统领了对于材料的诸多不同方向的言论，同时又由于其正统地位的确立和牢不可破，反而压制了新的思考角度的涌现。

这一时期中，在一些个体实践之外，理论论述多以短文形式散见于学术杂志之中。其中，王群的《空间、构造、表皮与极少主义》（《建筑师》1998（10））一文，从西方建筑发展中理论视野的转换角度切入建构的观念，三年后的《解读弗兰普顿的〈建构文化研究〉》（《建筑与设计》2001（01）–（02））则是对这一著作和建构理论的全面深入而又带有审视意味的评介，并在接下来的几年中产生了很大的影响。也是在1998年，张永和在《平常建筑》(《建筑师》1998(10))中提出设计实践的起点是建造而非理论,并把建筑归结为"建造的材料、方法、过程和结果的总和",这样"建造就形成一种思想方法,本身就构成一种理论,它讨论建造如何构成建筑的意义,而不是建造在建筑中的意义"。虽然在这一关于建筑的定义中出于某种针对性而把建造放在绝对核心的地位,但是对于材料与建造的强调并没有掩饰在他的"平常建筑"中空间的重要性。在对于密斯1923年砖住宅方案的解读中,他归结了"基本建筑"的几个要素:材料(砖)、建造(砖的砌筑方法)、建筑的形态(房屋构件之间的关系)、建筑的空间。"基本建筑"的提法有意识地针对了长久以来建筑界主流学术形态的基本内核——简化了空间与建造内核的"布扎"体系。"基本建筑"的概念在两年后的《向工业建筑学习》(《世界建筑》2000(07))一文中得到清晰的表述:它解决建造与形式、房屋与基地、人与空间的关系这三组建筑的基本问题,从而排除审美及意识形态的干扰以返回建筑的本质。张雷同样强调"基本建筑"的构成,而把空间、建造、环境作为建筑的核心。相对张永和而言,他强调"基本空间"更甚于"建造",这一方面使得他的空间获得某种独立操作的可能,另一方面却也使其基本空间在理论上疏离于材料与建造。

对于近年来在教育和实践领域的这种回归建筑基本要素(尤其是材料)的努力,朱涛在他的《"建构"的许诺与虚设——论当代中国建筑学发展中的"建构"观念》一文中做出了比较中肯的评价。他认为基本建筑隐含的实际策略是假定现代主义建筑的价值信条和知识状况对中国建筑学已经足够有用,然后设它为"默认值",在"默认"好的概念框架中,利用"有限的技术手段、自我约束的形式语言和空间观念"来集中力量,在中国构筑一种一方面似乎很"基本",但另一方面又可以说是极其抽象或主观的建筑文化。就此,他质疑道:"诚然,在一个现代建筑发展不够健全的国家里,采取这么一种策略无可厚非,相反,却是有着相当的积极意义。然而,另一方面,我们又不能不看到,从古至今,从匠师到建筑师对建筑空间、材料、结构与建造这些看似基本的要素的理解和运用从来都不会达到一种纯客观的状态,而对所有这些建筑现象的理论阐释则更会被概念/实在的复杂关系所包围。实际上,这种复杂性已经构成当代中国实验教育和实践对建筑学进行缩减和还原工作所遇到的首要的理论性难题。"[17]

基本建筑中材料要素的回归内在地要求对于材料和建造的表现,在真实性的要求下,这种表现更是常常表现为对于材料和建造的暴露。但是,单纯的暴露其实常常与空间的追求和品质存在着矛盾。虽然在以上所论及的学者的论述中都无一例外地强调材料与空间的同等重要性,但是在教育与实践中,那种为暴露而暴露以达到一种"材料和建造"的"真实性"的做法并不鲜见。此时,空间事实上退居到一个极其次要的地位,对于材料与建造的表现变成了一种技术化的偏执。究其原因,这首先是对于材料与建造的表现性特质的引介式工作并不深入和全面,往往集中于对具体问题的解答,而没有深入到对背后动机的探究:即为什么要表现材料及其建造，在什么情况下进行这种表现，而不表现材料可能又将意味着何种潜在建筑品质创造的可能。

在这一情境下，顾大庆教授近年来的工作便具有特别的意义。在《空间、建构与设计——建构作为一种设计的工作方法》（《建筑师》2006（01））一文中，他具体介绍了他在教学上的思考与做法。他强调了为着设计教育的目的而具有的与理论研究的差别——即前者是实践性的，而后者是思辨性的——并在一开始便明确了研究的实践性取向，这样便就得以离开"建构"概念的历史含义的束缚，而直接从建筑面对的基本问题开始。相对于通常的理解方式，"建构"被赋予了一个相对宽泛的内涵：它既被"理解成空间和建造的表达"，也是"研究建筑的空间以及形成空间的物质手段的组织方式"[18]。并且通过对于材料的表面属性（作者以"质感、色彩和透明性"来表达这一含义）的区分，来发现不同的组合对于知觉空间的影响。在具体的教学过程中，还设计了单一材料和多重材料的分步骤训练，以建立对空间的抽象关系和材料–空间的具体性的认识，从而发现表现与不表现材料这样的两种做法对于空间创造的不同意义。

如果说近年来国内的"建造"和"建构"热对于建筑教学中的"图面建筑"弊端极具针对性的话，却是由于这一类研究与教学中空间因素的缺乏而事实上使得它们更多情况下成为一种对建造技术的偏执。顾大庆教授的这一研究则由于对空间和材料的一体化操作使得对材料的研究有可能真正地"丰富和调和对于空间的优先考量"。只是，这一教学设置似乎过于武断地把空间作为目的，而材料仅仅作为手段，漠视了卒姆托意义上的对于物（材料）的敬畏。作为着眼于操作性很强而延续性很短的设计教育课题来说，这无可厚非，但是，在真正的建筑实践中，这种态度似乎又略有偏颇。

四、研究框架

材料首先是一个实践性的问题，但是关于材料的思考及其判断却又是一个观念性的问题，而因其在建筑学中的基础性地位，无论是其实践性还是理论性，都有着深厚的历史向度。因此无论是实践性还是理论性，其中的历史意识事实上都不可缺少。但是这里的历史性，其重点不是在于还原历史上某一问题的翔实面貌，而在于挖掘它与当代问题的某种联系，也正是在这里历史焕发出新的生机，亦显现其生发力[19]。从这一意义来说，本书在论述中并不排斥历史研究，但是将尽量使历史话题具有当代性，也从而使当代话题具有历史厚度。

本书首先注重思想结构上的递进性，同时也努力达到形式结构上的明晰性：

第一章"材料的'本'与'真'"是对于西方 19 世纪之前的材料研究和思考的论述，以两个重要的关键词——"本性"和"真实性"——作为线索，揭示其背后的结构理性主义观念及其巨大影响，同时也在历史的向度中呈现其他的角度与理解。在建筑学中的空间观念成型之前，这些思考主要集中在材料和形式的关系上,它们也是有关材料的建造属性讨论的基础。

第二章"材料、'面饰'与空间"则通过对森佩尔建筑思想的集中论述,以及那一时期相关事件与思想的考察,把焦点集中到材料的表面属性上,并建立材料和空间的联系。

第三至第五章对于"隐匿"与"显现"展开具体讨论。其中三、四两章讨论不透明材料,论述表现和不表现材料的不同建造内涵,及其对于空间的影响。第三章"材料的显现"以路斯为主要对象,考察饰面材料对于自身的显现及对于内部材料(和建造方式)的遮蔽,并在对于现当代其他建筑师的讨论中,来进一步展现材料显现的多种其他可能与方式。第四章"材料的隐匿"从某种程度上说是第三章对饰面理论的讨论的一个特例,以早期的柯布西耶以及受其影响的一批建筑师为考察对象,来探讨白色粉刷这一饰面材料在建筑中的应用,及其在建造、空间、形式和文化方面的多重内涵。与三、四两章基于不透明材料的论述不同,第五章"在隐匿中显现"则从材料自身透视属性的角度来考察隐匿与显现这一主题,并选取玻璃这一独特的材料,因为正是这一材料通过视觉上对于自身的隐匿来达到其材质的显现,换句话说,它的显现与隐匿是同时的。

第六章从"抽象约减"与"材料回归"两个方面对于前述内容进行深化并做出总结,并围绕两个主题来展开:一是材料和空间的关系,即于建筑来说,材料是自主的还是依附于空间的,它们是一种等级关系还是平行关系;二是空间的抽象性与材料的具体性问题,它们最终体现在材料的隐匿与显现上。

最后,在结语部分对于研究作出简要回顾并提出结论。

从具体的时段选取上看,在对于材料研究的回顾之后,本书是从 19 世纪中期开始来进行具体的考察和论述,并以早期现代建筑和当代建筑为主要考察对象,而相对弱化了对于现代主义成熟期和后现代时期的探讨。这固然是因为本文不是一篇历史学专题研究,因而不必在历史时期上面面俱到,更重要的是,这种选取是由研究的对象和方向以及独特的展开方式来决定的。

早期现代主义建筑(尤以在欧洲而言)着重于探索新材料以其结构性能所带来的空间和形式潜力,对于它的表面属性并不重视,甚至是有意压抑的。因此,密斯在 20 世纪 20 年代的砖住宅其实是一种非常独特的现象,因为它的表面特征及其手工砌筑的方式都与现代化的工业和机器理想不相符合。相反,白墙的中性特征以及玻璃的视觉透明性被大量地应用,前者以对于材料的感官性特质的隐匿突出了形式的特征和空间上的新探索,后者则彻底改变了以往的空间感受。可以说,就材料的表面属性来看,这一时期是以隐匿为主要特征的。相对来说,当代建筑则再次回归到对于材料表面属性的重视,对于材料的感官性体验的挖掘,半透明材料的应用也从多个层面上带来空间和形式的全新体验。从这一意义上来看,当代建筑中材料的显现具有某种时代性特征。

至于从 19 世纪中期来具体展开这一专题的考察,乃是出于如下几点考虑：

首先，现代建筑乃至当代建筑的许多主题都是从那时开始，或者更准确地说，是在那一时期凸显的。而国内对于当代建筑师的介绍和研究恰恰忽略了这一点，这种"就事论事"的态度的一个不良后果就是把作品与思想相割裂。因此即便在对于当代建筑师的研究中，历史眼光也不应缺失，在历史的脉络中方可看出他们的来源与独到之处。

其次，17世纪尤其是19世纪以来，对于材料的研究大多关注于其结构属性，也把这一属性作为材料的"本性"（nature）或是"真实性"（truth），这也成为现代建筑的一个基石。但是本研究关注的是材料的非结构属性，更准确地说是它的表面属性，而这一意义上的对于表面的关注恰恰是始于19世纪中期，尤其是在森佩尔的论述中以及其后的路斯的论述和实践中。只是这一取向后来在很大程度上被压抑（当然是相比较而言），在当代建筑中才又重新焕发光彩。因此，这一取向的研究也应该从19世纪中期开始。

再次，假如单纯地关注材料的表面属性的话，其结果则难免是一种图像化的拼贴或是盲目的炫技。——这也正是近几年国内所谓"表皮"热的缺憾。因此，对于材料的研究不能单单关注材料本身，不能脱离它与空间的关系，而在材料与空间之间建立关系正是倚赖于森佩尔的"面饰"这一概念。这可以说是从19世纪中期开始的第三个考虑。

当然这种结构与非结构属性的二分也并非自19世纪始，它其实是自古就有，而不管有无明确系统的理论论述。（这一二分法或许可以说是源于建筑的双重属性：一方面它要坚固，但是这跟人的切身感受却又无关；另一方面它要给人来使用，要考虑人在其中的肌肤之感受，而真正跟人的感受有关的却是材料的表面属性。）因此，本书在对19世纪以来的状况展开论述之前还有一章，以"本性"和"真实性"为线索回顾了西方建筑学中对于材料的思考痕迹。但是，之所以写这一章，其主要目的并不在此，而是希望把现代建筑中所谓材料的"本性"和"真实性"这两个神话和符咒具体化，正是在把它们具体化的过程中，才有了当代建筑中对于材料问题的诸多有趣探讨，也才有了从"隐匿"与"显现"的角度来展开材料呈现这一话题的可能性。

注　释：
1　雷吉斯·黛布雷（Régis Debray）是法国著名社会学家，他认为，从媒介（media）的角度来说，可以用三个时期对人类社会加以说明：书写（writing）时代、印刷（printing）时代和视听（audio-visual）时代，与这三个时代相对应的，则是偶像（the idol）、艺术（the art）和视觉（the visual）。根据这一理论，第一个时代是语言统治（logo-sphere）时代，第二个是书写统治（graph-sphere）时代，第三个则是视图统治（video-sphere）时代。偶像是地方性的，起源于希腊；艺术是西方的，起源于意大利；而图像（视觉）则是全球化的，起源于美国。与文化上的这三个分期相对应的社会要素分别是神学（theology）、美学（aesthetics）和经济学（economy）。

2 [斯]阿莱斯·艾尔雅维茨著;胡菊兰,张云鹏译.图像时代.长春:吉林人民出版社,
   2003:1

3 Kenneth Frampton, *Studies in Tectonic Culture: The Poetics of Construction in
   Nineteenth and Twentieth Century Architecture* (Cambridge, Mass.: MIT Press,
   c1995), 1.

4 Kenneth Frampton, *Studies in Tectonic Culture: The Poetics of Construction in
   Nineteenth and Twentieth Century Architecture* (Cambridge, Mass.: MIT Press,
   c1995), 2.

5 Tonkao Panin, *Space-Art: The Dialectic between the Concepts of Raum and Bek-
   leidung* (PhD diss., University of Pennsylvania, 2003).

6 虽然此前也有一些中青年建筑师和教师对于类似话题进行了阐述,但是在这
   种阐述走向系统性并越发具有理论深度的过程中,《建构文化研究》一书所发
   挥的作用无疑是关键性的。在这一专题的讨论中,它事实上架构了一个基本的
   学术平台。

7 王群.解读弗兰姆普敦的《建构文化研究》.A+D,雷尼国际出版有限公司,南京
   大学建筑研究所主办,2001(1). 77

8 张永和,张路峰.向工业建筑学习.见:张永和.平常建筑.北京:中国建筑工业
   出版社,2002:25-32

9 "… the ideal of the authentic, irreducible object transparent to the gaze that is
   sustained by traditional criticism as a model of modern architecture and sound
   historiography." Mark Wigley, *White Walls, Designer Dresses: The Fashioning of
   Modern Architecture* (Cambridge, Mass.: MIT Press, c1995), 20.

10 Kenneth Frampton, *Studies in Tectonic Culture: The Poetics of Construction in
    Nineteenth and Twentieth Century Architecture* (Cambridge, Mass.: MIT Press,
    c1995), 159-207. 在这里,弗兰姆普敦在十四处分别以 dematerialization, in-
    substantial, immaterial 等多种表达方式传达了这一含义。仔细分辨下,这十四
    个地方的"非物质化"其含义并不相同,所陈述的内容以及追求的品质也有殊
    异,但基本可以归结为材料属性、力学概念、非建构、非砌筑的建造方式以及
    "空"的空间品质这样五种含义。

11 森佩尔从理论上探讨砖石建造的双重特性的源起。他在《建筑艺术四要素》一
    文中提出"加勒比棚屋"原型概念,指出"建筑的四要素"——四种基本人类活
    动及其"原动机"(Urmotive)——与材料、建造技术的对应关系。凯奇则在 1999
    年的一篇论文中加以拓展,不仅加入了玻璃、钢等现代材料,还把信息和生物
    学也囊括进去,并探讨了它们和新的技术条件下的加工方式之间的关系。参
    见 Bernard Cache, "Digital Semper," in *Anymore*, ed. Cynthia Davidson (Cam-
    bridge, Mass.: MIT Press, c2000), 190-197.

12 Richard Weston, *Materials, Form and Architecture* (New Haven, CT: Yale Uni-
    versity Press, 2003), 193.

13 Gottfried Semper, "Style in the Technical and Tectonic Arts or Practical Aes-
    thetics," in Gottfried Semper, *The Four Elements of Architecture and Other
    Writings*, trans. Harry Francis Mallgrave and Wolfgang Herrmann (New York:
    Cambridge University Press, 1989), 189-195.

14 但是这一建构理论也容易使人步入两个误区:一个是建构理论有着把建筑学
    向工具理性的方向引导的倾向;另一个则是把建构理论仅仅理解为建筑本体
    论的倾向,而忽视了它其实可能还具有认识论的另一方面。但是,这一意义上
    的建构事实上既非技术虚无的工具理性,又非仅仅作为物的建筑本体论,而
    是本体、再现二者兼而有之。

15 参见 Peter Zumthor, "A Way of Looking at Things," in Peter Zumthor, *Thinking
    Architecture* (Baden, Switzerlands: Lars Müller, c1998). 以及 Alejandro Zaera,
    "Continuities: Interview with Herzog & De Meuron," in *EL*, No. 60, 6-23.

16 Peter Zumthor, *Atmospheres: Architectural Environments, Surrounding Objects*
    (Basel: Birkhäuser, 2006).

17 朱涛. "建构"的许诺与虚设——论当代中国建筑学发展中的"建构"观念. 时代建筑, 2002(05): 30–33. 全文刊登于 http://www.hyzonet.com/capital.htm/

18 顾大庆. 空间、建构与设计——建构作为一种设计的工作方法. 建筑师, 总第 119 期, 2006(01): 13–21

19 比如，当代建筑中强调的对于同一材料的不同加工方式而导致不同效果，便由材料的不同种类转向加工材料的不同方式，而莱瑟巴罗对于维特鲁威的解读便就指出了这一点，此时，一个两千年前的历史问题却是与当代问题紧密地联系在了一起。

材料呈现

第一章 材料的"本"与"真"

材料是建筑学的一个基本问题。

建筑学在其原始的含义上来看,便是用材料来搭建以创造空间。于建筑学而言,任何一个创造空间的过程都不是抽象的或概念的,而是具体的和物质化的。这是它区别于其他诸如物理空间的创造的关键所在,而决定这一点的便是建筑学的材料问题。但是,也正是因为于建筑实践而言,材料是一个如此必须的要素,以至于很长时间里,人们不会把它当作一个思考的对象,而仅只是操作的对象。

虽然如此,在 15 世纪之后,西方逐渐产生了对材料问题的系统化的理论思考与论述。几个世纪以来,西方建筑学关于材料问题的讨论基本上可以归结为两个关键词:"本性(Nature)"和"真实性(Truth)",事实上,这也是直到 19 世纪,西方建筑学中材料论述的主要方式和范畴。它们往往既是理论思考的基础,也是实践追求的目标。但是,这两个概念恰恰又与西方哲学传统有着太多的牵连,使得要厘定它们的内涵更显困难。这也正反映了在历史发展中, 对于材料的认识远不仅仅是一个纯粹技术性和实用性的思考。

"本性"是对于材料本身的思考,也是一种类似于海德格尔在《艺术作品的本源》中对于"物之物性,器具之器具性,作品之作品性"的令人灼痛的追问,是关于材料的思考与讨论的始点 [1]。相较而言,"真实性"则是对于建造中的——因而也是具体的作为建筑构件组成的——材料的认识和讨论,显然,这也是大多数建筑学讨论的焦点和含义所在 [2]。不同时期的经济技术条件和文化发展水平影响了这些范畴进入建筑学领域的方式, 并决定了它们在不同时期表现的强弱程度, 也反映了对于材料的基本思考在不同历史时期中所发生的重要转向。

本章旨在通过一个回顾性的论述来展开一些特定的思考材料的范畴,从而建立后续思考和论说的平台,也使得本书所讨论的问题和角度的针对性和意义得以凸显。第一节集中于对 "材料的本性"(the nature of material)这一核心概念的辨析及其在不同历史时期含义的演变,这也是在理论上思考和认识材料问题的起点和基点。第二节集中于对"材料的真实性"问题,尤其是对结构上的真实性问题展开一个思考。

需要指出的是,这两个问题不是截然分开的,恰恰相反,它们常常是紧密地联系在一起。首先,"材料的本性"这一思考和研究范式本身便蕴涵着一个内在的要求,即需要发现和界定一物之区别于另一物的特质。而这必然涉及"表达自身还是模仿他材(self-expression or imitation)",亦即"真实性"的问题,反之亦然。其次,就结构理性所内含的真实性而言,从根本上来看,它源自于 17 世纪实验科学和计算科学的兴起而引致的材料科学的发展。这一发展也使得对于材料本性的思考逐渐脱离了个人化的和感官性的经验，而依赖于一个可以检验的因而也相对客观的基础。

第一节　材料的"本性"

从实践的角度来说，建筑设计首先意味着如何选择材料以满足实际的具体任务。从理论角度来思考和认识这一问题，则首先是对于某一材料的界定，即木之为木、石之为石的根本所在。无论哪一个角度，都基于对材料的区分。而"材料的本性"作为区分的根本，便成为关于材料的所有认识和思考的起点和基点。

一、本性和属性

当我们说"材料的本性"，这一材料并不是指具体的某一块砖或是石，也不是说某一个具体的建筑构件如屋顶、窗户、柱或者墙。而是某种被抽象出来能够反映这一材料实质的东西，是材料之所以成为它自己而非它者的根本所在（the as-such of materials）。许多世纪以来，正是这一本性吸引了从维特鲁威到阿尔伯蒂到劳杜里，直至密斯、赖特、柯布西耶、路易斯·康等现代主义大师，在每一次重要的建筑学转折酝酿和出现的时候，它都会占据建筑学论述的中心位置。

1. 本性和属性

但是，"本性"（nature）恰恰又是一个内涵相当不确定的概念。

NATURE 既是"本性"也是"自然"。就这一点来说，中文中的"本性"和"自然"看似两个截然不同的概念，细究其含义，却有许多相通之处。对于"本性"的探究首先便有关于历史上对于"自然"的思索印迹。北京大学哲学系张祥龙教授指出："自然"一开始指"依靠自己力量而成长的东西"、"自然而然的"、"天生的"，与"技艺"或"制造术"（technè）相对；后来有了"本性使之然"的意思，与"人为约定的"（nomos）相对；最后则成了"自然界的"，与"社会共同体"相对[3]。英国学者雷蒙·威廉斯更为详尽地考察了这一概念的内涵及其演变并总结道：Nature 有三个基本意涵，即某个事物的基本性质与特性；支配世界和人类的基本力量；物质世界本身[4]。就对于材料的思考和应用而言，主要指的是第一种，即某一材料的基本性质和特征。

但是，对于建筑中的材料而言，所谓的"本性"从来都不是抽象的，它必须经由一些具体的属性方能呈现。换句话说，任何本性都必须经由"属性"方能被认识或感知。因此由对于本性（Nature）的思考而有对于属性（Property）的追问，所有的物质都有它独特的属性，也正是因为存在这些被称为属性的特征，我们才可以给各种不同的材料施以一种描述性的定义。

材料有着多种多样的不同属性，根据它们的恒定性与可变性，通常可以区分为两类，即基本属性（primary property）和次要属性（secondary property），或说第一、第二属性[5]。前者往往指某种相对恒定的、长久的属性，如密实度、硬度、比重、绝热性能、承重性能，以及那些能够被确定的其他性质。对于这一类属性的确定很大程度上是依赖于自然科学的进展和手段。而后者则是那些易变的、偶然表现出来的特征，经由不同的加工工艺而改变，随着时间的流逝而改变。比如木材不同的采伐时间，大理石不同的加工方式，都会影响它们的表面效果，在自然气候的作用下，它们也会不断地变化而呈现出不同的面貌，甚至它们还会因环境光线的不同呈现出迥异的颜色和透明度。所有这些都非恒定不变的特质，甚至是随着环境际遇的变化而呈现出的某种偶然性面貌。所有这些，都会被当作材料的第二属性。

第一属性因其相对的恒定性，常常被当作材料的本性。但是，从人的知觉感受来看，难道不是那些可见可触的第二属性更为重要，更为根本，因而也理应更为当之无愧地成为材料本性之所在吗？

这种双重承认的含糊其辞使得近代以来，虽然诸多建筑师声称要忠实于材料的本性，但是却恰恰有着种种纷繁复杂的理解与表现。

2."本性"问题的两难境地

关于材料本性的这种困境自然与建筑构件的不同用途——承重的还是面饰的——相联系，进而它还与跟材料同样密切相关的结构工程师与室内设计师两种职业相关。但是到底何者决定着材料的"本性"呢？不论是结构工程师还是室内设计师，谁都不会接受把自己领域内的材料属性置于次一等级的地位，因为它们都是一个完整的建筑的根本需求，难分主次。换句话说，它们都是材料的本性。

然而，这却使所谓的材料本性这一概念变得模糊不堪。从室内设计师的角度来说，根据人的需求来改变材料的属性是再自然不过的事了，因为，难道还有什么能比人类的活动——手工艺人的制作——更自然的（natural）吗？然而，假如经由人工改造才呈现出材料的某种属性，这种属性还是自然的（natural）吗？难道材料的本性（nature）不应该是在人力介入之前已经存在的吗？而从结构工程师的角度来说，科学方法的应用无疑是最为自然的，所谓自然的或者本性的正是对那些不可见的内在真实性的探知。然而，难道所谓本性不应该是给定的并且是不变的吗？如果某些属性只有经由仪器的检测和科学方法的观察才能呈现，那么，这种属性还能被认为是材料的本性（nature）吗？难道这种从实验室发现的东西不正是"自然的"（natural）的反面吗？

在对于材料的认知和思考中，这种两难的境地既不能回避也不可压制，因为它们恰恰构成了建筑师选择材料的基础。而只要"材料的本性"处于这一模糊不清的状态，则所有关于结构和表面的区分，关于材料选择之标准的分辨都无所立足。或许，对于材料"本性"的认识和思考，并非如通常所理解的那样，可以经由思辨来去除含糊，达至明晰。相反，必须经由多种层次和面向的观照方可把握。

二、材料的本性由人工来揭示

1. 维特鲁威——人力之于材料本性的不可分离

在维特鲁威的《建筑十书》中，几乎没有所谓的关于材料的"理论"或是思辨，而只是记述了有关材料制作和使用的一些经验性和技术性的要素，却没有触及前述关于本性这个真正困难的问题。不过，在第二书对于砖、砂、石、木等具体材料进行论述前，他还是简要地提及了古希腊哲学家们对于这一问题的认识，只是并没有对它们进行深入的论述，而只是说泰勒斯、赫拉克勒斯、德谟克里特、毕达哥拉斯等在"事物的本性（the nature of things）"这一问题上观点各不相同。

维特鲁威首先便区分了材料的基本属性和次要属性。在这一点上，他显然深受卢克来修（Lucretius）的影响。卢克来修区分了基本的和次要的属性，他把自然界分成两个部分，即实体的（physical matter）和虚空的（vacuity），接下来卢克来修又论述了"事物的属性"（properties of things），并把属性与那些偶然表现出的特征相区分，认为前者是那些与事物不可分离的属性，是定义物之为物而非他物的本质属性。卢克来修的观念极大地影响了维特鲁威对于材料"本性"的认识，从而有了他关于材料第一、第二性的论述。

在这些关于材料的论述中，维特鲁威把制作的工艺以及制作的时机看作是与材料的性质不可分离的要素。即使在同一种材料中，不同的生产和制作过程也导致不同的结果，材料的本性事实上恰恰部分地取决于其制作技术。而对于材料本性的认识也与对于材料制作技术的了解不可分离，事实上这种认识唯有经由一种人工手段（art）方才能够获得 [6]。此外，一些偶然因素的影响事实上正是构成材料本性的不可或缺的要素。比如木材的砍伐时间、生长地点、季节气候等。因此，制作（工艺）无论是对于材料本性的达成还是人对材料本性的认识都具有决定性的意义。

以自然材料为考察对象时，制作与工艺（*fabrica*）以及其他如气候条件等，只是作为偶然因素对材料的本性具有或是产生一种干扰作用。然而，对于那种完全是人工制作的材料（artificial material）来说，此时，它的本性事实上根本就是由制作过程来决定的。如果说对于自然材料，本性是经由人力来"理解"的话，那么，对于人工（工业）材料，其本性则在很大程度上已经是由人力来"创造"了。

归根结底，建筑中的材料都是经过处理的物质，而没有哪种纯粹天然的物质。因此，对于材料本性的认识便成为一种手工的或者至少是某种身体性的知觉和领悟。而所有这些都意味着那种物质主义（materialist）的纯粹客观立场的不合时宜，相反，却强烈地暗示了一种人类学立场的材料观。这也使得维特鲁威关于材料的具体论述（虽然谈不上理论而只是非常侧重于具体做法的技术性论述）与他在第二书开篇处关于材料的第一、第二属性的区分相悖，也构成了维特鲁威第二书中有关材料论述的内在矛盾。

综上所述，那种认为材料中存在一种基本的，也就是自律的、不变的属性的观点现在也就不得不重新加以审视了。这主要是由于两个外在因素的作用而导致：一是为使得材料在建筑中可用而必须以一定的技术方法和手段来加以处理，而材料的属性也正是在这种处理中得以显现；二是认知上的比拟性发明（metaphoric invention）——尤其是在现代科学应用之前，对于一种新材料的认识极大地依赖于手工艺人的摸索，而这种摸索不可避免地会参照以往的经验。前者侧重于制作，后者侧重于认知，而两者都说明在建筑学中我们所谓的材料的"本性"，事实上无可避免地都是人力的产物（outcome of human artifice）。

对于这样的一种观点，文艺复兴时期的阿尔伯蒂及后来的波罗米尼分别以他们的著述和实践加以了发展。

2. 阿尔伯蒂和波罗米尼——具体时间和地点上的材料本性

与维特鲁威相比较，阿尔伯蒂其实花了更多的篇幅来谈材料问题。他的《建筑十书》中的第三书是关于建筑构件的论述，诸如墙体、屋顶、椽子等，第二书的论述方式则类似于维特鲁威对于材料的分项论述，但是对于加工方式和采伐季节等外力因素对材料的重要性的论述则更为充分。可以说，材料的本性正是由一个具体的时间和地点中的制作习惯来揭示的。

在关于石材的论述中，他把墙体分为三个部分，即结构体、填充物和覆面层。虽然他认为墙体的不同部位应该使用不同种类的石材，而加工的难易程度正是决定具体使用何种石材的主要因素，因为它影响到石材的切割、尺寸，以及表面抛光处理后的效果等等。但是在建造材料和构件用途之间，阿尔伯蒂并没有建立一种密切的联系。对罗塞莱宫（Palazzo Rucellai）墙体的分解会发现，外表所见的石块的接缝与实际建造所用的石材之间的连接并不一致（图1-1，图1-2）。这种差异典型地反映了文艺复兴时期把建筑作为一门"设计的艺术"（art of design）——而不再首先是一门"建造的艺术"——的认识。

把覆面层独立出来作为墙体构造的一个要素，是一个具有划时代意义的做法，它直接导向了阿尔伯蒂对装饰或说饰面的关注。对于这一表层，阿尔伯蒂还强调了它的耐久性，以及对于自然气候的抵御能力。因为材料是一个在时间销蚀中的材料，不论是气候条件还是一些偶然的因素，都会使它不断地变化。

而对于用砖的天才建筑师波罗米尼来说，材料则永远都是与具体位置联系在一起的。这种位置不仅是环境中建筑的具体位置，也是建筑中材料和构件的具体位置。在他的圣玛丽亚教堂（Santa Maria）的加建费里比尼教堂（Casa dei Filippini）中，根据加建部分与原有部分的主次关系，以及加建部分各个部位的相对重要程度，他选用了砖和灰华石的混合，而不是像圣玛丽亚教堂那样全部用灰华石来建造（图1-3，图1-4）。在波罗米尼看来，虽然与砖相比，灰华石硬度更高也更为华贵，但它并不是一种在任何位置为着任何目的都很出色的材料。在对于石材硬度的认识上，他不同于后来启蒙时期那种把它独立出来作为"第一属性"的方法。对于波罗米尼来说，任何关于材料硬度的确定都要置身于具体的位置，考虑到周围

图1-1　阿尔伯蒂的罗塞莱宫
　　　　外观

图1-2　阿尔伯蒂的"设计"（上
　　　　图）与"建造"（下图）的
　　　　不一致

图 1-3　波罗米尼的费里比尼
　　　　教堂

图 1-4　费里比尼教堂砖构与
　　　　石砌细部

的环境,在与其他材料的对比中来表现一种相对的属性。

阿尔伯蒂和波罗米尼的思考和实践表明,任何关于材料本性的思考,都必须要考虑到它在时间跨度上的变化,考虑到它的具体位置和与邻近建筑的相对关系。在建筑中,也便没有那种所谓的"自身性质"(things-in-themselves),因为,它总是具体时间和具体地点中的性质。

美国建筑理论家戴维·莱瑟巴罗教授的一段话清晰地表达了这一观点:"显然,这种观点与当下那种认为材料的本性独立于人类活动,因而有一种自足的特质的观点背道而驰。但是,这也正表明对于那种业已不合时宜的自然-人工截然对立的二分法的摒弃,而认为人类活动也理当作为自然的一部分。不仅如此,这一观点还认为,所谓材料的本性,正是经由人类的活动方才得以形成,并且得以彰显。……因此,假如说本性(nature)指的是独立于人类活动而自足存在的一种属性,那么,我的结论便是:这种本性,在建筑中是不存在的,也根本不可能存在。"[7]

三、材料的本性由实验来揭示

于维特鲁威来说,发现不同材料之间或是它们的潜在形式之间的相似性,是一种艺术上的创造力,也是建筑师的必要能力,因此是一种值得赞赏的能力。但是,在后世学者对他著作的评价中,却无法对于建筑师的这种创造性(ingenio mobili)产生共鸣。而这很大程度上还要归因于材料科学的兴起。

1. 材料科学的兴起与影响

15 世纪至 18 世纪,许多科学家在材料科学方面做出了努力,这主要由隶属于英、法、意那些新成立的科学院的科学家们完成。在伽利略所取得成就的基础之上,伦敦的胡克(Hooke)和伯纳里(Bernoulli)兄弟,巴黎的马里奥特(Mariotte)和瓦里加侬(Valiganon)等人都取得了具体的成果。这些成果也预示着由牛顿集大成的理性主义的诞生。这一时期,关于材料(科学)的研究几乎全部是由自然科学家在进行,而法国的克劳德·佩罗与英国的克里斯托弗·文可以说是这些科学家中最为重要的两位。

事实上,虽然类似的各种各样的试验和探索延续了三个世纪,但是直至 18 世纪,这些成果方才在建筑设计和建筑理论的领域取得成效和影响。这些试验的成果也开始以论文的形式呈现:佩罗在 1688 年和 1700 年分别出版了《论自然》(Essais de physique)和《机械学论文集》(Recueil des machines)两部相关著作,1729 年贝里德(Belidor)更是综合了伽利略和马里奥特的研究成果来决定木梁的安全尺寸,成书为《工程师的科学》(La science des ingéniuers)。1789 年吉拉德(Girard)则出版了历史上第一部完整的关于材料的力学性能的书。

对于这些材料科学上的进展和发现,佩罗敏感地发现了它对于建筑学的意义,并以一种自然科学家的态度开始了他的建筑学历程。

2. 佩罗关于建筑美的两分法:"实在美"与"任意美"

佩罗曾经当过医生、解剖学家和机械设备试验家,是法兰西科学院

（Académie des Sciences，成立于 1666 年）的首任院士之一。对于建筑，据说他是在 50 岁左右才开始真正涉足的，但却作为罗浮宫东立面的设计者（或者说设计者之一）被载入史册。在建筑理论方面，佩罗最卓越的成就是对维特鲁威《建筑十书》的重新翻译，以及在此后完成的《按照古代方法设计的五种柱式布局》（*Ordonnance des cinq espèces de colonnes selon la méthode des anciens*）一书。通过这些理论著作，佩罗从根本上动摇了自文艺复兴以来人们对柱式和比例的绝对信念，也正因为此，弗兰姆普敦更是将现代建筑的源头与佩罗相联系，"在试图编写一部现代建筑史时，首先要确定其起始的时间。……现代建筑必需条件的起始时间介乎 17 世纪末期医师兼建筑师克劳德·佩罗向维特鲁威的比例关系学的普遍有效性提出挑战，以及以 1747 年成立的巴黎桥梁道路学院为标志的工程学与建筑学分离的时期。"[8]

佩罗声称，在建筑学上有两种美，一种是"实在美"（*beauté positive*），一种是"任意美"（*beauté arbitraire*），前者依赖于建筑材料的质量、施工工艺的考究、房屋的大小等，而比例、体型、外貌等则只属于后者[9]。佩罗认为，实在美是最为基本的，任意美只取决于人们的习惯。对于这种两分法，弗兰姆普敦认为它的意义就在于"将风格划为任意美的范畴，而将对称、材料的丰富性以及建造的精确性视为构成实在美和普遍形式的唯一无可争议的元素"。并进一步阐述道："风格属于非建构的，因为它注重的是再现；实在美则可被视为建构的，因为它的基础是材料和几何秩序。"[10] 笼统地把 Positive Beauty 理解为"实在美"并非完全没有道理，因为佩罗确实在这里强调了材料和建造工艺对于建筑美的首要意义，因而，就这一点来讲，它确实是实在的；需要指出的是，就字面意思来说，这么理解又并不全面，因为，在佩罗看来，结构上的壮观以及构图上的对称性也是归于这一类型的美之中。

事实上，佩罗这种两分法的背后潜藏着的不是实在与非实在的问题，也不是绝对与相对的问题，而是他所谓的"常识"（*sens commun*）这一概念。

在佩罗的时代，所谓"常识"是一个时髦的话题，莱布尼茨和夏夫兹伯里都曾有过直接的论述，而此前更有一种认识以为所谓常识是人的一个专司理解的器官。对于佩罗来说，常识更接近于今天的含义，即"一种普通的、平常的理解，一种能够组成现状一般知识，也是一些不大可能招致反对和争论的想法和见解"[11]。

维特鲁威、阿尔伯蒂与佩罗都认为存在这么一种常识，但是他们对于这种常识的来源或者说什么可以成为常识却有不同的看法：维特鲁威与阿尔伯蒂认为，手工技艺是要经过培训才能获得的，因此，对它的欣赏并不是常识所能胜任——换句话说，它并非一种普遍的美；而对于物品价值的欣赏，比如说一把椅子如何能够坐得舒适一些，则无须任何教育，任何一个成长于一定文化背景中的人都会对此有所共识。与这一认识不同，佩罗希望赋予生产和制作工艺一种普遍的意义，因为，正是这些唤起了人们心中那种未受教化的纯粹天然的理解。佩罗把这种价值判断赋予一个客观的技术性产物的做法还表现在他所谓的"材料的富足"（richness of materials），似乎一种自然材料也会有一种与生俱来的内在价值。因此，在维特鲁威、阿尔伯蒂与佩罗之间有一个不同点就是：建造材料是否具有一种普遍认可的内在价值。对于后者来说，这是毫无疑问的，并且，对于佩罗来说，这也正是可以达成常识的地方。

也因此，那种直观的观察对于佩罗来说就具有特别重要的意义，他甚至把人的综合的知觉经验分离，以便与人的各个感觉器官建立对应关系。他在人的直接的身体性知觉与人的常识之间建立了一种几乎是等同的对应关系。而这也就是佩罗的实在美（Positive Beauty）的真正含义。

事实上，那时所有关于材料的本性和真实性的讨论，都是基于整个启蒙时代已经大大发展了的材料科学。而卡罗·劳杜里经由他的两个学生传下来的著述可以说是这方面最有价值的文献，他的观点对于后世也产生了根本性的影响。

3. 劳杜里的材料本性观

劳杜里生于佩罗去世后的第三年，是意大利圣芳济修道会的行乞修士（Franciscan Friar），后人称为"建筑学中的苏格拉底"。

维特鲁威认可不同材料之间潜在的相似性特质，可是，其后几乎所有他的翻译者或评论者都对此提出质疑。在这一点上，劳杜里并非第一人，当然更不是最后一个——由佩罗至劳杜里至卡萨利阿诺（Caesariano）至皮拉内西，直至19世纪的结构理性主义，无一不对之作出相反的评价。"践踏"——这一后来被洛吉耶常用的词，此时被劳杜里用来形容维特鲁威所赞赏的这么一种摹仿的行为。他进一步质疑道：为何石材或者木材就不能再现（represent）它们自身呢？

所谓的"石材再现它自身"这一说法，其潜在含义是认为在石材这种材料中存在某种独特的属性和品质，正是它们使石材内在地成为一种独特的材料，也使建筑师能够据此来确定建筑构件的形式和形状。劳杜里认为，材料的形式应该与它独特的属性相一致。只是劳杜里这里所谓的属性，无一例外指的都是材料的力学属性，它的柔度、弹性、硬度等等，也就是那些唯有借助材料科学发展所取得的成果才能被发掘和得以确定的内在特征，也正是这些属性成为劳杜里所谓的材料的"本性"。这一意义上的材料本性将最终决定建筑构件的形式，以及它们的连接方式。

这样，材料科学的进展和成果对于劳杜里来说便有着特殊的意义，因为他相信材料的力学性能将最终决定它们的连接（articulation）或者再现方式（representation）。关于再现，劳杜里说"再现是由材料的性能而来的单独或者总体的表达，它必须与材料的几何的、算术的、光学的属性相一致，并考虑到建筑的用途"[12]。这一理解看起来与19世纪的结构理性主义并无差别，其实已经大相径庭，因为，如本章第二节所展示的，在结构理性主义者对材料的讨论中，已经根本不存在所谓"再现"的问题了。

　　　　材料呈现

以（能够）理性分析的结果和（力学）性能作为材料的本性，佩罗和劳杜里开启了结构理性主义的先河，这也可以说是自维特鲁威以来关于材料的思考和认识中一个最为关键的转折点。而伴随着 19 世纪水泥和铸铁等新材料的诞生和应用，这一认识在法国更是得到了系统的阐述，并深入到建筑的各个层面的认知和评判，也深刻地影响了现代建筑的进程。

四、人类学视角的材料本性

在劳杜里的著述中，他同时也论述了基于人的直接感受而来的对材料的认识。从那时起直至现在，建筑师们对材料的认识便一直面临着一种选择——是依从经验性的身体感受还是依从由实验而来的一种抽象化了的认识。显然，这同时也是一种危机。

从经验（或说体验，此处同义）的角度来说，人是一切对于材料品质评判的基点。而在实验中，与其他要素一样，人只不过是所有众多因素中的一种，不具有任何特殊性。不论是亚里士多德的《物理学》还是在非理论性的对于事物的认知和体验中，人的身体都是必不可少的，没有了人的身体性，事物便无法被切实地经验，甚至它们的存在与否都无从知晓。从这一角度来看，关于材料的认识，那种所谓的"材料自身"（thing-in-itself）必须以"为了身体的材料自身"（thing-in-itself-for-the-body）来代替。也就是说，人应该居于认识的核心。19 世纪深富影响的德国建筑师和理论家戈特弗里德·森佩尔持有的正是这么一种观点。

1. 森佩尔的材料替换

于森佩尔来说，脱离人来讨论材料的本性是不可能的。由于建筑根本上来说是一种人造物，因此它缺乏一种真正的自然的原型，而成为一种独特的设计产物。他认为："建筑……完全是人类的想象与经验，以及与科学知识相结合的产物。"[13] 如果说本性（nature）意为一物之所以成为它自己的特质，那么，它是无论如何也无法与人类的经验与想象相分离的。在这一点上，森佩尔与维特鲁威以及阿尔伯蒂更为接近。

在森佩尔看来，那种结构理性主义的观点过于受限于材料的静力学和力学原理（statical and mechanical principles）。建筑，就如其他的建构艺术一样，是对于自然的模仿，但是这种自然不是一种可以直接触及和经验到的自然，不是那种依靠身体的感官机能便可以把握的自然，而是一种统一的、有规律的，并且有着生成力的自然，准确地说，其实是一种自然法则。而建筑便是一种模仿自然界生成方式（becoming）的艺术，是模仿其创造事物的方式的一种艺术。森佩尔把建筑与人的身体相比较，从而提出建筑覆盖物的必要性：庇护（protection），适度（modesty），装饰（decoration）。但是，他并没有像其他同时代理论家那样，在三者之间区分出重要程度的不同，事实上，他给予装饰的重要性丝毫不亚于其他两者。

森佩尔多次提到材料的替换（material substitution, *stoffwechsel*）[14]，即以一种材料模仿另一种材料的做法，并且认为，经由这种做法，建造的本质内涵,它的精神,才得以保存和延续下来。因此,他并不一味地反对所谓的模仿,而是认为在尊重材料的自身特性的同时,还须有更高的追求和更为广阔的思考。这种思考与追求不应局限在材料的物质属性,而应该深入到它的文化延承和作品的精神层面。

2. 人的核心位置

在 19 世纪结构理性主义盛行的时代,森佩尔通过这种论述想要强调的其实是一种人类学意义上的关注,而拒绝那种对材料的抽象化认识,甚至把它从人类(广义上的)住居活动中分离出来的做法。在他的《论建筑风格》一文中,紧接着对于不同材料特质对于建筑形式影响的强调,他论述了反对一种"材料决定论(materialist)"观点的缘由:"关于材料,我们知道尚还有更高一级的东西,那就是艺术创造的'任务'或者说'主题'"。这里,他突出强调了人的因素,"最广义的说来,什么才是所有艺术创造的材料和主体? 我坚信只能是人,处于和世界各种联系中的人"[15]。

在森佩尔看来,一件工艺品的精神可以与制作材料的属性相一致,因为材料正是由那些"典型的"制作手段和使用方式来界定。而所谓典型,正是说这些制作和使用方式不是一成不变,而是可以根据具体情况做出调整。

总之,人,才是关于材料的思考的起点与终点,也是所有思考的中心。

在历史上几乎所有的建筑论述中,"本性"都被当作一种固定不变的性质,而且通常来说,本性恰恰需要是某种恒定的甚至是绝对的东西,是某种等同于自然规律(natural law)的东西。在启蒙运动以后,这种认识尤其普遍。然而从以上四个方面的论述中浮现的却是这么一种景象:在历史上的不同时期,对于材料的"本性"事实上有着各不相同的理解。这种不同,反映的既是每个具体历史时期认识上的局限性,更是材料"本性"问题的内在复杂性,尤其是当它与人的感受和认识相交织时所呈现出的复杂性。

当我们恢复了"本性"问题的多重面孔,恢复了材料生产过程中的制作方式对于材料本性的影响,我们就会发现材料并不是一些给定属性的组合,而是诸多有待于建筑师们去发掘的可能性,等待着建筑师们把它们从沉睡中唤醒。更进一步来说,当恢复了建筑整个寿命中的时间因素——它通过自然气候的风化和人为使用来施加影响——和环境因素对于"本性"的影响,对于材料的认识和思考便加入了时间的向度,而不会仅仅着眼于建成的那一瞬间。建筑将不再是一个静态的图像,而是动态的生命。所有这些,正在应和着一种建筑界中简化的现象学的影响和应用,成为当代建筑学的一个重要兴趣所在, 也是在建筑言说中以 Materiality 来替代 Material 时的根本旨意。

事实上,所谓"本性"也只不过是一个象征,一个符号。既为象征,它就需要被阐释,只有通过阐释,它才能够具体化,而这些阐释在不同的历史条件、认知能力和具体境遇下也是各各不同的[16]。它的根本意义恰恰是体现在阐释的多重性和丰富性中。

第二节 材料的"真实性"

　　与"本性"更多的是对于材料本身的思考不同,相较而言,"真实性"则是对于建造中的——因而也是具体的作为具体建筑构件组成的——材料的认识和讨论。但是,与"本性"一样,建筑学中的"真实性"在历史上也是一个有着不同含义的概念,它的具体内涵在不同的历史时期有着不同的指向。也因此,它与"本性"一样,常常起着某种象征物的作用,需要被不断地诠释。

　　材料的真实性这一问题,其核心是一种材料是否可以模仿别的材料,还是它必须在每一个方面尤其是在形式方面表达自己的独特属性。但是,只有当一种材料能够区别于另一种材料时,方才谈得上真实性的问题。从这一意义上来说,对于材料"本性"的思考恰恰又是探究材料的"真实性"这一问题的前提与基础。

　　本节将集中于以上这些问题的讨论,尤其是结构理性主义思潮中所蕴含的对于材料真实性的思考。

一、自明与模仿——三陇板中的真实性问题

　　一种材料是应该真实地表达自身的独特属性,也就是所谓材料的自明(Self-expression)还是也可以模仿其他材料基于另一些属性而来的使用方法以及形式比例? 在对于材料的真实性的追求中, 这是一个核心的问题。而对于希腊神庙上的三陇板(Triglyph)的来源所持有的不同观点,则典型地反映了这一问题的多个侧面。

　　于维特鲁威来说,三陇板反映的是一种典型的以石材来模仿木构的做法。在谈到这一做法时,他写道:"古代的建筑师们在某些地方的建筑中安放了由内墙到外部挑出的梁,填砌了梁距,并在其上用木造装饰了挑檐和人字顶。这时再沿着垂直的墙并按照一条直线截去梁的出挑部分。但是因为这种外貌看起来不太美观, 所以又把做成三陇板形状的平板安装在梁的截面上,并用深蓝色的蜡来施彩,从而梁的截面就会隐藏起来而不致碍眼了。"[17](图 1-5)

　　正如上一节所述,在维特鲁威那里,这种做法被看作是一种建造者创造性的表现,也是建筑师的必备素质,因而受到褒扬。可是,其后几乎所有他的翻译者或评论者都对此提出质疑。从佩罗到劳杜里,直至 19 世纪的结构理性主义,无一不对之作出相反的评判。

　　19 世纪的德国艺术史家卡尔·博迪舍便在他 1852 年的《希腊人的建构》(*Die Tektonik der Hellenen*)中认为,"古希腊的建筑样式是原创性的",并且"这种样式是专为石构建筑而创造的",他并认为这种建筑的装饰正是反映了石构建筑的建造特征[18]。而 19 世纪法国最伟大的也是影响最为深远的结构理性主义建筑师和理论家维奥莱-勒-迪克同样拒绝了希腊神庙的模仿起源的说法, 也不认为三陇板是对于木构梁头的再现。

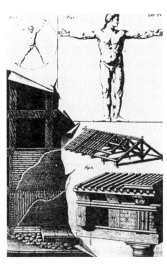

图 1-5　三陇板的木构原型
　　　　图解

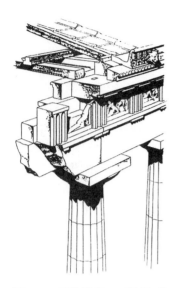

图 1-6 希腊神庙（三陇板）的
石构图解

相反，他认为希腊神庙是石构建筑最为纯正的典型，"希腊神庙具有石构建筑的纯粹性，它的梁柱体系正是根据理性和品位而来。而以石材来模仿木构的做法从根本上来说是一种荒谬的举动，只会让自己变得滑稽可笑。我们如何能够认为那些发明了逻辑并且天生对于美异常敏感的希腊人会采用这样一种方式呢？"[19]维奥莱-勒-迪克并以一张著名的图解来论证他的观点（图 1-6）。

这样，同样的一个构件，维特鲁威基于建筑师的创造性而认为它是一种材料在形式上的模仿，并且赞赏这么一种行为和做法。而 19 世纪的结构理性主义者则从他们对于材料与结构的理性认识和坚持，认为它是纯粹的基于石构的特质而发展出来的细部，并且绝不能接受它是石材对于木材的模仿———一种荒诞不经的行为。如果说这一争论的意义在于从考古学上来说，还原三陇板形成的真实源流，那么，对于材料真实性这一问题，它的意义无疑更在于提出这么一些问题：一种材料可以模仿另一种材料吗？或者说，一种材料必须真实地表现自己吗？而假如是这样，它又如何才能真实地表现自己呢？

前者是一个价值判断的问题，后者则有关具体方法。然而，回答任何一个问题都并不简单。

二、对于"真实性"的价值判断

如果说在几乎人类的所有历史中，无论从社会或个人的角度都把真实或诚实作为一种美好的品质的话，那么，在艺术领域却并不总是这样的。

柏拉图与亚里士多德在几乎所有的方面都持有相反的意见，但是在艺术是对于自然的模仿这一点上，两人却罕见地一致。进而，在不同门类的艺术之间，以及在不同材料之间的模仿在希腊人看来也并非如维奥莱-勒-迪克和现代主义者所认为的那般荒诞可耻。恰恰相反，这种做法被看作是一种创造性的能力，也是为何在维特鲁威看来这种模仿的做法应当受到褒扬的原因。

若从艺术趣味的角度来看，则整个 16 世纪和 17 世纪，建筑的欺骗性（deceptiveness）———当然也包括材料之间的模仿———并不完全是真实性的对立面，相反，它被看作是建筑魅力的一个重要来源。文艺复兴及其后的巴洛克时期的建筑师们意识到，从根本上来说，建筑制造的是一种人为的现实，它关注的主要是建筑看起来怎么样而不是它实际上到底如何。因此，他们根本不觉得在这种虚假与所谓的真实性之间有什么冲突之处。这时，真实性事实上同时包含了实在（reality）与幻象（illusion）这双重含义，甚至可以说幻象才是更为真实的东西。

意大利的巴洛克建筑师瓜里尼曾写道："虽然建筑依赖于数学，然而它终究是一种阿谀奉承，讨好谄媚的艺术。在这里，人的感官可不愿因为（满足）那所谓的理性而被恶心。"[20]假如建筑的首要目的在于愉悦感官，那么，适当地调节一下真实的东西（reality）以适应人们感官的需要就是艺术的职责了。对于这种处于真实与欺骗之间的暧昧状态，法国 18 世纪的理论家卡特勒梅尔·德昆西曾有过精辟的论述,他说:"正是经由这种美丽的欺骗,人们在建筑的模仿中才感受到愉悦。没有这种欺骗,则这种愉悦将再无安身之所。这种愉悦存在于所有的艺术门类,也是它们的媚人之处。这种半蒙蔽所带来的快乐,使得那些虚构的和诗意的都更显可爱,使人更喜欢被遮蔽的真实,而非那种赤裸的真实。……人们畏惧真实,正如他畏惧谎言:他喜欢被引诱,但不喜欢走入迷途。艺术——友好而真实的说谎者——正是基于对人的内心的这种把握,才建立了它们整个的帝国。君王身边的那些善于谄媚的弄臣知道说真话的危险与说谎话的危险一样的大,而他们的功夫便全在于同时接近真实与谎言。"[21]

这种认为建筑既是一种欺骗的艺术同时又是一种真实的艺术的观点,直至18世纪下半叶才被打破。究其原因,则与对"真实性"的重新定义密切相关。首先,17世纪的"科学革命"——伽利略、牛顿、哈维的发现——产生了一种推翻古人对自然世界的认识的愿望,并且希望能够基于直接的观察和理性来寻求新的解释。受到这些发现和学说的启发,劳杜里首先在建筑学领域提出了新的对"真实性"的定义。第二个原因则来自哲学领域的发展,即康德的《判断力批判》把美学从道德或伦理学中分离出来,由以前自柏拉图、亚里士多德始的美真合一,变为美学成了一门独立的学科。自此,"真"变成了一个更为排他性的概念,并且不再能与那种艺术的欺骗性相安无事。

在建筑领域,始于18世纪上半叶的对于材料破碎强度的试验,在这一世纪的后半叶在整个欧洲大陆都一直在进行。到了19世纪中期,以力学性能来决定材料"本性"的观点已经广为接受,成了一种常识。建筑师们此时也普遍认为,关于材料的这类经由试验可以得到的知识,可以并且应该被用来决定建筑构件的形状及尺寸。此时,虽然也有德昆西这样的建筑理论家试图去抵制新发展出来的这种"真实性"的概念,而保持以前那种真实与欺骗二者的统一性。但是,在与结构理性主义的争斗中,这注定是一场终将失败的战斗。

三、材料的真实性与其结构–表面二重属性

如果说一种材料必须真实地表现自己,那么它又如何才能坚持这样的真实性呢?

对应于材料的两种属性(见本章第一节),则有两种意义上的"模仿"。一是通过加工工艺在材料表面(材质)上的模仿,二是(通常违背材料的力学性能)通过构造与结构在建筑形式上做出的模仿。相对应的,则是在这两种意义上来表达材料的真实性:一是注重材料表面的处理;二是注重材料的力学性能。当然后者还牵涉到建造方式上的隐匿与显现,或说真实与虚假。

1. 表面的处理

就人的感官知觉来说,对于材料的认识首先是对于它的表面材质的认识,它的色彩、纹理、粗糙程度,以及对光线的吸收和反射的强弱程度,

图1-7　埃克塞特图书馆楼梯厅

等等。在这一意义上来进行材料之间的模仿也是最为古老最为持久,即便被公认为坚持材料真实性的现代主义建筑大师路易斯·康,在他的埃克塞特图书馆(Phillips Exeter Library, 1965—1972)中,也使用了独特的工艺,来把混凝土做得跟大理石一般(图1-7)。如果说,在一些现代建筑师那里,这些对于材料的"不真实"的使用只是为了追求一种独特的效果的话,那么,在两千年前的维特鲁威看来,它却有着更为丰富的含义。

维特鲁威认为达成不同材料之间相似性的手工艺(craftsmanship),正是探求并发现不同材料之间隐匿的一致性,并且重复以往成功经验的一种手段。它也是一种内在精神的表达与手工艺(人)的自我炫耀,"手工艺人为自己对材料表面效果的成功操弄和表演而感到骄傲,而这种操弄也是材料图像学(iconography of materials)的基础所在"[22]。因为,"这种操弄导致了(对于材料的)图像化的应用"[23]。

如果说以上无一例外是对于工艺的强调,也是由工艺而来的对材料模仿的可能性,森佩尔则是从象征性的角度来论述了这种"不真实"做法的合理性。以凯旋门为例,最初它以木构支架做成,用途是陈设战利品。到了后来则改用大理石来做,供军队得胜凯旋时入城之用。即使它隐匿了凯旋门的最初用途,它还是向人们提示了这一建筑类型的来源。因此,虽然这种建筑的细部并没有反映石材(以及后来的混凝土等)的特征,但是,这一现象却强化了它的象征性含义和功能。这样,"这一以大理石饰面来模仿木构的做法就与隐匿或是欺骗根本无关,而是揭示了作为艺术品的建筑物的内在真实性"[24]。

2. 建造方式

森佩尔的以上论述不仅是关于建筑的象征性,而且事实上已经涉及了建造方式的问题。因为这一大理石的建筑(凯旋门)并非真的完全用大理石砌筑而成,而是用大理石来贴面,内里则可以是别的石材或者是混凝土等其他材料。如果我们仅仅看它的表面的话,这一大理石饰面本身是真实的,因为它并没有去模仿别的材料。但是,假如我们去深入了解它的建造和用材方式,则由于表面所见与内在材料并不一致,它又显然缺乏材料的真实性。

这一意义上的材料真实性,说的其实是在建筑构件(比如说墙)的深度方向上材料的一致性。

19世纪的英国建筑师G. E. 斯特雷特曾经以两种方式——实体建造(monolithic style)和层叠建造(incrusted style)——来描述威尼斯的建筑,前者在墙体的深度方向上用材单一,后者则用多重材料来组成复合墙体,而斯特雷特把前者与建筑的真实性联系在一起。这一概念后来被美国建筑师爱德华·福特所发展,在他颇富影响的《现代建筑细部》中用来论述现代建筑的细部和建造方式。福特指出,在现代主义时期,源于一种对"真实"和"透明"的追求,实体建造成为理想的建造方式——虽然事实上从结构、设备、使用等诸多方面来看,层叠建造都更为合适。

这种建造意义上的材料真实性,其核心要求在于,那些真正起结构作用的材料不能被饰面所遮蔽，也要求视觉能够穿透构件而在深度方向上感知到它的真正组成。这已经涉及材料真实性的第三种含义——忠实体现材料的力学性能与结构关系。

3. 力学性能

如果说对于材料表面属性的模仿或真实表达可以凭借眼睛等知觉器官来判断的话，那么，对于材料的力学性能或结构属性的真实性的判断则显然需要凭借一些经验和知识。从这一意义上来说，不论是否从木构建筑模仿而来，希腊神庙无论在材料的结构性能的利用上，还是在结构体系的合理性上，都不能与同为石构建筑的哥特建筑相提并论。这或许也是在19世纪的结构理性主义思潮中，哥特建筑备受青睐的原因。

而虽然维特鲁威把石构对于木构的模仿看作人类的创造性的表现，因为他们在不同材料之间发现了一种隐藏的或是潜在的共通性。然而，在材料科学的进步面前，这一看法变得越发难以接受了。相反，结构理性主义的思想越来越深入人心，它以材料理性突破了文艺复兴的绝对比例，去除了巴洛克的夸张形式，也奠定了现代主义建筑的材料观的思想基础，并成为材料的真实性含义中最为重要和最有价值的贡献。

四、材料的真实性与结构理性主义

早在17世纪初期，伽利略与达·芬奇就都意识到，一个物质性的实体结构不能简单地在尺寸上放大或缩小，其各部分之间的比例也须随所用材料的不同来加以调节。这样，那种认为形式独立于物质性材料的古典式观点便就站不住脚了。而帕拉蒂奥那种不论是砖、石还是木，都使用统一比例的做法也显然很成问题。虽然绝对比例是文艺复兴建筑的一个主要追求，但在其后由材料科学的发展而来的结构理性主义的萌芽中，它则遭到了激烈的批判。接下来的一个世纪中自然科学尤其是材料科学的进展使得建筑的真实性越来越侧重于对材料的力学性能的尊重和对于结构形式的诚实，同时这一认识也激烈地挑战了建筑是一种欺骗的艺术(art of deception)的观点。这种挑战同时来自两个地方，一是意大利的卡罗·劳杜里，另一个则是法国的 M. A. 洛吉耶。

1. 劳杜里与洛吉耶

由于劳杜里生前未出版过任何著作，原有一些手稿也在身后遗失殆尽，因而今天对于他的思想的了解只能通过他的两个学生的有关著述，一是弗兰西斯科·阿尔戈劳蒂 1753 年的《建筑学的智慧》(*Saggio Sopra l'Architettura*)，二是安德鲁·迈莫的《劳杜里建筑的要素》(*Elementi d'Architettura Lodoliana*)。只是两者的记述在许多地方都大相径庭，但一般认为，阿尔戈劳蒂的论述简短片面，且对劳杜里带有许多偏见，因此迈莫的阐释更为可信。即便如此，这两位学生都认为，"真实性"对于劳杜里的建筑思想极为重要。阿尔戈劳蒂记述道："在劳杜里看来，真实性是最本质的追求，他在真实性的各种面孔和假象中来阐释它。劳杜里希望在建筑中去除一切无用的东西，就像苏格拉底想要去除哲学中所有那些诡辩家的谬论。"[25] 而迈莫则记述劳杜里的座右铭之一便是"没有任何一种建筑的美不是源自真实"[26]。对于劳杜里来说，真实性还是当时两种"病症"的解毒剂：一是波罗米尼那种没有任何规则而只根据自己的感受来设计的做法；一是毫无批判地遵从过去的传统。

劳杜里把建筑分为"功能"（function）和"再现"（representation）这样两部分，或者说，建筑与材料的结构和静力学属性（人眼的视觉所不能及的部分）以及人眼所能看到的部分，而"真实"便意味着二者的统一。劳杜里所谓的真实性在此之外还有一个更为特别的意义，即建筑物上的装饰物（ornaments）的形式应当来自其材料的本质属性，这一论点无疑是对于维特鲁威所谓石构建筑模仿自木构建筑观点的直接攻击。根据迈莫的记述，劳杜里认为如果没有真实性，便就没有任何一种本质意义上的美，而赋予大理石一种属于它自己的真实而科学的形式，定将会令人更为愉快。总之，要使建筑物具有一种真实性，它的形式必须与它所用的材料相一致。

对于建筑真实性的理论贡献的另一来源则是与劳杜里几乎同一时代的法国人洛吉耶，他的思想反映在首版于 1753 年的《论建筑》（*Essai sur l'architecture*）一书中。跟劳杜里一样，洛吉耶也想去除巴洛克建筑中那些冗余的部分，并希望通过理性的方法来建立一些基本的原则。但是洛吉耶的原则是基于"自然"来建立，即那些与他所谓的原始棚屋的结构逻辑相一致的东西（图 1-8）。然而，洛吉耶的"自然"与劳杜里的"真实"含义甚近，因此其后的一个意大利作家弗兰西斯科·米里泽阿在其著作中把两者混同一体。他的书流传甚广，事实上正是米里泽阿，而不是阿尔戈劳蒂或是迈莫使得劳杜里声名远扬，而且也是米里泽阿使得劳杜里的"真实"概念在后来深入人心。

彼得·柯林斯曾经指出，当哥特建筑在意大利被放弃之时，建筑作为计划（planning）和结构（construction）的观念也同时被放弃了。取而代之的是建筑师们对装饰的特殊偏爱，这些装饰与建筑的基本结构无关，在大多数情况下，它们都是附加性的[27]。因此，如果说劳杜里与洛吉耶奠定了一种新的基于材料和结构特质的真实性的话，那么，从地缘上来说原本为意大利-法兰西的理性主义传统，到了 19 世纪则主要成了一种盎格鲁-法兰西现象。在英国，以法国流亡贵族 A. W. N. 普金和艺术史家约翰·拉斯金为代表，带有浓厚的、宗教的、社会的和民族主义的内涵；而在法国，则以维奥莱-勒-迪克和亨利·拉布鲁斯特为代表，也是一种更侧重建筑本体的真实性的表达。但两者的论述都是以哥特建筑为范本。

2. 普金与拉斯金——盎格鲁文化中的结构理性

建筑理论家 A. W. N. 普金是一位法国流亡贵族，他不仅引进了 18 世纪末期发展于法国和意大利的结构真实性的概念，而且也正是普金把哥特建筑与结构真实性联系在一起。

普金是一位狂热的宗教信徒，在他的思想中，材料和结构的真实性与宗教的真实性常常纠缠在一起。德国著名建筑历史学家汉诺-沃尔特·克

图 1-8　洛吉耶的原始棚屋

鲁夫特便认为："普金反对希腊建筑，不仅由于他认为希腊建筑是异教迷信的一种表现方式，而且也因为它将木结构建筑令人不可接受地转化成了石构建筑,这是对于不同材料性质的一个忽略。而将材料作为结构与构造的决定性因素,是普金思想中的核心。"[28] 出版于 1841 年的《尖顶的或基督教建筑中的真实原则》(*The True Principles of Pointed or Christian Architecture*)在这方面具有重要意义。在书的开头,普金便立下了两条原则："① 建筑中不应该有对于它的实用、建造和适当性并非必需的东西;② 所有装饰物都应对于建筑物的建造特质有所助益。"然后,他又再加了两条原则："在纯粹建筑中，即使最微小的细节也应有它的意义或满足某种目的。建造方式应随着材料的变更而有所不同,设计也应随着材料的不同而作出变化。"[29]

虽然普金以中世纪的哥特建筑来作为结构真实性的典范,但是,真正吸引普金的其实还是哥特建筑中宗教的"真实性"。因此对于 19 世纪一些仿造的哥特建筑,他的批评就不仅仅是基于结构真实性的原则,更是基于道德上的考虑,把社会的堕落与对于虚假建筑的接受联系起来。

至于另一位重要人物拉斯金则几乎与普金同代,但是由于普金的早逝,拉斯金事实上成了普金的后人。虽然他坚决否认普金对自己的影响,但客观上他显然受惠于普金的思想。跟普金与维奥莱-勒-迪克一样,拉斯金相信任何好的建筑都是建立在完美的建造之上,并且也和他们一样,盛赞哥特建筑的形式是对于建造的真实体现。只是与法国人完全基于理性得到这一结论不同的是,拉斯金更多地是出于伦理的原因。并且由于拉斯金的文人身份,盎格鲁文化中所谓真实性的非建筑内涵在他的著述中表现得尤为明显。在其 1849 年出版的《建筑的七盏明灯》中,拉斯金虽然接受哥特建筑的理性特质,并且批判晚期哥特建筑对于结构理性的损害,但是,他看重的是哥特建筑"道德的和想象的"方面,并且还特别强调那些回避了机器生产和工业材料的特质。许多拉斯金的读者,尤其是那些已经熟悉结构理性主义观点的人，往往认为拉斯金是在提倡一种结构上的真实性，而误解了他事实上是在主张这种真实性在欣赏者的眼中所带来的审美愉悦。换句话说,结构理性只具有手段而不具有目标的意义。或许正是因为意识到这种潜在的威胁,当他 1854 年总结他的思想时,根本就未曾提及"真实性"这个词,而是把哥特建筑中的品质强调为"工匠的自由心灵"的表达。

彼得·柯林斯关于哥特复兴的一段话很好地说明了盎格鲁文化中的结构理性的含义："英国的新哥特式建筑还是一种服装,它是为了宗教的、社会学的或民族主义的原因而使用的。"[30] 对于英国的新哥特来说,具有哥特建筑轮廓特征的形象比哥特建筑自身的结构理性以及根据哥特建筑结构原理设计的空间更为重要，而这也是它与法兰西结构理性主义的根本区别所在。

3. 维奥莱-勒-迪克与拉布鲁斯特——法兰西文化中的结构理性

真正意义上的结构理性主义的系统论述是由法国人维奥莱-勒-迪克

完成的,在他卷帙浩繁的著述中,我们见到了对于结构真实性的最为有力的论述。

勒-迪克拒绝了希腊神庙的模仿起源的观点,认为"希腊神庙反映了石材取用的整个过程,从开采,到加工,运输,起吊,并且彰显了石材的特性及其承担的功能"[31]。而罗马建筑,则像是一个人披上了一件衣裳,你可以见到这个身体和覆于其上的衣裳,这件衣裳可能用的质料有好有差,加工的手艺也有好有坏,但它终究只是衣裳,而不是身体的一部分。哥特建筑则把二者合而为一,密不可分,它的建造"是灵活而自由的,与现代精神一样富于魅力:它的建造原则允许根据材料自身的特性来使用各种各样自然的或是工业生产的材料"[32]。因此,勒-迪克相信,"对于材料性能的透彻把握,是进行建筑设计的首要条件,而依循这样的原则来设计,则建筑师的一步一步的发展将像是自然界自身的演化一般"[33]。

出版于1863年的《建筑对话录》(*Entretiens sur l'architectue*)系统而明晰地阐述了勒-迪克的思想。即如他在序言中所说,这一著述的目的并非在于提倡一种风格以取代另一种,而是对于"真实的知识"的寻求。19世纪建筑的失败正是因为它忽视了建筑之中真实性这一原则,在于忽视了建筑形式与建造的需求和手段之间的有机结合。对于勒-迪克来说,"在建筑中有两种情况必须遵守真实性的原则:我们必须忠实于建筑的功能;另外,我们还必须忠实于建筑物的建造过程"[34]。

在"对话十"中,勒-迪克详细论述了建筑中的真实性,但是他的真正用意在于去除那些建筑中的传统"原则",而代之以"真实性"原则。因为那些传统原则诸如对称和比例,事实上都因个人趣味而异。需要指出的是,勒-迪克并不是不承认建筑的美学规律,只是他认为"这些规律应该建立在几何学与计算的基础之上。那些经由静力学得来的规律,自然会促进建筑的真实表现——诚实性(sincerity)"[35]。

勒-迪克认为,建筑应该作为一种基于结构、功能和社会条件之上的建造艺术,他尤其从结构和材料的角度解释哥特建筑,并以此为基础寻求一种符合19世纪建筑的原则。作为一名哥特建筑修缮者,勒-迪克对哥特建筑的了解和热爱都是不言而喻的。但是对哥特建筑的热爱并未导致他成为一名英国式的哥特复兴主义者。对于勒-迪克来说,哥特建筑,如同所有伟大的建筑一样,是符合材料特性的伟大结构。他力图证明哥特教堂是理性地使用石头进行建造的结果。一旦建筑材料不再是石头,而是19世纪出现的铸铁材料,那么就没有理由再模仿哥特建筑的形式(如拱券),因为这些形式是为石头而设计的。他极力提倡使用铸铁等新型材料创造出一种具有哥特精神(而不是哥特形式)的19世纪建筑。可以说,勒-迪克在《建筑对话录》中发表的一系列设计构思就是这一主张的结果(图1-9)。

与勒-迪克以修缮哥特建筑为主不同,拉布鲁斯特的工作范围要宽广许多。作为建筑师,他最重要的建筑作品是分别于1850年和1875年设计建成的位于巴黎的圣热内维耶夫图书馆(Bibliothèque Ste. Geneviève)和

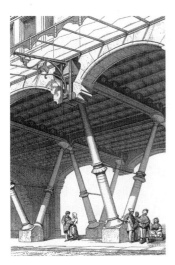

图1-9 铸铁与石砌构件的连接设想

图 1-10 圣热内维耶夫图书馆内景

国家图书馆（Bibliothèque Nationale）。在这两座建筑中，拉布鲁斯特采用的都是受哥特建筑启发的拱形结构（但是并没有使用尖券）。前者表现为一个铁架的筒穹屋顶，它在中间沿纵向一分为二，并由一列铁柱支撑（图 1-10）；后者则更进一步，用 16 根铸铁柱子支撑九个具有方形平面的壳拱，其中每个壳拱都有一个赤土陶板组成的顶阁，中间配有光亮的天眼，共同为阅览大厅提供光线（图 1-11）。无论拱顶的形式如何，屋顶的荷载都是首先传至铆接而成的铁拱格构上面，然后再传至那些细长的铸铁柱子上面。人们在这两座建筑中几乎看不到什么哥特建筑的细部，更不要说什么与哥特建筑有关的宗教伦理含义了。在这里，拉布鲁斯特成功地摆脱了形式和意识形态的教条，以一种平和、世俗、开放、细腻而又优美的方式创造了新的建筑形式。这是两座基于结构特征和材料使用之上的建筑，但又不是干巴巴的结构和材料的堆砌。如同一切优秀的建筑一样，它们将建筑的

图 1-11 法国国家图书馆内景及天窗细部

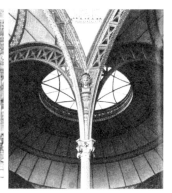

骨架与诗意的遐想结合起来。

4. 结构理性在盎格鲁和法兰西文化中的差异 [36]

盎格鲁人和法兰西人看待哥特建筑的不同观念，也几乎代表了这两种文化对于结构理性主义的不同态度。虽然最终的原则可能大同小异，但是他们的出发点却相差甚多。

英国的新哥特——如果我们在这里仍然可以使用"新哥特"一词的话——归根结底仍属于样式意义上的复兴，无论这一复兴的基础是宗教的还是民族的。相比之下，勒-迪克的重要性就在于他的主张远离了这种英国式的复兴主义，而深入到对于结构和空间原则的把握。正如英国建筑史学家约翰·萨默森曾经指出的："虽然维奥莱-勒-迪克理论的基本思想是当今的建筑必须从过去的建筑中演变而来，它却义无反顾地对复兴主义加以拒绝。……与维奥莱-勒-迪克一样，他们（英国的哥特复兴主义者）都深深地热爱着哥特建筑，但是没有谁能够像维奥莱-勒-迪克那样超越对样式的浪漫情感，从而达到一种永恒的哲学观点。这些英国建筑师们建造了哥特式教堂、哥特式学校、哥特式住宅，却极少令人信服。维奥莱-勒-迪克虽然也建造了一两座具有哥特风貌特征的建筑，却留下了可以作为现代建筑观念之基础的思想结构。"[37]这与弗兰姆普敦的评价不谋而合，在《建构文化研究》一书中，弗兰姆普敦把勒-迪克作为现代建构

图 1-12　勒-迪克的八角形大
　　　　厅透视图

思想的重要来源之一,并把他的三千座大厅的设想与拉布鲁斯特的作品作了比较,给予了极高的评价:"厚重砌筑围合体与轻质铁结构的结合已经是拉布鲁斯特在巴黎设计的两个图书馆中取得的成就。但是,维奥莱·勒-迪克著名的八角形大厅的透视图以其多面形屋顶结构和根据力学要求设置的铁质构件第一次向人们展示了结构理性主义的原则。"[38](图1-12)

　　但是也有学者对勒-迪克的建筑实践的真正价值和意义提出质疑,克鲁夫特便认为"勒-迪克并没有能够成功地将它的关键性理论思想应用于新的形式概念上。……他所设计的仅有的几座建筑在艺术上也是乏善可陈。而他所声称的那些完全基于历史原则之上而进行的复原修建工程,最终也变成了一种没有历史的历史主义(ahistorical historicism)的奇特作品。"[39]戴维·沃特金也认为勒-迪克的有些铸铁结构的设计方案"是对于结构的误解,也成为伪结构(mock-engineering)的一个早期例证"[40]。尽管如此,没有人能够否认勒-迪克的结构理性主义在思想层面的重要意义,它使建筑学重新回到基于对结构的理解上面,即便苛刻如克鲁夫特也不得不承认,他"为人们打开了一片能够取代折中主义的新的建筑前景"[41]。或许也正是在这一意义上,萨默森认为勒-迪克的著作是现代建筑的思想基础,他在 1949 年这样写道:"任何人想要建构一种与当下盛行的思想相和谐的现代建筑理论的话,他将会发现,勒-迪克为他们提供了最为坚实的起点和最为丰厚的背景。"[42]而结构意义上的材料"真实性"又无疑是这起点与背景上最为坚实之处。

　　启蒙运动的理性追求和材料科学的蓬勃发展为结构理性主义提供了丰厚的土壤,它扭转了维特鲁威以来西方建筑学的论述和思考取向,赋予了材料的"本性"和"真实性"以新的内涵,也为现代建筑提供了一个有效的观念基础和思想结构。在这一点上,弗兰姆普敦把现代建筑的历史的起点定在 1750 年代——结构理性主义思潮萌芽并开始迅猛发展的时代——无疑是独具慧眼的。

　　但是,不论是对于材料的"本性"还是它的"真实性"的思考与认识,都是集中于建筑的物质性层面,而没有触及材料与空间的关系,或者说材料的空间意义。固然,人类的营造活动从根本上来说是以空间的创造为目的,但是只有当空间的问题被明确提出以后,许多具体的问题方才得以展开。而那种结构理性主义的真实性及其对待材料的态度,却也并非没有挑战。事实上,勒-迪克的同时代人森佩尔便是其中最为杰出的一位。他对于面饰的关注,避免了结构理性主义对待材料的机械态度,更重要的是,他在材料与空间之间建立起了一种直接而又丰富的关系。

注　释:

1　不过这种追问其根本的问题似乎在于:排除了人的因素的追问,是否会得出一个有益的结果? 甚至,是否能有一个结果?

2　在这些对于材料的基本思考中,东西方存在着巨大的差异。在西方,通常把苏格拉底的成就归结于两点:归纳法和普遍定义。真正作为逻各斯的定义则是说出物的本质(*ousia*)的这些普遍性质的集合。而在东方,同一时代的孔子却并不关心苏格拉底式的普遍性,但是他也没有把人引至普罗塔哥拉派的立场。孔子之言不是追求一种能够插入各种情况和差异的抽象定义,而是成为可言辨的。这种言论期望的"恰当"使其变得精确而严格。但这种恰当不是在个别与普遍之间,而是在陈述与其机遇之间的恰当。孔子之言所具有的启发性便由此而来。如果说孔子不提定义问题,那最终是因为他并不想挖掘出孤立于变化的稳定整体——因而是理想的整体。他并不探讨物的本质,因为他并不用"存在"(与生成相对),而是用过程(其性质恰恰是被调节的)的术语来考察现实。随着缺少定义而来的是不可能有证明。这是东西方思想在起点处便形成的巨大差异,当然也不可避免地反映在对于材料的思考上。因此,对于西方来说极为重要的追问,在东方却甚至根本不成其为问题。本书依循的仍旧是西方学术思考的路径。

3　张祥龙. 西方哲学笔记. 北京: 北京大学出版社, 2005: 107

4　Nature 最接近的词源为古法文 *nature* 与拉丁文 *natura*;两者皆源自拉丁文 *nasci*,意指出生的。其最早的含义是指"事物的基本性质与特性"。就如英文里其他一些重要的词(比如 culture)一样,nature 刚开始是描述一种性质或过程,接着被一个特殊的词语所定义,最后变成独立的名词。

　　[英]雷蒙·威廉斯著; 刘建基译. 关键词: 文化与社会的词汇. 北京: 三联书店, 2005. 326–327

5　类似的表述则还有 necessary and accidental, permanent and changing, real and illusory 等等。

6　David Leatherbarrow, *The Roots of Architectural Invention: Site, Enclosure, Materials* (New York: Cambridge University Press, 1993), 157–158.

7　David Leatherbarrow, *The Roots of Architectural Invention: Site, Enclosure, Materials* (New York: Cambridge University Press, 1993), 161.

8　Kenneth Frampton, *Modern Architecture: A Critical History* (New York: Thames and Hudson, 1992), 8.

9　[英]罗宾·米德尔顿, 戴维·沃特金著; 邹晓玲等译. 新古典主义与 19 世纪建筑. 北京: 中国建筑工业出版社, 2000: 5

10　Kenneth Frampton, *Studies in Tectonic Culture: The Poetics of Construction in Nineteenth and Twentieth Century Architecture* (Cambridge, Mass.: MIT Press, c1995), 29.

11　David Leatherbarrow, *The Roots of Architectural Invention: Site, Enclosure, Materials* (New York: Cambridge University Press, 1993), 184.

12　Carlo Lodoli, 转引自 David Leatherbarrow, *The Roots of Architectural Invention: Site, Enclosure, Materials* (New York: Cambridge University Press, 1993), 189–190.

13　Gottfried Semper, *Kleine Schriften*, 292. 转引自 David Leatherbarrow, *The Roots of Architectural Invention: Site, Enclosure, Materials* (New York: Cambridge University Press, 1993), 198.

14　*Stoffwechsel* 本义是"新陈代谢",森佩尔在他的著述中借用来指代为着象征性的保存(symbolism conservation)而来的不同材料之间的替换(material substitution or transformation)。

15　Gottfried Semper, "On Architectural Styles", in Gottfried Semper, *The Four Elements of Architecture and Other Writings*, trans. Harry Francis Mallgrave and Wolfgang Herrmann (New York: Cambridge University Press, 1989), 269.

16 See David Leatherbarrow, *The Roots of Architectural Invention: Site, Enclosure, Materials* (New York: Cambridge University Press, 1993), 192.

17 [古罗马]维特鲁威著; 高履泰译. 建筑十书. 北京: 知识产权出版社, 2001. 105. (译文有些许改动)

18 Karl Botticher, 转引自 David Leatherbarrow, *The Roots of Architectural Invention: Site, Enclosure, Materials* (New York: Cambridge University Press, 1993), 197.

19 Viollet-le-Duc, 转引自 David Leatherbarrow, *The Roots of Architectural Invention: Site, Enclosure, Materials* (New York: Cambridge University Press, 1993), 197.

20 Guarino Guarini, 转引自 Adrian Forty, *Words and Buildings: A Vocabulary of Modern Architecture* (New York: Thames & Hudson, 2000), 294.

21 Quatremère de Quincy, 转引自 Adrian Forty, *Words and Buildings: A Vocabulary of Modern Architecture* (New York: Thames & Hudson, 2000), 297.

22 David Leatherbarrow, *The Roots of Architectural Invention: Site, Enclosure, Materials* (New York: Cambridge University Press, 1993), 154.

23 "Material *mimesis* leads to iconography." in David Leatherbarrow, *The Roots of Architectural Invention: Site, Enclosure, Materials* (New York: Cambridge University Press, 1993), 161.

24 Ákos Moravànszky, "'Truth to Material' vs 'The Principle of Cladding': the language of materials in architecture," *AA Files* 31 (2004): 39-46, 40-41. Also see Gottfried Semper, *The Four Elements of Architecture and Other Writings*, 257-258.

25 Francesco Algarotti, *Saggio Sopra l'Architettura*, 34. 转引自 Adrian Forty, *Words and Buildings: A Vocabulary of Modern Architecture* (New York: Thames & Hudson, 2000), 296.

26 Andrea Memmo, *Elementi d'Architettura Lodoliana*, Vol 2, 59. 转引自 Adrian Forty, *Words and Buildings: A Vocabulary of Modern Architecture* (New York: Thames & Hudson, 2000), 296.

27 [英]彼得·柯林斯著; 英若聪译. 现代建筑设计思想的演变. 第一版. 北京: 中国建筑工业出版社, 1987. 236

28 [德]汉诺·沃尔特·克鲁夫特著; 王贵祥译. 建筑理论史——从维特鲁威到现在. 北京: 中国建筑工业出版社, 2005. 244-245

29 A. W. N. Pugin, 转引自 Adrian Forty, *Words and Buildings: A Vocabulary of Modern Architecture* (New York: Thames & Hudson, 2000), 297-298.

30 [英]彼得·柯林斯著; 英若聪译. 现代建筑设计思想的演变. 第一版. 北京: 中国建筑工业出版社, 1987. 249

31 M. F. Hearn ed., *The Architectural Theory of Eugène-Emmanuel Viollet-le-Duc* (Cambridge, Mass.: MIT Press, 1990), 57.

32 M. F. Hearn ed., *The Architectural Theory of Eugène-Emmanuel Viollet-le-Duc* (Cambridge, Mass.: MIT Press, 1990), 116.

33 M. F. Hearn ed., *The Architectural Theory of Eugène-Emmanuel Viollet-le-Duc* (Cambridge, Mass.: MIT Press, 1990), 171.

34 Eugène-Emmanuel Viollet-le-Duc, *Lectures on Architecture*(1877), vol. 1, 448.

35 Eugène-Emmanuel Viollet-le-Duc, *Lectures on Architecture*(1877), vol. 1, 480.

36 这一比较在很大程度上源自王群(王骏阳)教授在《解读弗兰普顿的〈建构文化研究〉》一文中的提示。此外, David J. Watkin 在 *Morality and Architecture* 一书中也有精辟的论述。

37 John Summerson, "Violett-le-Duc and the Rational Point of View", 8.

38 Kenneth Frampton, *Studies in Tectonic Culture: The Poetics of Construction in Nineteenth and Twentieth Century Architecture* (Cambridge, Mass.: MIT Press,

c1995), 51.

39 [德]汉诺–沃尔特·克鲁夫特著; 王贵祥译. 建筑理论史——从维特鲁威到现在. 北京: 中国建筑工业出版社, 2005. 210

40 David J. Watkin, *Morality and Architecture: The Development of a Theme in Architectural History and Theory from the Gothic Revival to the Modern Movement* (Oxford: Clarendon Press, 1977), 25.

41 [德]汉诺–沃尔特·克鲁夫特著; 王贵祥译. 建筑理论史——从维特鲁威到现在. 北京: 中国建筑工业出版社, 2005. 209

42 John Summerson, 转引自 David J. Watkin, *Morality and Architecture: The Devlopment of a Theme in Architectural History and Theory from the Gothic Revival to the Modern Movement* (Oxford: Clarendon Press, 1977), 23.

第二章　材料、"面饰"与空间 [1]

如果说佩罗和劳杜里把能够理性分析的结果和力学性能视作材料的"本性",并且开启了结构理性主义的先河,那么,到了19世纪中期,以力学性能来决定材料"本性"的观点已被广为接受,成为一种常识。建筑师们普遍认为,关于材料的这类经由试验可以得到的知识,应该并且可以被用来决定建筑构件的形状及尺寸。结构理性主义的思想越来越深入人心,它以材料理性突破了文艺复兴的绝对比例,去除了巴洛克的夸张形式,也奠定了现代主义建筑材料观的思想基础。

虽然如此,那种结构理性主义的"真实性"及其对待材料的态度,却并非没有挑战。事实上,勒–迪克的同时代人戈特弗里德·森佩尔便是其中最为杰出的一位。他对于"面饰"的关注,避免了结构理性主义对待材料的机械态度。更重要的是,他的相关论述在材料与空间之间建立了一种直接的关系。因此,如果说对于本研究来说,材料、表面和空间这三者之间的关系至为重要的话,森佩尔几乎可以说是具有一种奠基者的地位。也正是基于森佩尔的思考和观点,施马索夫、阿道夫·路斯、卡米洛·西特才发展出了自己基于"围合"的空间观念。而当代建筑中由 Material 向着 Materiality 的转向——对于材料效果中工艺性的重视及其表现潜力的发掘——也与森佩尔有着密切关系。

本章无意去对森佩尔作一个历史学的研究,而是把他的思想和论述作为探讨"材料、面饰、空间"这一主题的主要素材。因此,就不必去对他作一个全景式的考察,而是围绕这一研究的对象与目的来选取他的建筑理论思想中一些特定侧面来加以阐述。具体来说,是以森佩尔的两个相互关联的理论焦点——材料与面饰——为线索,来考察他的三个主题,即彩饰理论,建筑四要素理论,以及他后期才明确提出的面饰原则。通过这一考察,一方面试图勾勒出19世纪材料论述的另一番图景,以及它与西方传统材料论述的关系,更重要的则是指出在材料的建造和空间双重属性的研究上森佩尔的基础性地位,以及他的思想对于现代意义上的建筑空间观念诞生的重要意义。

第一节将侧重于森佩尔对于材料的基本态度,这也在他的建筑理论中占据着核心地位,同时还将着重探讨他的"面饰"概念,也是在这里,森佩尔脱离了结构理性主义对于材料的唯结构属性的倾向,而表现出更为丰富和深刻的思考;第二节考察他的"建筑四要素"理论,在这里,空间要素和材料及其制作都扮演了重要的角色,这可能也是他对后世最富价值和影响的贡献;第三节考察他的"面饰的原则",并且在历史的跨度中来进行研究,考察它的内涵在结构与象征间的差异,以及它与空间观念的密切联系。在以上这些研究的基础上,第四节指出以上选取的几个森佩尔的思想侧面对于现当代建筑,尤其是对本研究所具有的重要意义和基础性地位。

第一节　材料观的核心地位及"彩饰法"研究

戈特弗里德·森佩尔被狄尔泰称作"歌德真正的继承者",是德国 19 世纪继辛克尔以后最伟大的建筑师和建筑理论家之一。他的思想和理论对于后世产生了难以估量的影响,也是今天深入研究材料、空间及建构理论不可逾越的阶段。只是这些影响长久以来被严重低估,也未得到充分认识。

森佩尔一生经历过许多重大事件,决斗、起义、逃亡,在大部分的时间里,他都身兼教师和建筑师的双重身份,他的建筑思考的演变及对各建筑专题的兴趣与他的生平经历有着密切的关系。

一、森佩尔

1803 年,森佩尔出生于德国汉堡,后随父母移居一个当时已经独立于汉堡而归丹麦管辖的小镇阿尔托纳（Altona）,1879 年逝世于罗马（图 2–1）。

1823 年,森佩尔离开家乡入哥廷根大学学习数学,在这里他聆听了德国著名艺术史家 K. O. 米勒的讲座, 这对森佩尔视野中的希腊因素起着重要作用。但是森佩尔在哥廷根大学并未完成学业,而在 1825 年到慕尼黑学习建筑,并在次年因为一场决斗而离开德国赴巴黎。在巴黎期间,森佩尔选择在 F. C. 高乌门下学习建筑,而没有去当时如日中天的巴黎美术学院。对于森佩尔来说,这一决定在后来被证明是决定性的,因为正是高乌把森佩尔介绍给建筑师兼考古学家 J. I. 希托尔夫——这个"彩饰法"论争的核心人物, 从而作为一个年轻人便得以密切关注并参与当时关于希腊建筑的"彩饰法"的讨论;也正是高乌在森佩尔 1830 年至 1833 年的地中海之旅归来, 并在 1834 年发表了一篇关于彩饰法的论文——《古代彩饰建筑与雕塑之初探》（*Vorläufige Bemerkungen über bemalte Architektur und Plastik bei den Alten*）——之后, 推荐他担任德累斯顿建筑学院的院长, 从而开始了他在德累斯顿——这个萨克森公国的首府——作为一个建筑师的辉煌事业。

在德累斯顿的十四年时间里,森佩尔设计建造了一批宏伟的建筑,也是在这些建筑实践中,他认识到"德累斯顿因其政治气候和文化取向,需要一种自由、丰韵而流畅的风格,一种历史主义和叙事性的折中而又富于性格的外皮（*Bekleidung*）"[2]。这期间,他的建筑师事业是如此成功,以致没有闲暇来发展他在理论上的兴趣。即便如此,时隔十七年之后发表的另一篇重要论文《建筑艺术四要素》（*Die vier Elemente der Baukunst*）里的一些基本想法还是在此期间得以基本形成。

图 2–1　1878 年的森佩尔

森佩尔因卷入 1848 年"五月革命"而遭当局通缉,并于次年逃离德累斯顿,先去巴黎,后至伦敦,并于 1851 年出版了他著名的《建筑艺术四要素》。然后直至 1855 年,出任瑞士苏黎世高等技术学院的教授,并在这里迎来了他作为建筑师的又一个黄金时期。这期间,森佩尔设计了这一大学校园中的十八幢建筑,并在 1868 年设计了维也纳的艺术博物馆和科学博物馆。也是在这一时期,他写作了 1100 页的平生最重要著作——《技术与建构艺术中的风格问题》(*Stil in den technischen und tektonischen Künsten, oder, Praktische Aesthetik*)[3]。虽然森佩尔的著作被 E. H. 贡布里奇批评为"故弄玄虚,使人昏昏欲睡",而这部《技术与建构艺术中的风格问题》更是"不知讲些什么"[4]。但是,不可否认的是,他的著作对于后世产生了巨大影响,也是今天深入研究材料及建构理论不可逾越的阶段。

1879 年,森佩尔在罗马过世,此时他最伟大的维也纳的博物馆仍然在建,而他最伟大的著作《技术与建构艺术中的风格问题》却永远无法最终完成。

二、人类学视角的材料认知及其核心地位

1. 人类学视角的材料认知

在第一章关于材料"本性"的讨论中已经简要论述过森佩尔材料认知的人类学视角,并指出这一认知视角也是他区别于 19 世纪结构理性主义的一个突出特征。而材料转换(material substitution, *stoffwechsel*)这一概念可以说是他的这一特征的集中体现,这在他对于面饰材料之演变的考察中得到清晰的论述。

在森佩尔看来,正是在这种具体材料的转化与替换中,形式的象征意义才得以延续。也正是经由这种不同材料之间替换的做法和途径,建造的内在意义才得以保留,最为典型的即是希腊神庙在由木构向石构的转换中,虽然材料改变了,但是梁头在形式上则通过三陇板这种做法得到了延续,而其所负载的象征性意义也得到了保留,这与维特鲁威的"延续精神的建造"(building up in spirit)和"发明"(find within, *invenio*)的观点显然有着某种共通之处 [5](参见本文第一章图 1–5)。需要注意的是,这种材料转化说的"不是产品的实用性方面,而是制作者在(通过)塑造材料(来制作艺术作品)时表达宇宙的规律和秩序,也正是这一部分揭示出作品中制作者的有意识的努力"[6]。

诚如森佩尔在其《技术与建构艺术中的风格问题》一书的序言中所言,"一件艺术品的'意志'不是臣服于它的制作材料的本质属性,更不必说由此本质属性引申出来的结果,恰恰相反,是制作材料臣服于艺术品的'意志'"[7]。乍一看来,森佩尔的观点似乎是忽略了材料本身的独特属性,而热衷于形式上的模仿和重复。然而,这更多的是一种误解,森佩尔的一段论述清楚地表明了这一点。他说:"任何一件艺术品都应该在其外观上反映它的制作材料……在这一意义上,我们也可以说存在一种木作风格,一种砖作风格,一种石作风格,等等等等。"[8] 这种既基于材料又超越材料

的做法,正表明材料技术与艺术想象这两个艺术创造中的因素,在森佩尔那里处于相互作用之中,而非阿洛瓦·李格尔(Alois Riegl, 1858–1905)所曲解和批判的那种带有材料决定论色彩的"物质主义"。

2. 材料观之于森佩尔建筑思想的核心地位

森佩尔"坚信材料以及制作构成了人类的内在愿望与外部客观世界之间的交汇点"[9]。相较于之前康德与席勒关于艺术要超越物质性的主张,森佩尔维护了建筑的材料与技术的一面,认为"人们是在制作实用器具以及艺术作品的过程中,来满足精神和物质上的双重需求"[10]。因此这种对材料本性以及制作技术的强调成为森佩尔思想的核心所在,而用德国艺术史家狄尔泰的话来说,他"认识到材料对于建筑的制约,并且又进而探索了这种物质性极限:建筑的形式语言源自于人类的艺术和手工艺活动,源自于编织、陶艺、金工、木工,以及最古老的石工建造"[11]。

这一理论核心奠定了他在 19 世纪建筑与装饰艺术领域极为重要的地位,但也因此招致其后另一位重要的艺术史家阿洛瓦·李格尔的批判。但是,也正是得益于李格尔的批判,森佩尔才以"物质主义者"(materialist)在艺术史圈子里为人所知[12]。而就把握森佩尔建筑理论的这一核心来看,以李格尔的批判为参照,也会使这种把握更为准确和丰润一些。

李格尔用来批判"物质主义"的核心概念是"艺术意志"(artistic will, *Kunstwollen*),虽然事实上在李格尔的著作中这是一个内涵不断变换的概念[13],但是不可否认的是,这一概念的提出,是以森佩尔的"物质主义"为针对性标靶的。在反对森佩尔这一理论核心的论辩中,李格尔以装饰纹样为考察的焦点,他认为装饰纹样并非起源于织物,因为"人类装饰身体的欲望远远大于用植物覆盖身体的欲望,能满足装饰身体的简单欲望的装饰母题,比如线条的、几何的图形,自然远在用织物保护身体之前就存在了"[14]。然而需要注意到的是,装饰纹样几乎完全脱离实用功能,而森佩尔的论风格的著作恰恰是关注于实用艺术(practical aesthetics)的,因此,装饰纹样的特殊性并不足以否定森佩尔的"物质主义"在建筑学中的相对合理性及其重要意义。事实上,在艺术史的考察中,李格尔与森佩尔的关注对象是有差异的,忽略这一差异及其带来的后果,也就不可能客观把握各自论述的独特价值。

值得注意的是,森佩尔被扣上"物质主义者"的帽子,但是他对于材料和制作的强调又并非那种结构理性主义的态度,也和他的诸多追随者有别。在这一点上,李格尔对于森佩尔的理解基本上是准确的,他清楚森佩尔与森佩尔的追随者(Semperian)——主要以柏林博物馆的亚历山大·孔泽为代表——之间的区别,也清楚其实是后者而不是前者持一种技术层面上的"物质主义"观点,在他的批评中对于二者也作出了比较明确的区分[15]。事实上,他与森佩尔之间的分歧并没有后世想象得那么大。在这一点上,约瑟夫·雷克沃特一针见血的评价毕竟是中肯的。在他看来,他们的分歧是在对于艺术作品的起源及其风格变化的原动力上有不同看法:森佩尔强调实际的使用功能以及材料和制作这两方面因素的重要性,因而即便不是"物质主义",也显示了一种实证主义的倾向;而李格尔则强调艺术在起源处对于自然界的模仿,而且是一种表面形象上的模仿。至于在起源问题之外,李格尔事实上接受了森佩尔的许多观点[16]。

事实上,森佩尔的结构-象征观念以及他关于装饰的本质是对材料的遮蔽(masking)的观念,都是与19世纪中期的物质主义倾向,尤其是普金、拉斯金、维奥莱-勒-迪克那种所谓忠实于材料的观点很不相同的,这也是他为何在被李格尔批评为"物质主义者"的同时,却又批评他的英法同行们为"物质主义者"的原因[17]。在其晚年的时候,森佩尔更为看重材料与建造的象征含义,并且为了这种象征性的显现,常常要把材料和建造的实在性(reality)隐匿起来。而这种隐匿与显现的关系很大程度上正是通过他的面饰理论来达成,面饰(dressing, *Bekleidung*)也便在森佩尔的建筑理论体系中占据着一个重要的地位。

三、森佩尔的"面饰"概念及其"彩饰法"研究

1. 森佩尔的"面饰"概念(*Bekleidung*)

如果说 *Bekleidung* 是森佩尔建筑理论的一个核心概念,那么就一种跨文化的理解而言,对于这一概念翻译和推敲的过程,也便成为一个对它进行准确理解和把握的过程。

在英文中,这一概念通常有两种表述:Cladding 和 Dressing(还有部分学者译为 adornment 或是 raiment,但比较少见)。路斯的论文集《言入空谷》(*Spoken into the Void: Collected Essays 1897–1900*)的英译者 J. O. 纽曼和 J. H. 史密斯引用1932年出版的《瓦斯姆斯建筑大百科全书》(*Wasmuths Lexikon der Baukunst*)中的解释而采用前一种译法;而马尔格雷夫和赫尔曼(森佩尔的 *The Four Elements of Architecture and Other Writings* 的英译和编辑者)采用的则是后一种译法。就 *Bekleidung* 的构成来说,动词 kleiden 的字面意思为"穿衣(to clothe)""打扮(to dress)"。而对于 *Bekleidung*,前者解释道:"*Bekleidung* 是指用来覆盖内部的建筑材料,并且由别的材料构成的外部面层。这种覆盖既可以是出于技术性的考虑——比如说防止气候的侵蚀,也可能是出于美学上的追求……所谓的材料的正确性则与 *Bekleidung* 这一概念有着紧密联系。"[18] 而马尔格雷夫则认为,虽然以"dressing"来翻译森佩尔的 *Bekleidung* 这一概念不能令人完全满意,但是把它译为"cladding"则是非常不正确的。森佩尔引入这一概念是在他的《技术与建构艺术中的风格问题》一书里的"编织"部分,这一部分的前言正是阐述了建筑与服饰之间的相互关系。不仅如此,森佩尔一直是在一种非常广泛的意义上,以一种隐喻的方式来使用这个概念,来说明"服饰(dressing)"让人回忆起墙体的挂毯之起源,并且也是这一起源残留的痕迹。森佩尔对于这一概念的第一次使用是 *Farbenbekleidung*,意为"彩色的衣服(color dressing)"或者"彩色的涂层(color coating)",而这显然不能理解和表达成"彩色的贴面(color cladding)"。因此,把这一概念译为

cladding 一方面局限了它的含义，另一方面从根本上扭曲了森佩尔理论中这一关键的概念，并使它疏离于与 dressing 相关的另一个概念——面具（masking）[19]。

从以上这些讨论来看，在英文中，把 *Bekleidung* 译为 dressing 应该是更符合森佩尔的本意，也会更加准确地传达 *Bekleidung* 的原本内涵，而译为 cladding 则更多是一种（当代）建筑学上的权宜之举，在更易于传达一种技术时代建筑学理解的同时，却丢失了这一概念所拥有的许多隐含或关联意义，而只是显露出其技术与建造的一面。只是，需要指出的是，事实上 cladding 这一译法的应用更为普遍。而当代汉语建筑言论中对于这一问题的讨论，又多受英语文献的影响，并常常与当代建筑学中的表皮（skin）概念相混同，因而在 cladding 的意义上来理解 *Bekleidung* 和森佩尔的论说更多，但是这显然过滤掉了这一概念很多原本具有的生发性内涵[20]。

正是基于以上的辨析，笔者以为把 *Bekleidung* 在建筑语境中的汉译取为"面饰"比较合适，它照顾到了 cladding 的建筑覆层的习惯性指向，但更是保存了 dressing 的装饰性的内涵以及在视觉上和认知上进行双重隐匿的本意，可以跨越英语翻译的中介，而直接与 *Bekleidung* 建立起一种基本对应关系。另外有必要指出的是，这一概念即使在德语语境中，在不同的历史时期，其含义也不尽相同，比如在森佩尔与路斯之间，它便有着明显的内涵上的滑移，这种滑移也正是这一概念的生成性潜质的一个体现，当然这是另一个问题了[21]。

森佩尔对于面饰问题的思考首先源自对于历史上各个时期建筑的考察，尤其是对古希腊建筑"彩饰法"的进一步揭示，而这又是得益于之前一些考古学家和建筑学者的持续努力。

2. 森佩尔的"彩饰法"研究（Polychromy）

18 世纪正统的美学观念认为，古典建筑与雕塑的美来自"纯形状"造型那种理想的内在观念。渲染轮廓的颜色固然是刺激的，也赋予对象以活泼生动，但却不能使它美和值得观照。然而，随着 19 世纪初对于古文献的兴趣与日俱增，以及考古学的兴起，彩饰的希腊古典建筑与雕塑被不断发现，"白色大理石"的建筑学受到质疑。温克尔曼，这位"白色大理石"建筑的最热情的主张者，遭遇了卡特勒梅尔·德昆西（也是温克尔曼在法国最出色的学生）关于古希腊雕像的研究成果的挑战。德昆西研究了菲迪亚斯的那些木质核心而以黄金和象牙来装饰的雕像[22]（图 2-2），发现这种做法其实反映了古希腊人在形式（form）以外的另一种趣味。此前对于这些雕像的这一装饰特征一直持一种批判态度，而这种批判与争论也典型地反映了西方思想中长期存在的对于核（kernal）和壳（hull）的一种二元对立的认识方式[23]。德昆西列举了当时典型的四种批判：

① 这一特征并非希腊正统的艺术品位，而是一种外来趣味的偶然结果。

② 把两种材料混合起来使用远远没有使用一种材料的作品来得

图 2-2　菲迪亚斯在奥林匹克的宙斯像

纯粹。

③ 黄金和象牙在视觉效果上的过分表现扭曲了艺术品内在的艺术价值。

④ 最后，这种把黄金和象牙结合起来以模仿衣服和肌肤的做法，在根本上是与雕塑的实质——形式——相背离的。

然而，在德昆西看来，希腊人珍视这类作品不是因为它们材料的高贵，或是那种使人产生幻觉的效果，而在于这些雕塑挖掘了希腊艺术性格中一种非形式的要素——色彩。德昆西这里提出的观点不仅仅适用于雕塑，也适用于希腊的其他艺术形式。这一观点引起了19世纪二三十年代的考古热潮和关于希腊建筑的色彩之争，而后来的越来越多的考古学成果都指向彩色这一论断。在这种风潮中，法国建筑师兼考古学家希托尔夫（出生于德国科隆，与高乌同乡，受教于法国）于1822年至1824年南游意大利和希腊进行实地考察，并于1830年在巴黎美术学院的演讲中正式提交了关于塞利努斯神庙（Selinus Temple）的考古成果（图2-3），认为希腊古典建筑运用的是一种色彩体系，它的地位类似于柱式在建筑中所起的作用，并且这种着色的建筑也与阳光灿烂的蓝色地中海丰饶美丽的自然相和谐。希托尔夫的这些观点其实可以看作是德昆西关于雕塑的论述在建筑领域的对等表述，但是由于缺乏足够的证据支持而显得有些支离破碎，以至于被艺术史家和考古学家讥讽为"闯入这一领域的业余选手"。而当德昆西后来在巴黎美院的继承人罗西特把他对于希托尔夫成果的评价由赞赏改为批判时，一场论战不可避免地爆发了。

图 2-3　希托尔夫绘制的塞利努斯神庙立面

在论战爆发的前夜，森佩尔于1830年7月出发考察了希腊及其他地中海沿岸的彩饰文物和建筑，历时三年。他的关于彩饰理论的论文《古代彩饰建筑与雕塑之初探》于1834年出版。在亲自考证的基础上，森佩尔基本赞成希托尔夫的观点，但是与希托尔夫不同的是，他认为在古代存在着多种彩饰体系而非只有希托尔夫所呈现的一种；此外他把"彩饰"主题纳入了一个比希腊古典主义更为广阔连续的历史情境中加以发展，并将希腊神庙的"彩饰"作为他所谓"面饰"的总的发展过程的一个阶段，也是非常高级的一个阶段，而这种发展一直是与人类的基本动机相联系的。

在后来的几十年里，森佩尔在很多方面发展和完善了他的理论，但是他一直坚信，对于希腊的艺术思想来说，色彩一直是最为重要的因素。虽然在柯林斯看来，森佩尔对于"彩饰法"的论述完全是"业余水平"并且还"走向了极端"[24]，然而，对于森佩尔思想的形成与发展来说，它却有着不同一般的意义。事实上，正是森佩尔早期对于希腊彩饰法的关注及论述，奠定了他30年后才明确提出的"面饰的原则"以及与之相关的材料转换的理论，而这些都成了路斯日后发展自己的饰面理论的基础。

可以说，森佩尔30岁时对于彩饰法的考察研究，在很多方面可以作为理解他后来的理论著述，甚至是其后的瓦格纳和路斯的有关论述，尤其是"饰面理论"的第一把钥匙。其中对于人类的基本动机的考虑，则为森佩尔17年后完整提出的"建筑四要素（动机）说"奠定了一个认识上的基础，对于材料和制作技艺的考虑则是四要素理论的根本。

第二节 "建筑四要素"说

在19世纪一系列科学发现和进展的影响下，森佩尔于40年代逐渐发展出他自己的建筑起源说[25]。这些影响中，首先是地质研究揭示出世界并非如《圣经》所说起源于公元前4004年，而是至少已经存在了几百万年，这使得18和19世纪建基于《圣经》"创世纪"之说上的建筑起源理论难以自圆其说。此外，40年代德国的人种学（ethnography）研究取得巨大进展，不仅发现在远古时代身体的涂饰和装饰非常普遍，而且对远古人类的居住、风俗、歌舞也都有所探讨。森佩尔依循这种人种学视角，认为建筑与装饰形式并非"抽象观念的直接产物"，而是源于以材料、技术和功能为基础的"原动机"（*Urmotive*）的发展。这样，他就否定了之前 M. A.洛吉耶等人的模仿（自然）的建筑起源说，并逐渐形成了他自己对于建筑起源的看法。

一、建筑的四个要素（动机）

在1848年的一次演讲中，森佩尔区分了建筑的两种原始形式——墙体和屋顶，它们分别对应于人类的两种基本动机——围合（enclosing）和遮庇（roofing），而这些构成了人类原始的住居形式。其后的另一次演讲中他又加上了"炉灶"（hearth）作为第三个要素，因为在原始时期正是火的应用形成了最先的社会群体，并在后来演变成为一个汇聚的象征。

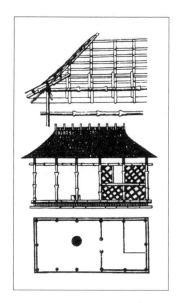

图 2-4 森佩尔绘制的加勒比
原始茅屋的平立面图

最后森佩尔才加上了"基台"（platform），从而最终构成建筑的四个基本要素。

森佩尔根据他在 1851 年伦敦博览会上所见的加勒比茅屋所绘制的图解，典型而简明地说明了这四个要素，从而几乎成为这一论说的标准图解（图 2-4）。但如果认为是受到这一次展览所见的启发，森佩尔才有了关于四个要素的构想，则更多是一种误解。因为在森佩尔 1834 年来到德累斯顿以后，便接触过类似的建筑图解。其时，人类学家古斯塔夫·克勒姆任皇家图书馆员，他在 1843 年至 1851 年间出版了九卷本的《人类文化通史》，其中第四卷中即载有对于太平洋一个小岛上的原始棚屋的描述，其构成要素与森佩尔后来的建筑四要素在形式上极为相近。可以推测的是，正是这一影响让森佩尔在自 1848 年开始的一系列讲座中构思了他的四要素理论。相较而言，后来在博览会上所见到的加勒比海棚屋的模型，则只不过是对于他已经成形的理论的一个确证而已。

在这四个要素当中，森佩尔突出了"墙"的重要性，并且把围合墙（surrounding wall, Einfassungsmauer）定义为"古代南方建筑的第一要素"，是住居的"最原始的种籽"。围合墙的建筑意义一方面在于它定义了一种"新的空间性"（new spatiality），或者说在一个混同的世界中划分出了内部空间并保护了这一内部空间，另一方面它又围绕着炉灶——这个居所的社会性和精神性的中心所在。在这些演讲中，森佩尔构建了他日后理论的两个相互关联而又独立的主题：一是建筑的基本动机（motive）对于形式的根本性影响——对于汇聚、围合、庇护的需求产生了相应的形式要素，即炉灶、墙体、屋顶；二是根据这些基本动机又可以区分出两种基本居住类型——南方以墙为主的院落型和北方以屋顶为主的封闭型。

1850 年底，也就是他因政治革命逃亡伦敦前后的一段时间，森佩尔完成了《建筑艺术四要素》的写作，随即于次年出版。这篇论文其实包括了两个部分，前面四章继续他关于"彩饰"的论辩，第五章才是真正对于建筑四要素的讨论。只是前面有关"彩饰"的部分除了有力地驳斥了别人的批评以外，在内容上了无新意，倒是最后加上去的一章开辟了新的天地：通过他的四要素理论来论述艺术——当然包括或者说主要是建筑——的原始动机的发展 [26]。

二、动机–要素–工艺

森佩尔对"要素"（element, Elemente）这个词的使用常常容易导致误解，以为它所表明的是一种物质性的实体性"要素"、"构件"或者"形式"。事实上，从森佩尔晚年的著述来看非常清楚，它所要表达的其实首先是人类的基本"动机"，是基于实用需求的技术操作，因而在起源处就必然与一定的制作方式和形式相联系 [27]。例如，与"遮庇"（roofing）相关联和对应的是一种架构性或结构性框架的制造（making of a tectonic or structural framework），并且它进而与木工（carpentry）这种制作工艺便有内在的对应关系。而"抬升"（mounding）这一动机，当初是为了把炉灶抬升以减少地面湿气的影响，在形式上的对应则有最初的在运河或是低洼处建房而升起的台地（terrace），亚述时期的古庙塔（ziggurats）和希腊时期的三级台（阶）座（stylobete），在更迟一些的古罗马时代，则表现为厚重的砌筑墙体（masonry walls）——这种墙体从根本上来说是与那种为了满足空间"围合"（enclosure）之动机的围护物不同的。对于这种差异，他还通过对于德语中"墙"的两种不同表述——die mauer 和 die wand——来说明四要素中墙体的围合之动机：虽然 die mauer 和 die wand 都有围合空间的功能，但是前者厚重而兼承重之功能，后者轻薄而纯作限定空间之用，并且还与德语的 Gewand（衣饰）共用同一个词根 [28]。

这样，森佩尔在他的《建筑艺术四要素》中就构建了一个艺术发展的理论体系。在这里，所有的形式最终都源自于人类的四种基本动机，而它们与其在建筑中相应的四种形式要素之间又有着相应的密切关联，并进一步与四种制作工艺相对应，即：

① 汇聚—炉灶—陶艺（gathering-hearth-ceramics）；
② 抬升—基台—砌筑 （mounding-terrace/earthwork-stereotomy/masonry）；
③ 遮庇—屋顶—木工（roofing-roof/framework-carpentry/tectonics）；
④ 围合—墙体—编织（enclosing-wall/membrane-weaving）。

三、围合要素的材料转换

在阐述了四种动机及其相应的建筑形式和制作工艺之后，森佩尔立即集中到对于"围合"这个动机的论述上来，并且开始勾勒这一围合动机（motive）的对应形式——围合物——在材料的替换中向"面饰"（dressing, Bekleidung）的逐渐转化。

对于这一材料转变的过程，森佩尔根据人种学研究的一些发现，认为编织是人类最早的活动，而这种活动经由了一系列阶段：从最初的树枝和篱笆编织的原始围合阶段，进入技术进步的编席阶段，以及更高文明的亚述时期的织物编织阶段，并在第一美索不达米亚文明时期，这种墙面的编织特性以一种象征的和视觉的方式移植和转化到砖、瓦、马赛克以及雪花石膏饰面板中来。及至希腊时期，这一面饰达到了其艺术上的巅峰，化作墙面一层薄薄的彩色涂层。在森佩尔看来，"建筑形式的发展便是一个象征性的演变过程（symbolic transformation），在这种转变中，人们希望以一种富于表现力的艺术形式来隐匿建造的物质性（construction's materiality）"[29]。这也成为森佩尔的材料转化理论（Stoffwechseltheorie）的基础——即虽然具体的建造材料改变了，但是早先材料的形式特征和象征意义仍旧在新的材料中得到体现。1840 年代末发掘出的古亚述王朝用雪花石膏做成的墙面浅浮雕进一步支持了森佩尔的这一理论，并在这里找到了希腊彩饰的源头（图 2-5）。

图 2-5 古亚述王朝的墙面浅
　　　　浮雕

森佩尔认为东方的彩饰体系来源于古亚述王朝的影响，而这一体系又进而影响了希腊建筑的墙面绘画，并由此认为希腊彩饰的源头及其意义在于原始的编织行为，在于墙面饰物的艺术。

但是在这种材料转换中，无论面饰以哪一种材料和形式出现，真正实现墙的空间围合这一动机的都是其面饰，而非面饰背后的结构性支撑。

这一论述在西方建筑学的发展中有着重要的意义，它第一次由于对空间的关注而把面饰的重要性置于结构之上。因此，虽然施马索夫通常被认为是西方建筑史上第一个把空间作为建筑创造之本质的理论家，但是半个世纪前森佩尔的这一论述无疑对他构成了最初的启发。只是，如果说在《建筑艺术四要素》中，空间是作为面饰的核心功用的话，那么，在后来的著述中，虽然面饰依旧重于结构，但是，森佩尔这时已然更为强调面饰的象征意义和遮蔽（masking）功能，这也是他的面饰理论的主要含义。而"面饰的原则"则成为他后期思想的一个核心，并在《技术与建构艺术中的风格问题》一书中以 296 页的篇幅来加以论述。

图 2-6 阿姆斯特丹证券交易
　　　　所外观

四、"建筑四要素"理论的意义和影响

森佩尔的"建筑四要素"理论在建立了一种新的建筑原型的同时，突出强调了材料与建造对于建筑的意义。而在四个要素之中，他对于围合物的特别关注，已经暗示了其后建筑学中空间概念的发展路径。这两个方面的重要性可以说在荷兰建筑师贝尔拉格那里得到了综合的体现和发展。

一方面，贝尔拉格继施马索夫之后进一步强调墙体的空间塑造功能，认为墙体的本质属性是它表面的平整性；另一方面，"他把森佩尔对于面具的一种比喻性用法（其对于实在性的遮蔽）转变为在其字面意义上的使用。此时，在这面具之上，不论是表面的装饰，还是其自身的材料，抑或是结构性构件，都清楚而明晰地表现出其自身的结构或是装饰角色"[30]。无疑，这在他的阿姆斯特丹证券交易所（1898—1903）中得到了最为充分的展示，也正是这一建筑令密斯在实地考察后心动不已[31]（图 2-6，图 2-7）。

图 2-7 阿姆斯特丹证券交易
　　　　所室内

1964 年在接受一次采访时，密斯这么说起贝尔拉格建筑中的现代感（modernity）及其对于自己的影响："主要是在他的建筑中显示出的对于建造的极度的诚实，那种诚实深及骨髓。这才是令我最为感兴趣的地方，同

时也有他建筑中那种脱离了古典主义或者说是历史主义的精神性特质。（他的阿姆斯特丹证券交易所）是一座真正现代的建筑。"[32] 与他的真正老师贝伦斯相比，到了 1912 年的时候，贝尔拉格作品中的明晰性与一致性对密斯的吸引力，已经远远胜过于贝伦斯的历史主义的模棱两可和理想主义的错综复杂。然而吊诡的是，正是贝伦斯 1910 年对于森佩尔理论的批评——"实证主义的一个教条"——标志着谈论森佩尔再也不是什么时髦的事了。在弗兰姆普敦看来，此后德语区建筑师的重心由建构转向了一种抽象的非建构的图画式效果[33]。这也使得路斯和贝尔拉格成为最后一批基于森佩尔的理论来构建现代建筑形象的建筑师。

在当代建筑的理论与实践中，"四要素"理论也几乎成了某种理论范式和原型，在等待着理论家和建筑师们去按照各自情境选择具体的方式来加以阐发。

弗兰姆普敦便在 2004 年的一个报告中，把森佩尔的这四个要素加以扩展和衍化。他以森佩尔的"四要素"理论为原型，在都市规模上来探讨当今建筑、景观和城市的表现形式。他坦承自己"已经对这一理论模型着迷了很长时间"，并且认为虽然在 21 世纪的今天回到 150 年前的一个理论模型难免有一些时代上的错位，但是他仍旧相信"森佩尔的四要素模型构成了一个概念性的基质（matrix），这一基质也是当代建筑实践的基础，乃至协调（城市）形式的中介物"。在进一步的论述中，他把平台、屋顶、墙体这三个要素与城市尺度上的地形学和城市肌理相联系[34]。而当代一些专注于"表皮"魅力的西方建筑师，尤其是赫尔佐格与德莫隆，在某种程度上也是对于森佩尔理论的继承和发展，只是"这种继承不是通过直接的模仿来表现，而是在这种继承中，对森佩尔的许多观点进行一种几乎极端化的重构与扩展，……他们对于装饰的运用打破了那种装饰与极少主义的简单化的二元对立，……在把装饰重新置回它应有位置的同时，他们的作品使得表面与空间之间的复杂关系推到了前台而越发显著"[35]。

法国建筑师伯纳德·凯奇则借用森佩尔的"四要素"理论，以及他在《技术与建构艺术中的风格问题》中进一步论述的要素（动机）与材料及相应的加工方式之间的关系，在当代条件下加以扩展，把混凝土、玻璃，乃至生物和信息作为材料包括进去并发展出相应的加工方式和形式操作，来思考数字时代中建筑生产的多种潜在可能[36]。

凯奇意识到森佩尔的"四要素"理论中关于材料论述的复杂性，森佩尔论述到一些材料的分类以及四个制作过程，并且这一论述在方法上有它的欺骗性，这种欺骗性便在于它们看起来具有某种线性对应的关系，如"织物"和"编织"行为的对应，"木材"和"建构"的对应，"石、砖"和"砌筑"的对应，"陶土"和"瓷器"之间的对应，等等。凯奇指出这种线性阅读的方式大大简化了森佩尔关于材料和制作的思考。事实上，这些材料和制作的配合可以有其他关系，如以石材为材料，但是用木材的结构、工艺来制作，等等。他把那种材料与加工技术或工艺制作成一个交叉的表格，从而展示了材料与技术之间的多重可能性（表 2-1）。

表 2–1　凯奇对于森佩尔的材料–技术的交叉阅读

[引自 Bernard Cache, "Digital Semper," in *Anymore*, ed. Cynthia Davidson (Cambridge, Mass.: MIT Press, c2000), 193.]

材料＼技术	编织	陶工	木工	砌筑
织物	地毯，小毯，旗帜，窗帘	动物皮做的瓶子，埃及斯图拉		多色布片缝缀起来的物品
陶土	马赛克，瓷砖，砖饰面	花瓶形状的陶土制品，希腊器皿		砖砌体
木	装饰性木材贴面	木桶	家具，细木工	镶嵌细工
石	大理石以及其他石材饰面	圆屋顶或穹隆天花板	框架	大块的石砌体

更为重要的是，他以这种材料和工艺的交叉模式进一步探究了现代材料如钢、玻璃、混凝土甚至是生物（biology）和信息（information）与加工工艺之间的关系。在这一研究中，他沿用了森佩尔的四种加工方式，而以新的材料替换了那些传统种类。在他看来，19世纪的工业革命提供的是一种新的建筑生产的可能，那时森佩尔的论述正是思考新的工业发展所提供的新的建筑生产的条件，而现在计算机也提供了一种新的生产的可能和条件，随着科学的发展，我们可以用各种各样新的材料，运用不同的制作过程，但是这种理论框架和结构正是我们可以借鉴的地方。

凯奇借用了森佩尔的理论框架，但并没有固守前人的遗产，而是继续修正下去。在当代条件下，加入时代性的要素，使得一百五十年前的一个理论模型在信息时代焕发了新机。

正如凯奇自己指出的，他的这些发展不仅是基于"建筑四要素"提供的理论框架，而且得益于森佩尔晚期在《技术与建构艺术中的风格问题》一书中关于要素（动机）与材料及相应的加工方式之间的关系，甚至后者扮演着更为关键的角色。也正是在这一著作中，森佩尔详细论述了材料和制作之间的关系，更为重要的是，他集中考察了"面饰的原则"，并把这一原则贯彻进对每一类材料的论述中。

第三节　面饰的原则

所谓"面饰的原则"，是基于森佩尔早前的"面饰"概念提出的进一步理论阐述。这一原则一方面延续了建筑四要素中对于空间围合性的强调，然而更突出的是森佩尔对于面饰的象征含义的强调。因此，空间和象征这两个层面是把握森佩尔的"面饰的原则"的两个基点。它们事实上也构成了后来的现代主义建筑师与理论家们继承与批判的两个方面。

一、面饰的原则

《技术与建构艺术中的风格问题》自1860年开始出版，是森佩尔一生最为重要的著作，也是在这里，他明确提出了"面饰的原则"。森佩尔认为建筑的本质在于其表面的覆层，而非内部起支撑作用的结构。这层织物不是再现了结构，而是遮蔽了结构，看不见的内部的墙体只是一个支撑而别无它用。这层织物把结构掩盖起来，但是又并不去对它做一种错误的再现；它遮蔽了内部的结构，但又拒绝对它进行伪装。用阿考斯·莫拉凡斯基的话来说就是"这种类似面具（masking）的饰面绝非一种欺骗的努力，而是一种交流的方式，它揭示了（建筑）内在的真实，而这种真实绝不仅仅是那种物质性的实在（material reality）"[37]。

这样，在《技术与建构艺术中的风格问题》一书中，"对于艺术创造中更为基本的技术制作的思考，就取代了森佩尔先前对于四要素的强调。他的兴趣也转向了以一种阐释学的方式，通过技术制作的视觉残留，来对形式作出一种象征性的解读"[38]。其主题主要有两个方面，一是艺术的原初动机的发展过程，二是对于"面饰原则"（*Das Prinzip der Bekleidung*）的论述和引证。

森佩尔原本打算分两卷阐述艺术的内在动因和外在动因，即上卷论述艺术的原初基本动机和它内在的材料与技术方面，下卷论述影响艺术发展的社会和文化等外在因素，但是最终在花了大量篇幅系统论述了他的面饰理论之后，上卷不得不一分为二，而原来计划的下卷再也没能最终完成。在这本书里他延续了先前关于建筑的四要素说，也使得全书分为四个部分：编织，陶艺，建构（木作），砌筑。其中编织与面饰理论为第一卷（事实上，把面饰理论附在编织这一部分的后面并无十分充足的理由和逻辑，因为这一理论也同样出现在其他三种动机中），其余三个构成第二卷。这种四重划分既是依据建筑创造的过程，同时也反映了材料不同弹性程度的嬗变：由柔韧的（flexible）到塑性的（plastic），再到弹性的（elastic），直至一种坚硬的（solid）的材料。森佩尔最终才加上了金属，他相信金属产生和应用得更晚一些，并且其自身的应用动机也是从别的四类中借用而来[39]。

在"织物"（Textile）这一部分的开始森佩尔便指出其两种基本功能，即绑扎与覆盖，随后他分析了受到材料本身以及材料的处理方式决定的风格问题。对于编织动机的材料处理，遵循由简单到复杂的过程，即由最初的"结"（knot, band, thread）到后来的"辫"（plait, lace, net）再到更为复杂的在面上展开的"编织"（weaving, embroidery）（图 2-8，图 2-9）。

图 2-8　由结到辫的编织方式发展

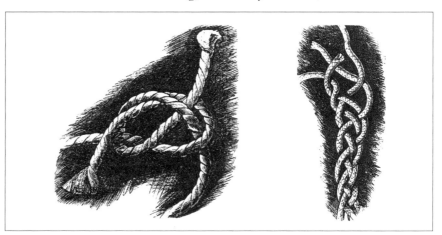

图 2-9　古埃及的席编方式与
　　　　工艺

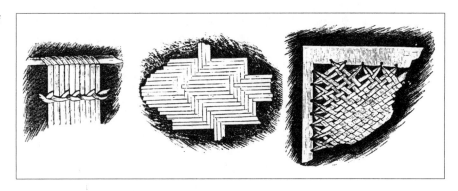

　　在这一阶段,森佩尔还论述了印色和染色这两种彩饰法的基本工艺。接下来,森佩尔从服装与建筑的关系出发来引入他的面饰主题,而这首先是为了证明彩饰法的正当性[40]。在森佩尔看来,面饰由远古的编织经由埃及和亚述文明的发展, 在希腊时期这一面饰原则已经完全精神化而脱离了原初的实用意义。这是一个极为重要的转变,由此他揭示了面饰的材料/技术,功能/象征的双重内在结构,而在希腊时期,面饰更多的是在结构–象征而不是结构–技术的意义上来达成美的目的。此时“面饰”一方面表达(articulate)了内在的力学关系,另一方面又通过否定(denial)材料的在场来获得本质的艺术氛围与空间的延展, 这种面饰所表现的遮面(masking)艺术形式体现了人体–衣服的意象,并进而成为从结构分离出的“符号”而独立发展。

　　面饰不仅仅继续保留其限定空间的功能, 而且成为后面支撑物的表面装饰,这一层装饰恰恰遮蔽了结构物的物质实在性。而在一个以实体建造为主的时代,这一层原先的“织物”常常由一道油漆涂层来替代,同时它也是摒除或说掩饰物质实在性(material reality)的最好方法与途径,因为“在它作为别的材料的饰面时, 其自身却有一种非物质化的(immaterial)特性”[41]。在森佩尔看来,所有建筑都应该是有色彩的,因为正是这一彩色的涂层才使得源自编织的面饰及其象征意义得以延续。他也因此“反对那种白色建筑在历史上的霸权行径, 不论是白色建筑的实践——他认为这是布鲁乃列斯基所鼓吹并且也正是在他那里第一次出现裸露而不着颜色的建筑, 还是艺术史上对于白色表面的崇拜——而这要归功于温克尔曼的著述。”[42] 然而,吊诡的是,在马克·威格利看来,另一位现代主义建筑师柯布西耶对于白墙的钟爱恰恰正是经由路斯而受到的森佩尔的影响,并且就面饰来说, 柯布西耶对于白色的偏爱与森佩尔关于彩色的主张在根本上是一致的,虽然他常常狡猾地掩盖或者说包装了他思想的来源,并且表面看起来似乎是恰恰相反[43]。

　　总之,从根本上说,这一层面饰遮蔽了墙体的物质性,并且通过挖掘这一面饰的隐喻性特质,增强了墙体作为纯粹形式的意义。这种面饰的遮蔽(masking)或者说面具功能在对于纪念性建筑的论述中得到了进一步的阐述,也构成了这种认识的一个概念基础。森佩尔认为,纪念性建筑起源于纪念性活动的临时舞台以及剧场式的表演, 就这种宗教活动或世俗事务而言,掩饰实在性(reality)是基本的要求。此时,建筑已经不再与绘画和雕塑为伍,也不再被认为是一种造型艺术,而是与舞蹈和音乐一样被当作一种宇宙艺术(cosmic art),是一种人类宇宙节律体验的"游戏"。而这也标志着此时他对于面饰的思考已经更多地侧重于其象征含义。

二、面饰内涵由技术到象征的转向

比较森佩尔 1851 年《建筑艺术四要素》和他 1860 年的《技术与建构艺术中的风格问题》中对于面饰的论述,可以发现其间存在一个很明显的由技术到象征的转向。

希腊语中的"宇宙"(kosmos, cosmos,英语 cosmetic[化妆品]的希腊词源)一词兼有双重含义:(宇宙)秩序和装饰。森佩尔由此认为古希腊人的装饰(adornment)是为形式赋予的一种装饰性秩序(decorative order, Gesetzlichkeit),在这种考察中,他的"面饰"(Bekleidung)与"面具"(mask)这两个概念具有了几乎等同的功能与意义,面饰的象征性层面通过双重遮蔽(masking of the mask)而得以显现,即一方面面饰在实际的物质性层面上遮蔽了建筑的材料构成,另一方面又通过艺术形式来掩饰(camouflage)了建筑的实际功用而表达出它的另一个角色[44]。如果说这种认识与 19 世纪中期以普金、拉斯金、勒-迪克为代表的一种强调忠实于材料的倾向差异颇多的话,它却在一定程度上延续了德国自 18 世纪以来的浪漫主义传统。

显然,森佩尔在这里有一个重要的理论转向,与之前相比,他此时更为注重和强调建筑形式以及其他艺术的象征意义。关于面饰的论述,由四要素时期相对纯粹的空间属性,而至在《技术与建构艺术中的风格问题》中表现为对于面饰之社会属性的强调,这也是在与语言学的类比中来加以论述的。此时,建筑不再源起于一个原始棚屋,而后再渐渐地生出许多附加的装饰——而这些面饰永远处于一个从属的地位并要反映内部的结构;相反,建筑的起源在于用编织物来定义出社会性(而不仅仅是物理性)空间,而这种编织物并非被"放置于空间之中来定义一种特定的内部性(interiority)",它们也并非是"在广阔的大地上围合起一小片空间以供居住",相反,"其自身生产的过程便是空间生成的过程,并且也正是这种织物的生产过程形成了居住概念的本身"[45]。"这种装饰性的织物形成了有关家庭的概念——而这个家庭也正是它的使用者。这正如一个群体使用同一种语言,而这个群体之所以形成其本身便是被这种语言所界定。"空间、居所、社会的形成与装饰和饰面无法分离,所谓的内部不是由一个连续的墙体来定义,而是源自那"表面上常常并不连续的起伏、扭曲和转折"[46]。因此,面饰是第一位的,而结构则是从属性的。这种对于面饰与结构之地位的转换,凸显了森佩尔对于空间的社会学关注和人类学层面的考察与思考。

研究 19 世纪德语区建筑理论的美国学者马尔格雷夫便认为,在此期间,森佩尔经历了一个重要的认识与方法上的转变。

森佩尔一直都非常关注生物学领域的研究进展,他与查尔斯·达尔文几乎是同时代人,至 1869 年写作《论建筑的风格》的时候,他对于达尔文的生物进化论已经有了全面的把握，知道达尔文其实反对把他的生物进化论的思想由自然科学领域简单地移植到艺术研究领域中来[47]。因此，如果说森佩尔的理论思考在 50 年代初的时候更多的还是基于乔治·居维叶的比较研究法，并且比较倾向于实质上的进化论观点的话，在他写作《技术与建构艺术中的风格问题》的时候对于自然科学的参照则要少得多，而到 1869 年在苏黎世高工（ETH）作关于建筑风格的演讲时（后以《论建筑风格》为名出版），则是完全拒绝了把这种生物学领域的进化观和选择观挪用到艺术领域的可能性。在《技术与建构艺术中的风格问题》一书中，虽然其论述仍旧基于早前在建筑四要素中对于建筑四种基本动机的分类，但是更应该注意到的是在这一著作中所显现的与语言学的比拟（analogy），并且他的论述焦点也由历史考察转向了象征阐释（symbolic interpretation），论述方法则由先前的比较法（comparative methodology）转向后来的解释分类学（interpretative taxonomy）。在对那种机械进化论的摒弃中，他不再像以前那样追求一种最为原初的建筑原型，而认为"一种没有任何先前参照的纯新的形式几乎是不可能的，因为它排除了所有的意义"。在他看来，"旧有的动机可以变革和相互结合，从而被注入新的意义或是使原有意义重新焕发活力"[48]。

促成这种转化的另一个可能来源，则是德国 19 世纪另一位重要的建筑理论家博迪舍。

博迪舍与森佩尔在哥廷根大学共同师从米勒，并于 1844 年至 1852 年间陆续出版了三卷本的《希腊人的建构》（*Die Tektonik der Hellenen*），其中提出了著名的"核心形式"（core-form, *Kernform*）和"艺术形式"（art-form, *Kunstform*）。"核心形式"意指建筑元素或构件的材料和力学功用，比如柱子的支撑功能；而"艺术形式"则要使这种内在的静力学功用在外部得到表现。森佩尔 1852 年读到博迪舍的这部著作，并且把这种分析框架借用到他的面饰理论上来，发展出他自己的"结构–技术"与"结构–象征"的双重意向，且由早前对于"结构–技术"的侧重转向后期对于"结构–象征"的更多关注。

森佩尔和博迪舍的相关论述，事实上构建了西方 19 世纪有关建造和材料表现的基本理论框架[49]。两位理论家都特别关注超越技术含义的艺术和象征层面，只是他们所采取的路径各有不同，森佩尔强调一种艺术的（artistic）和实用意义上的（utilitarian）动机，而不断变化的材料和结构体系便正是在这种动机中，与装饰物的再现性用法结合为一体；博迪舍则是强调了建筑的外在形式要能够反映内部的结构与材料，并且这种再现应该在视觉上得到清晰的表达。因此，两位都把建筑物的象征性置于一个十分重要的地位[50]。而从森佩尔的认识方法以及关注焦点的转变中，我们也可以清晰地感受到 19 世纪人类学研究的进展对他的巨大影响。

三、面饰与空间

虽然空间在 20 世纪成为建筑的核心概念，但是它更多地却是由其他领域借用而来。在这一过程中，森佩尔的"面饰"概念及其论述有着重要意义。

阿德里安·福特便指出，就"空间"这一概念在其起源上与德国19世纪哲学的关系来说，有两种思想方向应该加以区分：一是从哲学而不是建筑传统来发展出建筑学的理论，它以森佩尔为中心；二是始自19世纪90年代的心理学–美学取向，虽然这与康德哲学也有一些联系。他进一步指出，"在将'空间'引入并成为建筑的一个主要概念的过程中，德国建筑师和建筑理论家戈特弗里德·森佩尔所起的作用胜过其他任何一位。"[51] 唐考·潘宁在她的论文中更是指出："如果没有森佩尔的面饰理论，空间是不可能成为一个建筑学概念的。"[52]

森佩尔认为建筑最原初的意图便是对于空间的围合（enclosure）。而空间概念在建筑领域的建立，恰恰首先依赖于围合概念的明确提出。因此，从真正的建筑学意义上来看，森佩尔可以被视作是把空间概念由哲学和艺术领域向建筑领域转变的第一人。此前，虽然在19世纪40年代的德国就有关于围合的讨论，但只是到了森佩尔这里，空间的围合方才成为建筑的基本属性。在其1852年的《建筑艺术四要素》中，他首先便区分出了屋顶和墙体，并进而把面饰视作墙体在空间意义上的本质所在，突出强调了建筑的围合要素——墙体。1860年的《技术与建构艺术中的风格问题》则是把这个围合要素进一步发展为他的"饰面的原则"，指出：建筑的本质在于其表面的覆层，而非内部起支撑作用的结构。之所以如此，乃是因为对于空间的围护和限定而言，真正起作用的是前者，而结构在此时只具有工具性的意义。

如果说在森佩尔的一生中，对于面饰的关注有一个由技术性向象征性的转向的话，那么在森佩尔之后，这一面饰的技术性内涵又得到了不同程度的恢复和重视。

奥地利建筑师奥托·瓦格纳一方面继续了森佩尔对面饰的象征意义的关注，另一方面，尤其是在其晚期的职业生涯中，更多地从技术和建造的角度来实践这一面饰的原则。而这种面饰的原则在另一位奥地利建筑师阿道夫·路斯那里更是进一步发展为"饰面的律令"（The Law of Cladding, *Das Gesetz der Bekleidung*）。路斯拒绝了面饰的象征性和再现性的功能，而强调内在于材料本身的自然属性。鉴于当时制作装饰面层的工业化技术有了很大提高，面层越做越薄，应用也越来越广，而许多做法是以面层来冒充实体，路斯提出他的"饰面的律令"，即"我们必须采取这样一种方式来设计和工作，在这种方式下，饰面本身与被饰面（覆盖）物之间将不可能造成混淆。"[53] 因此，对于饰面功能不同侧面的强调，或者说对饰面之目的的不同理解，构成了路斯与森佩尔在这一概念上的不同，也形成了路斯对于森佩尔这一概念在新的技术和社会条件下的发展。

森佩尔饰面概念所暗示的空间意图，到了路斯那里则表达得更为明确："建筑师的根本任务在于创造一个温暖宜居的空间。毯子便是一种温暖而宜居的材料。由于这一原因，建筑师便决定在地面铺上一块，并在边上挂起四块，从而形成四面墙体。"[54] 事实上，对于森佩尔面饰概念中的空间意图的发展,路斯并非第一人。此前,首先有康纳德·菲德勒于 1878 年探讨剥去古代建筑饰面的外衣,而探索墙体作为建筑要素其纯粹的空间限定功能。而后有施马索夫于 1893 年一次演讲中对于面饰的装饰性的完全弃绝而专注于建筑空间的创造,也是从这里开始,空间才由之前的一个艺术和哲学领域的专属概念,第一次真正进入建筑学领域,并且开启整个 20 世纪对于空间问题的首要关注。

第四节　森佩尔之于现当代建筑的意义

在很长一段时间里,森佩尔即使不能说是被完全遗忘,也在很大程度上被忽视。他的思想首先以其实证主义倾向而被阿洛瓦·李格尔批判[55],及至现代建筑运动在 20 世纪 20 年代真正兴起,又被与 19 世纪的复古主义一起放入故纸堆中,几乎所有关于现代建筑的历史都已把他忘却[56]。而国内(大陆学界)对于 19 世纪西方建筑史的研究,从总体上说一直以来更多地看到其复古和折中的一面,而忽略了这种外衣底下的思想变迁,在透过现代建筑的历史棱镜来审视历史时,对这一段时期的考察也便难免一种先天的歧视。在这么一种态势下,森佩尔这位 19 世纪的建筑师和理论家,其个人的伟大也便不可避免地湮没在一种历史的偏见中。

只是,就某种思想来说,不再谈论并不意味着已经死亡。相反,它常常有如一个精灵,潜入后来的生命中继续滋长。在某种程度上,这也正是森佩尔在 20 世纪命运的写照。而如今,假如不以一种复古主义的单纯视角来观照 19 世纪的建筑和理论,我们或许可以在还历史本来面目的方向上迈前一步,这也正是我们准确把握后来的发展路径,并让历史思想在今天焕发新机的重要前提条件。

一、森佩尔思想的内在矛盾性

不论是科林斯还是弗兰姆普敦,都把现代建筑的萌发追溯到 1750 年左右,因为在这一段时期,"技术进步导致崭新的基础结构的产生和对生产力发展的开拓,而意识形态方面的变化则不仅产生了新的知识范畴,还产生了一种历史主义的反省思想,来质疑人类自身的存在"[57]。而法国资产阶级革命(1789 年)前那种过分矫饰的洛可可式建筑语言,以及一种世俗化的启蒙运动思想,都促使 18 世纪的建筑师们意识到那个时代崛起与动荡的性质,并通过对古代的重新评估来探索一种真正的风格。由此而来的考古发现把人们的视野扩展到古罗马时代以前,并把范围拓展到位于西西里和希腊的古希腊遗址。正是在这种氛围中新古典主义方才得以诞生,并自 19 世纪中期在法国以结构理性主义,在德国以浪漫理性主义两条线索发展。但是另一方面,这种持续的考古热潮及发现也在客观上为 19 世纪的复古与折中提供了坚实的基础和丰富的素材。

在这种情境之中,森佩尔一方面以其对于建筑(以及一切其他艺术）中材料和技术的作用的强调，呈现出一种理性主义者的面貌，并被佩夫斯纳视为现代建筑的先驱者之一[58]；另一方面他的面饰理论却又被认为是在实践上把复古主义正当化的努力，而他自己的实践则似乎从来没能给人一个满意的阐释，这又使得他迅速被后来的现代主义者所抛弃。

这正是森佩尔的矛盾之处。

这种矛盾首先表现在他的双重身份之间的落差。

虽然森佩尔首先把自己看作是一个建筑师，只是"偶尔做做历史学家和理论家的事情"[59]，然而，诚如罗宾·米德尔顿和戴维·沃特金所说："森佩尔从未成功地用丰富的形式来表达自己的思想——甚至连勒-迪克那样的程度也未达到。"[60]虽然森佩尔在世时，以其建筑师的才能蜚声德累斯顿、苏黎世、维也纳等德语区大都市，但是今天看来，他对于后世的影响更多地源自他的理论著述，而非建成作品。换句话说，他的理论见解并没有在实际建造中得到充分体现，相反，在对于建筑的象征性功能的强调中，新文艺复兴式的立面几乎主宰了他的主要建筑创作（图 2-10）。这也正是奥托·瓦格纳对他批评的出发点。

图 2-10 德累斯顿的皇家剧院

这种实践与理论的落差又牵涉森佩尔的另一个矛盾，——即如何对待建筑的新秩序与老传统的问题。在一个技术巨变的时代，旧的形式是否必须要放弃以便新的形式诞生，还是可以通过把它抽象化来融进新的肌体？在其 1852 年（紧接着伦敦博览会之后的一年）的《科学、工业与艺术》（*Science, Industry, and Art*）一文中，森佩尔热切地呼唤通过资本主义经济的发展来创造新形式，取代旧传统，而到了 1860 年的《技术与建构艺术中的风格问题》，则从这一立场后退了，认为如此将会失去那些比历史还要久远并且也不能被新的形式来传达的象征性。最后在 1869 年的《论建筑风格》中，森佩尔则坦承，对于这一问题，他还没有什么解决的办法。

森佩尔建筑理论中内在矛盾性不仅仅在于其身份的暧昧以及由此而来的对于建筑学的宏观思考的犹疑，它还更具体地表现在森佩尔对于材料的物质性和精神性的取舍和侧重的暧昧不清。即一方面他强调功能（动机）和材料–制作对于艺术品（建筑）的决定性影响，另一方面又认为真正的艺术品必须是超越物质性之上的，只是这种超越是通过对于物质性要素的充分驾驭（mastery）而不是忽略（ignorance）来达成。这样，一方面贝尔拉格会从他那里领悟到建造的诚实，另一方面，他的面饰理论又在实践上往往成为一种历史主义的完美借口。这进一步使得他在今后的日子里遭到来自两个阵营的攻击：一方面是李格尔和贝伦斯对于他的实证主义倾向的批判；另一方面则是菲德勒对于他的装饰外衣，瓦格纳对于他的隐匿技术，施马索夫对于他的缺乏空间深度的批判。

与其说这是森佩尔身处 19 世纪——这一旧的世界正在慢慢死去，而新的世界逐渐成长的世纪——的个人困境的话，不如说这是建筑学的一个永恒的矛盾。这些内在矛盾使得他一方面同时遭致来自两个方向的批判，而另一方面又使得这些思想中内在的复杂性具备不断阐释和演化的可能。

这也正是森佩尔在当代建筑学中的影响方式。通过对其理论原型的再阐释，森佩尔的思想在当代勃发出新的生机，而他的建筑四要素理论以及其中蕴涵的动机–要素–工艺的内在联系，更在当代建筑学中具有了一种独特的原型意义和方法论作用。

二、森佩尔之于现当代建筑

对于建筑学的宏观命题以及材料问题上的这种踌躇与犹疑，使得森佩尔最终无法在实践的层面上扮演一个先驱者的角色，以致贝尔拉格在 1908 年惋惜道："假如森佩尔——这位在《技术与建构艺术中的风格问题》里提出那么多具有永恒价值的洞见的老人——能够把他的思想一直贯彻进他的实践中去的话，那么，在他的影响下，其后德国以及这里的建筑将会是多么的不同！因为他的思想是那么的高远，而他的细部又是那么的精美。"[61]

这么一种惋惜当然改变不了森佩尔在整个现代主义时期的命运。事实上，有那么一段时间，"关于'现代建筑'这一概念最流行的解释之一，恰恰就意味着 20 世纪对复古主义的胜利"[62]。这种认识首先是意味着对装饰的摒弃，而这又有赖于对技术的强调——就建筑无可避免的造型性来说这往往首先是对结构技术的强调，并且把注意力由表面和体量转向空间。所有这三个方面都决定了森佩尔的理论认识不可能在经典现代主义时期受到尊重，而他对于现代建筑的显明的贡献（相对于另一种隐性的不易为人察觉的影响而言）充其量也只能止步于路斯和贝尔拉格[63]。

首先，装饰对于森佩尔来说承载着象征，而象征性是不可放弃的。

其次，森佩尔固然强调技术的作用，但是这种强调并非结构理性主义那种在技术自身之中发现意义，技术自身便能构成形式充足根据的观念。

相反，为了意义的显现，所有这些物质性的材料与技术很多时候恰恰是要被隐匿的。并且，森佩尔对于材料与技术的强调，更多的不是其结构性能和潜力，而是作为一种表面构成要素、其象征意义和空间功能，这也是与结构理性主义的显著差别。而这显然与他的"面饰理论"有着内在的关联和一致性。

最后，虽然如前所述，森佩尔事实上对于施马索夫的空间概念构成了启发，但是这种通过表面（面饰）的围合来限定的空间（Raum），与现代建筑理想中的流动空间（Space）有着很大的不同[64]。而之后对于空间效果的一味强调事实上导致了对于材料和建造的忽视，这使得森佩尔越发不合现代主义者的口味了。

现代建筑去除装饰而有了光滑的表面，突出技术而有结构的清晰并把这种清晰本身加以表现，但是这种皮包骨头的建筑方式，在突出结构的同时却也在事实上暗示着"皮"自身的独立。

如果说在森佩尔的概念中，饰面（Bekleidung）已经具备了围护和表面的双重含义的话，那么，这种二重性在路斯那里则发展和表达得更为清晰，即它既是空间的围护物（enclosure）的整个厚度，又是这一围护物的与空间相接触并从而定义这一空间的表层（outer layer）[65]。而在当代建筑中，一方面这一层围护越来越薄，另一方面在"层"的概念上它又越来越清晰。也是在这一意义上，Bekleidung 含义的双重性在当代似乎进一步明确，并慢慢转化为相关联的两个概念，enclosure 和 cladding，前者相对于空间，后者则针对于建造。

另一方面，结构与建筑的进一步分离，使得那种经典的结构理性主义的理想越来越掌控在工程师的手中；而就人的把握来说，建筑规模的扩大使得它越来越不透明[66]，也在客观上减弱了人们对于大规模建筑中明晰性的期待。建筑师们对于材料与技术的关注并未减少，却越来越多地是以一种森佩尔的方式来表达，对于材料的关注落在了"表面的材料"（surface material）上，然后更进一步落在"材料的表面"（material surface）上。只是，在材料的空间意义以及表面的装饰做法和意义上都有了显著的不同：就前者而言，对于"表面材料"的透明性的操弄使得它与空间效果的结合，比以往任何时候来得都更为紧密，而对于这种不同透明性材料的表面的处理也似乎一下子迸发出那么多奇异的效果；就后者来说，装饰也可以以多种不同的方式再回到我们的生活中来，在一个世俗化的社会中，其象征性已然被纯粹的感官性（sensuality）所取代。正是在这种对于表面和装饰的阐释与转化中，赫尔佐格与德莫隆破解了"装饰"与"极少"之间那种貌似理所当然的二元对立，并使图像本身也成为了一种表面的材料[67]。

森佩尔的"动机-形式-技艺-材料"的内在关联如今在"表皮-材料-空间"的当代建筑学命题中获得了新的意义。他对于材料与制作以及面饰与空间等问题的思考和论述不仅直接影响了现代主义的先驱路斯，也在时隔一个世纪以后，在当代建筑学中再次听到了回响。

所有这些无不展现了森佩尔对后世时隐时现而又绵延不绝的影响，

虽然在现代主义时期它常常是以另一种形式表现出来。或许在历史的某一时刻,它会失去其相关性,但是又常常在历史的另一时刻以更重要的价值和意义显现。

注　释:

1　本章部分内容曾以《森佩尔建筑理论述评》为题发表于《建筑师》第 118 期 (2005 年第 6 期)。

2　Joseph Rykwert, "Gottfried Semper: Architect and Historian," in Gottfried Semper, *The Four Elements of Architecture and Other Writings,* trans. Harry Francis Mallgrave and Wolfgang Herrmann (New York: Cambridge University Press, 1989), xi.

3　这一两卷本巨著已由 Harry Francis Mallgrave 和 Michael Robinson 译为英文, 并由盖蒂研究中心(Getty Research Institute)于 2004 年出版。

4　[英]E H 贡布里奇著; 范景中, 杨思梁, 徐一维译. 秩序感——装饰艺术的心理学研究. 长沙: 湖南科学技术出版社, 2003. 54

5　参见 David Leatherbarrow, *The Roots of Architectural Invention: Site, Enclosure, Materials* (New York: Cambridge University Press, 1993), 161.

6　Wolfgang Hermann, *Gottfried Semper: In Search of Architecture* (Cambridge, Mass.: MIT Press, 1984), 151.

7　转引自 David Leatherbarrow, *The Roots of Architectural Invention: Site, Enclosure, Materials* (New York: Cambridge University Press, 1993), 202.

8　Gottfried Semper, "On Architectural Styles," in Gottfried Semper, *The Four Elements of Architecture and Other Writings*, trans. Harry Francis Mallgrave and Wolfgang Herrmann (New York: Cambridge University Press, 1989), 269.另外还可参阅此书第 48 页关于彩饰一文中的类似表述:"要让材料呈现出自己的本来面目, ……砖就是砖, 木就是木, 铁就是铁, 每一种材料都遵守它自身的静力学原则。"

9　Tonkao Panin, *Space-Art: The Dialectic between the Concepts of Raum and Bekleidung* (PhD diss., University of Pennsylvania, 2003), 77.

10　Micthel Schwarzer, "Freedom and Tectonics," in Micthel Schwarzer, *German Architectural Theory and the Search for Modern Identity* (Cambridge: Cambridge University Press, 1995), 167–200.

11　转引自 Harry Francis Mallgrave, introduction to *The Four Elements of Architecture and Other Writings*, by Gottfried Semper, trans. Harry Francis Mallgrave and Wolfgang Herrmann (New York: Cambridge University Press, 1989), 1.

12　关于 materialist, 通常译作"唯物主义者", 也有译作"材料决定论者", 但是就 19 世纪建筑学领域对于这一概念的使用来说, 前者太过宽泛, 与哲学概念牵扯不清;而后者则又过于狭窄, 不能包括这一概念通常还包括的技术和功能内涵, 因此, 此处折中采译为"物质主义者"。

13　在其 1892 年出版的《风格问题》一书中, 李格尔首次正式提出"艺术意志"这一概念, 主要是针对森佩尔的"物质主义"的观点, 它基本与"创造性艺术冲动"(creative artistic impulse)同义, 因为他在书中的主要意图是论证人类艺术创造的自律性;而在《罗马晚期的工艺美术》中, 艺术意志则是一个集合性的概念, 是超越了个体艺术家意志或意图之上的抽象物;最后, 在他 1902 年的《荷兰团体肖像画》中, 这一概念先前的根源性的、生发性的内在动力的含义已经淡化了, 目的论的色彩减弱了, 它主要被用来解释以荷兰为代表的北方绘画与以意大利为代表的南方绘画之间的区别。详见陈平.李格尔与艺术科学.杭州:中国美术学院出版社,2002: 220–223

14　Alois Riegl, *Problems of Style: Foundations for a History of Ornament;* trans. Evelyn Kain (Princeton, N. J.: Princeton University Press, c1992), 6.

15　在《风格问题》一书中，他这样写道："然而，必须充分而严格地将森佩尔与他的追随者区分开来，……不过，森佩尔的确提出过在艺术形式的起源中材料与技术起了作用，而森佩尔的追随者们却跳到了这样一个结论：所有艺术形式向来都是材料与技术的直接产物。"只是即便如此，他的批评还是客观上增加了后世对于森佩尔的误解，并且，森佩尔的基本观点被当成为李格尔的，而那种被曲解了的观点倒成了森佩尔自己的了。参见陈平. 李格尔与艺术科学. 杭州：中国美术学院出版社，2002: 70-73；以及 Mark Wigley, *White Walls, Designer Dresses: The Fashioning of Modern Architecture* (Cambridge, Mass.: MIT Press, c1995), 63-66.

16　Joseph Rykwert, *On Adam's House in Paradise: The Idea of the Primitive Hut in Architectural History* (Cambridge, Mass.: MIT Press, 1981), 29-32.

17　Gottfried Semper, Prolegomenon for "Style in the Technical and Tectonic Arts or Practical Aesthetics", in Gottfried Semper, *The Four Elements of Architecture and Other Writings,* trans. Harry Francis Mallgrave and Wolfgang Herrmann (New York: Cambridge University Press, 1989), 190.

18　Adolf Loos, *Spoken into the Void: Collected Essays 1897-1900,* trans. Jane O. Newman and John H. Smith (Cambridge: The MIT Press, 1982), 139.

19　Gottfried Semper, *The Four Elements of Architecture and Other Writings,* trans. Harry Francis Mallgrave and Wolfgang Herrmann (New York: Cambridge University Press, 1989), 293. 注 84.

20　上海译文出版社的《德汉词典》(1983 年)对 *Bekleidung* 的解释有两个：①衣服，服装；②复（疑为"覆"的误写）面物；镶面物（如纸、布、糊墙纸等）。

21　如果说在森佩尔的意义上把这一概念译为"面饰"比较合适，因为他本来的重点便就在于"饰"，强调建筑表面上的装饰和装饰物；那么在路斯的意义上，则就应该稍作调整，译为"饰面"更为恰当，因为路斯的重点在于"面"。这一语序上的颠倒，在保有了路斯以材料来达成的装饰性效果的同时，更好地传递了在层叠式建造（layered construction）这一情境中的覆面之含义，这也正是在路斯的时代所迫切面对的问题，事实上这一问题在当代建筑学中也是极其重要的——如果不是更为重要。

22　这里，最有代表性的恐怕莫过于宙斯像了。大约公元前 437 年，菲迪亚斯因政治因素流亡离开雅典来到奥林匹克，并设计建立了一尊巨大的供奉在神殿中的宙斯神像，它高 13 m，核心部分由约 78 m³ 的当地木材构成，象牙和黄金则附着固定于木材之上。平滑的象牙薄片一来用于王位的制作，二来也被压进陶模以塑造宙斯的肌肉，并藉由铆钉和潮湿象牙片间的自然附着力固定在木质核心上。宙斯的凉鞋和长袍、宙斯右手中的胜利女神像，以及王座的某些部分则由黄金制成。

23　可以进一步参阅 Werner Oechslin, "The Opposite of the Issue of Style: Necessity, Unity, Immanent Coherence, the Naked, Simple and True", in Werner Oechslin, *Otto Wagner, Adolf Loos, and the Road to Modern Architecture,* trans. Lynette Widder (Cambridge: Cambridge University Press, 2001), 27-43.

24　Peter Collins, *Changing Ideals in Modern Architecture, 1750-1950* (London: Faber and Faber, 1965), 112.

25　对于建筑起源问题的关注，似乎是那时所有伟大的建筑师和理论家们的共同嗜好，对于森佩尔来说，它也有着特殊的意义。在 1850 年给出版商的一封信中，他这么解释这一问题对于他的意义："……不要相信那种观点，认为我对于艺术起源和发展的关注是多余的。贯穿我全部著作的观念正是基于这种思考而形成，它是把这些著述联成一体的红线。" 转引自 Harry Francis Mallgrave, introduction to *The Four Elements of Architecture and Other Writings,* Gottfried Semper, trans. Harry Francis Mallgrave and Wolfgang Herrmann (New

York: Cambridge University Press, 1989), 22.

26 其实,森佩尔有一个更为庞大的写作计划,但是由于一方面担心他的相关论点会被别人窃取,另一方面甚至还担心在伦敦会遭遇政治暗杀,从而决定加以浓缩先行发表。(当时,森佩尔与马克思同属一个德国政治流亡者组织,而考虑到这一事实,对政治暗杀的这种担心似乎就并非多余了。)

27 参见 Harry Francis Mallgrave, introduction to *The Four Elements of Architecture and Other Writings*, Gottfried Semper, trans. Harry Francis Mallgrave and Wolfgang Herrmann (New York: Cambridge University Press, 1989), 24.

28 Gottfried Semper, *The Four Elements of Architecture and Other Writings*, trans. Harry Francis Mallgrave and Wolfgang Herrmann (New York: Cambridge University Press, 1989), 104. 对于这两个词的比较,弗兰姆普敦曾有进一步的阐释,见 Kenneth Frampton, *Studies in Tectonic Culture: The Poetics of Construction in Nineteenth and Twentieth Century Architecture* (Cambridge, Mass.: MIT Press, c1995), 5, 86.

29 Tonkao Panin, *Space-Art: The Dialectic between the Concepts of Raum and Bekleidung* (PhD diss., University of Pennsylvania, 2003), 80.

30 Harry Francis Mallgrave, introduction to *The Four Elements of Architecture and Other Writings*, Gottfried Semper, trans. Harry Francis Mallgrave and Wolfgang Herrmann (New York: Cambridge University Press, 1989), 42.

31 阿姆斯特丹证券交易所事实上反映了森佩尔与勒-迪克对于贝尔拉格的双重影响,一方面是对于墙体的围合功能的重视,另一方面是对于内部结构明晰性的充分表达和反映。至于这种双重性经由贝尔拉格在密斯那里如何产生则比较复杂,仍然有待进一步探讨,但应该不是一个结构理性主义可以简单概括的。请参见 Robin Evans, "Mies van der Rohe's Paradoxical Symmetries," in Todd Gannon, ed., *The Light Construction Reader* (New York: The Monacelli Press, 2002), 399–419.

32 Franz Schulze, ed., *Mies Van Der Rohe: Critical Essays* (New York: Museum of Modern Art, c1989), 65.

33 Kenneth Frampton, *Studies in Tectonic Culture: The Poetics of Construction in Nineteenth and Twentieth Century Architecture* (Cambridge, Mass.: MIT Press, c1995), 19.

34 2004 年 5 月 29 日至 31 日在南京大学举办了"结构、肌理和地形学"国际研讨会,弗兰姆普敦作了主旨发言并就这一问题作了阐述。相关引言源自本次研讨会的非正式出版物(发言摘要)。

35 Carrie Asman, "Ornament and Motion: Science and Art in Gottfried Semper's Theory of Adornment (*Bekleidungtheorie*)," in Philip Ursprung, ed., *Herzog & de Meuron: Natural History* (Montreal: Canadian Centre for Architecture; Baden, Switzerland: Lars Müller Publishers, c2002), 396–397.

36 详细论述请参见 Bernard Cache, "Digital Semper," in *Anymore*, ed. Cynthia Davidson (Cambridge, Mass.: MIT Press, c2000), 190–197.

37 Ákos Moravànszky, "'Truth to Material' vs 'The Principle of Cladding': the language of materials in architecture," *AA Files* 31 (2004): 39–46, 41.

38 Harry Francis Mallgrave, introduction to *The Four Elements of Architecture and Other Writings*, by Gottfried Semper, trans. Harry Francis Mallgrave and Wolfgang Herrmann (New York: Cambridge University Press, 1989), 29.

39 比较 1851 年的"四要素(动机)"的分类和 1860 年的五类材料和技艺的分别,可以看出它们之间的联系以及侧重点的不同,也说明所谓"四要素"其实说的是"四动机"。

40 森佩尔原打算在第三卷详细论述服装与建筑的关系,只是从未完成。但是这一主题后来在马克·威格利那里得到了探讨,虽然是集中于 19 世纪以后的这一时期,并且着眼于现代建筑。

41 Semper, *Der Stil*, vol. I, 445. 转引自 Harry Francis Mallgrave, introduction to *The Four Elements of Architecture and Other Writings*, by Gottfried Semper, trans. Harry Francis Mallgrave and Wolfgang Herrmann (New York: Cambridge University Press, 1989), 39.

42 Mark Wigley, *White Walls, Designer Dresses: The Fashioning of Modern Architecture* (Cambridge, Mass.: MIT Press, c1995), 14.

43 详细论述请参见 Mark Wigley, *White Walls, Designer Dresses: The Fashioning of Modern Architecture* (Cambridge, Mass.: MIT Press, c1995), 9–15.

44 Tonkao Panin, *Space–Art: The Dialectic between the Concepts of Raum and Bekleidung* (PhD diss., University of Pennsylvania, 2003), 90.

45 Mark Wigley, *White Walls, Designer Dresses: The Fashioning of Modern Architecture* (Cambridge, Mass.: MIT Press, c1995), 11.

46 Mark Wigley, *White Walls, Designer Dresses: The Fashioning of Modern Architecture* (Cambridge, Mass.: MIT Press, c1995), 11.

47 在国内有关森佩尔的有限的介绍中,对于这一点往往有所误解,认为森佩尔"最早将达尔文主义理论运用于艺术史研究"中,"将艺术表述为一个生物有机体,而艺术史则是从过去到现在的一个连续的线性发展过程"。参见邵宏. 美术史的观念. 杭州: 中国美术学院出版社, 2003: 159

48 Harry Francis Mallgrave, introduction to *The Four Elements of Architecture and Other Writings*, by Gottfried Semper, trans. Harry Francis Mallgrave and Wolfgang Herrmann (New York: Cambridge University Press, 1989), 33.

49 Micthel Schwarzer, "Freedom and Tectonics," in Micthel Schwarzer, *German Architectural Theory and the Search for Modern Identity* (Cambridge: Cambridge University Press, 1995), 167–200.

50 Micthel Schwarzer, *German Architectural Theory and the Search for Modern Identity* (Cambridge: Cambridge University Press, 1995), 172–176.

51 Adrian Forty, *Words and Buildings: A Vocabulary of Modern Architecture* (New York: Thames & Hudson, 2000), 257.

52 Tonkao Panin, *Space–Art: The Dialectic between the Concepts of Raum and Bekleidung* (PhD diss., University of Pennsylvania, 2003), 5.

53 Adolf Loos, "The Principle of Cladding," in Adolf Loos, *Spoken into the Void: Collected Essays 1897–1900*, trans. Jane O. Newman and John H. Smith (Cambridge: The MIT Press, 1982), 67.

54 Adolf Loos, "The Principle of Cladding," in Adolf Loos, *Spoken into the Void: Collected Essays 1897–1900*, trans. Jane O. Newman and John H. Smith (Cambridge: The MIT Press, 1982), 66.

55 因为森佩尔对于建筑(以及其他艺术形式)的材料和技术起源的强调,尤其是经过他的追随者们的曲解,而被后来的艺术史家如李格尔和文图里(Lionello Venturi, 1885—1961)含糊不清地批判为"物质主义者"(materialist)。这种含糊不清不仅在于李格尔对森佩尔和他的追随者所进行的并不完全清晰的区隔,还在于李格尔的批评后人呈现出了一个片面的,也是被曲解了的森佩尔——似乎认为艺术作品完全由材料和功能来决定。

56 弗兰姆普敦,柯林斯,以及本奈沃洛的现代建筑史考察起码有一点是共同的,那就是他们都把现代建筑的起源,因而也把考察的时间推进到 1750 年左右。然而另一个细节上的共同点还在于,在这些著作中,他们几乎都没有对于森佩尔有过独立的论述。即便是专注于现代建筑设计思想演变的柯林斯,号称以一种真正的"折中主义"的态度来包容"19 世纪那些已不时兴的思想",也仅仅是在"彩饰法"一章中略有提及,——这里,森佩尔被描述成一个"走向极端的业余爱好者"。而罗宾·米德尔顿和戴维·沃特金合著的《新古典主义与19 世纪建筑》,专论 1750 年至 1870 年之间的建筑,也仅仅是在最后一章的总结中略略提到森佩尔的基本思想,虽然他们承认森佩尔与勒–迪克、拉斯金共同组成 19 世纪欧洲大陆三位影响最大的建筑理论家。(见[英]罗宾·米德尔顿, 戴维·沃特金著; 邹晓玲等译. 新古典主义与 19 世纪建筑. 北京: 中国建筑工业出版社, 2000: 381–384)

57 Kenneth Frampton, *Modern Architecture: A Critical History* (New York: Thames and Hudson, 1992), 12.

58 [英]尼古拉斯·佩夫斯纳著; 殷凌云等译. 现代建筑与设计的源泉. 北京: 三联书店, 2001: 2

59 Joseph Rykwert, "Gottfried Semper: Architect and Historian," in Gottfried Semper, *The Four Elements of Architecture and Other Writings*, trans. Harry Francis Mallgrave and Wolfgang Herrmann (New York: Cambridge University Press, 1989), vii.

60 [英]罗宾·米德尔顿, 戴维·沃特金著; 邹晓玲等译. 新古典主义与 19 世纪建筑. 北京: 中国建筑工业出版社, 2000: 382

61 转引自 Gottfried Semper, *The Four Elements of Architecture and Other Writings*, trans. Harry Francis Mallgrave and Wolfgang Herrmann (New York: Cambridge University Press, 1989), 297. 注 130.

62 Peter Collins, *Changing Ideals in Modern Architecture, 1750–1950* (London: Faber and Faber, 1965), 61.

63 之所以强调说是"显明", 是与另一种潜在的或说是隐匿的影响方式相对比而言。前者指他对于瓦格纳、路斯、贝尔拉格等早期现代建筑师的影响, 而后者最典型的例子莫过于柯布西耶与密斯了。

64 具体可参看 Max Risselada, ed., *Raumplan versus Plan Libre: Adolf Loos and Le Corbusier, 1919–1930* (New York: Rizzoli, 1987).

65 Tonkao Panin, *Space–Art: The Dialectic between the Concepts of Raum and Bekleidung* (PhD diss., University of Pennsylvania, 2003), 74.

66 这种不透明不是视觉上的阻隔, 而是说在对于建筑的总体性和明晰性的把握上越来越困难。

67 Jeffrey Kipnis, "The Cunning of Cosmetics: A Personal Reflection on the Architecture of Herzog and de Meuron," in Todd Gannon, ed., *The Light Construction Reader* (New York: The Monacelli Press, 2002), 429–435.

第三章　材料的显现 [1]

　　如果说森佩尔从根本上提出了材料、面饰与空间之间的关系,从而扮演着某种奠基者的角色,那么,却又因其在后期更为侧重材料与面饰的象征意义,忽视了它们的技术内涵,并且也隐匿了饰面的空间内涵,而使其在实践上的成就远不能令人满意。然而,所有这些都在阿道夫·路斯那里得到了恢复,并因其在材料、饰面和空间关系上的进一步论述,尤其是他令人信服的实践,而成为现代建筑的开拓者之一,也成为本章的重点考察对象。

　　但也正是在路斯这里,所谓材料的显现首先呈现出其复杂的面貌:无论从表面材料的物质性/非物质性来看,还是从表面材料的多重性/单一性来看,路斯的室内空间都是对于材料的赞美,对于材料知觉性的颂扬,是材料的显现。然而,从结构材料的真实表露来看,路斯的实践恰恰又呈现一种隐匿的特征。相较于之前的森佩尔,结构的工具性从属地位在路斯那里得到进一步确认,表面材料的重要性也因此得以突出,建筑的焦点被置于围合意义上的空间品质的塑造。这样,纯粹客体性的结构的明晰性以及结构的理性化做法相对而言便退居次要的地位,而与感知主体密切相关的材料的非力学性能及其加工和制作工艺却得到了强调。就这一点来说,路斯继承了森佩尔的有关观点,但是又弱化了森佩尔对于材料和饰面的象征性的强调,而恢复了其知觉属性和空间内涵,并在"饰面的原则"、"饰面的律令"以及他的"容积规划"之间建立了内在的联系。

　　从材料的视角来看,对于路斯实践的认定的困难事实上正是"显现"的多重内涵的体现。在本书中,就不透明材料来说,所谓"材料的显现"至少有着三个层面的含义:与注重表面相比更注重承重结构的真实表现;与非物质化的抽象性材料(如涂料等)相比更注重触觉化的感官性体验;与单一材料相比更注重材料的多重性。(这种多重性的关键乃是在于材料的区分,而这种区分既可以是为着繁复的象征性的精神表达,也可以是为着纯粹视觉性的感官愉悦。与这两种倾向不同,这里关心的是材料的区分与空间模式和空间效果之间的关系。)

　　本章前三节将集中考察路斯的文化批判、饰面原则、容积规划,在这种多面向的呈现与评介中,探寻不同侧面之间的内在关联性,从而探讨在材料的结构属性以外其显现的方式及其空间内涵。第四节则是对于其他几位不同时代的建筑师——密斯、路易斯·康和彼得·卒姆托——从材料和空间的角度来进行研究,探讨他们在建筑品质尤其是空间和建造趣味上的不同追求。并在与路斯的比较中,来呈现材料显现的多重方式及其概念和实践上的复杂性。

第一节 路斯及其文化批判

与森佩尔一样，路斯并不主张那种结构理性主义对待建筑和材料的方式，尤其是结构理性主义那种对于结构清晰性的苛求以及对于所谓结构真实性的暴露。在路斯对于材料表面和表面材料（饰面）的关注中，他并不为经典现代主义者所钟爱。这也部分解释了为何受到路斯巨大影响的柯布西耶成为现代建筑的旗手，而路斯却以其革命不彻底的改良者形象在很长时间里被人淡忘。

然而，离开路斯谈柯布西耶其实是不可想象的。早在 1920 年，柯布西耶便在他的《新精神》杂志的第一期上重新刊印了路斯的《装饰与罪恶》，而此前，他可能更是早在 1912 年便已从当时一本德国期刊《狂飙》(Der Sturm) 知悉路斯的有关言论和观点。虽然在他 1925 年的《今日之装饰艺术》(The Decorative Art of Today, L'Art décoratif d'aujourd'hui) 中只有两处提到路斯，但是一个不争的事实是，书中的许多观点可以看作是路斯观点的发展与延伸。1929 年，路斯在一次谈话中曾经这样说过："柯布西耶的建筑中是有一些好东西，但都是从我这里偷去的。"[2] 这固然难免一点赖特式的妄大多疑而吝啬刻薄的嫌疑，但是也可从一个侧面知晓路斯之于柯布西耶并进而于现代建筑的意义。

对于这种意义以及他所承受的不公，阿尔多·罗西便曾在一篇前言中这么感叹道："对于现代建筑而言，他是这么一位建筑师——对于他的攻击总显得鲁莽而乏审慎，可是同时路斯又是一个如此重要的人物，以至于他注定要以这样或那样的方式来被羞辱。"[3]

一、路斯

阿道夫·路斯（图 3-1），1870 年 12 月 10 日出生于奥匈帝国的商业和工业中心布尔诺（Brünn，现属捷克并更名为 Brno）。路斯的父亲曾习绘画和雕塑，是一个雕塑家和石匠。后世多有把路斯对于材料的钟爱与他父亲的熏陶相联系，甚至认为是少年时期受其父亲的影响，然而，由于路斯的父亲在他 9 岁时便已过世，类似的联系似乎更多的是一种推断，而缺乏实实在在的证据[4]。

路斯在家乡完成了他的早期文化教育及初级职业教育后，于 20 岁时入德累斯顿综合技术学院学习。半个世纪前，森佩尔曾于 1834 年至 1848 年在此任教，而路斯在这里的学习使他深受森佩尔的影响。只是路斯在这里表现平平，且最终也未能获得毕业文凭。但是与一般艺术院校的建筑师不同的是，得益于此前在两所工艺学校的经历，他珍惜和欣赏工匠传统的内在价值，这一点应该也直接影响了他日后对于所谓的"建筑师"的嘲讽，以及对于建筑的现场感的强调和对于图像再现的极端不信任。1893 年路斯在未能顺利结束学业的情况下，以参观世界博览会为名赴芝加哥。在美

图 3-1 阿道夫·路斯，1930 年

国期间除了芝加哥,他还游历了费城和纽约等,并断断续续地做了一些零工糊口。三年后的1896年,路斯途经巴黎和伦敦,回到维也纳。

接下来的几年里,他在维也纳偶尔做些室内改建,但大部分时间都在为一份自由主义的《新自由报》(Neue Freie Presse)撰稿,这些文章后来收集成册,取名《言入空谷》(Spoken into the Void, Ins Leere Gesprochen, 1897-1900)。1903年,路斯自创了一份杂志,取名《他者》(Das Andere),副标题"为奥地利引介西方文化"。路斯是这份杂志的唯一作者,一共发行两期。1912年,路斯还成立了一个建筑学校,但由于第一次世界大战的爆发而很快关闭。

战后,路斯一度积极投身于政府的社会文化活动,并于1920年至1922年担任维也纳城市住房部门的总建筑师,后因对于城市改造的做法与当局意见不合而辞职,并随即赴巴黎[5]。接下来的5年中,路斯身在巴黎,同时也常常在德国、奥地利以及捷克斯洛伐克之间穿梭,他广受先锋人士的欢迎,并开始真正具有国际影响力。此间,路斯于1926年为他的好友——达达派艺术宣言的起草者特里斯坦·查拉—设计了一座私宅,还与一位女舞蹈演员约瑟芬·贝克尔交好(也正是在贝克尔的沙龙里,路斯结识了巴黎的许多先锋艺术家),并在1928年为其设计了一幢华丽的别墅,同年路斯再次返回维也纳。此后几年路斯设计了一些他最为重要的建筑,包括1928年在维也纳的莫勒宅(Moller House)以及两年后在布拉格的米勒宅(Müller House)。1930年,在路斯60岁之际,出版了一本纪念文集。次年,路斯的第一本作品集由他的学生库尔卡编辑出版。然而,由于早年染上的性病恶化,路斯在这一年不得不住进医院,与此同时他也进一步遭受年轻时候便罹患的听力障碍的折磨,几近失聪。接下来的1932年,路斯的健康状况进一步恶化而不得不放弃所有工作,再次住进医院。1933年8月23日路斯在维也纳逝世。

路斯的个人生活丰富而略富传奇色彩,他具有独特的人格魅力,得到年轻人的崇拜。而其时维也纳智力圈中的多位著名学者和艺术家也都是路斯的亲密朋友,这其中不仅有哲学家路德维希·维特根斯坦,文学家卡尔·克劳斯,也有音乐家阿诺德·勋伯格,画家奥斯卡·科柯施卡等,而路斯的相对年长使得他甚至在某种程度上成为他们的精神导师。正是这些人当时被称作"另一个奥地利"(the Other Austria),他们对于一种激烈的文化上的现代性转型都满怀热情,也正是在这么一种文化氛围和智力圈子之中,孕育了路斯首先作为一个文化批判者的角色。

二、"环形大道"项目与盎格鲁–撒克逊文化

19世纪的欧洲一方面因其文化与科学上的成就而自豪,另一方面又因其艺术上的衰落而饱受诟病。奥匈帝国最后25年里的维也纳,建筑文化中的矛盾性正反映了面对现代工业化社会所表现出的痛楚和彷徨。此时的维也纳是华丽艺术和惊骇的庸俗作品的战场,充满华尔兹舞曲、奶油、巧克力蛋糕和高雅文化。政治气氛越严酷,它反而越轻薄和无

情。正如路斯的朋友，讽刺作家卡尔·克劳斯所说：在柏林，情况异常严峻，但并非不可救药。而在维也纳，情况正好相反，已经不可救药，但并不严峻。

始于 1857 年的环形大道（*Ringstrasse*）项目所透出的建筑价值与趣味，可以作为这一文化氛围的典型体现。这一项目的目的在于改造维也纳老城以适应新的要求，它拆除了老城的城墙而代之以 60 英尺宽的马路，其两侧的公共建筑则集中建设于 70 年代，是一批典型的历史风格主义的设计，并常常以水泥制品来模仿大理石或是花岗岩等贵重材料，而这也成为日后路斯批评的一个焦点所在。到了 19 世纪末，在奥地利的知识分子中间，对于维也纳的文化及价值都产生了怀疑和批判，在建筑领域，作为对"环形大道"项目中历史主义风格的批判，瓦格纳的功能主义和"分离派"（*Secessionist*）的有机美学应运而生，而后者成为路斯文化批判的另一个主要对象。

至于路斯这一时期的文化批判的价值基点，则与他年轻时的出游有着密切关系。

与森佩尔和柯布西耶以希腊为年轻时候出游的目的地不同，路斯的选择是美国。然而，对于路斯来说，"美国就是当代的希腊，真正的希腊精神正是在美国才能发现。"[6] 正是他在 23 岁时开始的 3 年美国之行，让他与美国新文化的实际并进而与盎格鲁–撒克逊文化结下了不解之缘。"今天是否还有什么人以一种古希腊人的方式来工作吗？"路斯这么设问，"当然有！那就是作为一个民族的英国人，和作为一个行业的工程师。英国人和工程师就是现代的希腊人。"[7]

在 19 世纪末的欧洲大陆，对于美国这个新兴国家的向往并不新鲜，但是与众不同的是，路斯看到的不是某一种独特的技术，而是一种整体意义上新的生命与文明的诞生。当欧洲的现代主义者正痴迷于赖特的建筑，并把他幻想为一位某种外来民主的代言人时，路斯却在决绝地探究纽约城市中心的街道，惊奇于百老汇的巨型建筑和华尔街迫人的街景。于路斯来说，美国代表的一种新兴文明及其所拥有的野性而生机勃勃的力量，与古老的欧洲尤其是维也纳那种垂老的虚伪与矫饰恰成对照，并成为他日后用来批判维也纳奢靡矫饰的锐利武器。盎格鲁–撒克逊文化中的平实与实际，尤其是它的居住建筑和日用制品中透出的一种庄重节制的个性，在当时被看作是改造日耳曼文化虚浮倾向的一剂良药。当然，路斯并非德语区唯一认识到这一点的建筑师，1907 年发起成立德意志制造联盟的穆台休斯在 1896 年被德国派往英国研究城镇规划与住宅政策，1903 年回国并于次年出版《英国住宅》（*Das englische Haus*），而这本书中的内容对于路斯后来发展出的"容积规划"（*Raumplan*）无疑具有十分重要的启迪意义。

路斯早期对维也纳的文化批判集中体现于他在 1897 年至 1900 年间为《新自由报》所撰写的一系列文章中。在这里，路斯极少谈到严格意义上的建筑，而是涉及日常生活的每一个层面，从男女服饰到日用用具，从家具设计到交通工具，这些日常生活之中看似稀松平常的物件恰恰为路斯的文化批判提供了广阔的天地。他欣赏那种外表朴实无华，内部根据个人需求和舒适来进行装饰和设计的英国趣味，而反对那种常常与实际需求及制造工艺相分离的所谓风格。在路斯看来，"风格是不可捉摸的无形之物，他深深植根于社会而超越设计者的个人控制，却总是离不开实际的需求以及诚实的工艺，而与装饰无关。"8 不言而喻，这与拉斯金的理想有着某种契合之处。也正是基于这种认识，路斯不仅反对维也纳的过分优雅而至矫饰的折中主义，也反对以约瑟夫·霍夫曼为代表的分离派的时尚主义。而其新闻记者的写作风格一方面使他的文章具有极强的可读性(阿尔多·罗西便说路斯是一个很有叙事禀赋的人)，另一方面又使其具有很强的论辩性，在一种常常看似玩笑的调侃中，他激进的观点在辛辣的讥讽中展现得淋漓尽致。

在这种对于维也纳浮华风气的批判和对于盎格鲁-撒克逊文化的向往中，路斯事实上也提倡了对于维也纳自身传统的回归，而这种回归又是与他的古典主义价值传统相一致的。

路斯不止一次地说到他所崇敬的"维也纳大师"，这些大师们不是那些只知道在绘图房里"设计"的"建筑师"，而是那些制鞋匠和马鞍匠 9。毫无疑问，工艺在路斯的心中占据了很重要的位置，路斯理想中的建筑师是那些"学习过拉丁语的砌筑工匠"10，在这一点上他与两千年前的维特鲁威有着深刻的共鸣。对于路斯来说，维特鲁威的著作是他名符其实的建筑"圣经"，而这种古典主义的浸润早在他于德累斯顿技术学院就读时就已经深深扎根。在维特鲁威之外，德国新古典主义建筑大师辛克尔则是他古典主义理想的另一个重要来源 11。这显然是与通常对于路斯作为现代主义先锋派第一人的那种表面印象相左的。正如奥地利学者迪特马尔·施坦纳所指出的："路斯的'现代主义'绝非是对于一种忘却或是割裂历史的时尚与风格的追随，相反，他的现代主义自觉地与历史建立起联系，并且在与历史的对照中来检验自身的价值。"12

这种古典主义的浸润，从形式上来讲既表现在他诸多没有实现的方案中，也表现在实际建成的作品中。这些古典形式要素的借用是作为达成视觉对比的一种手段，而当路斯发展出自己的材料-空间的对比方式之后，古典形式要素便被抛弃了，原先的墙体与柱的关系现在通过不同表面材料的运用来达到目的 13。与对于形式要素的抛弃不同的是，古典建筑的精神与价值却一直留存下来。古典建筑中宁静的特质他从不曾放弃，而古典建筑精神中的"精确性和经济性"(precision and economy)于路斯来说更是具有极为重要的教育意义与价值 14。这种经济性固然有其纯粹的市场价值角度的考虑，但更是一种道德上的判断，这里，任何虚浮与浪费都是不可容忍的，这种价值观在路斯对于装饰的态度上得到完整的体现。

于路斯来说，装饰真正的危险在于它分散和浪费了本该用于社会性事业中的时间与精力，因此，装饰就恰恰成为材料自身表现的反面，是与材料表现力相对的另一极。也因此,花费巨资从希腊运来名贵的大理石是合理而正当的,可是花较少的费用以装饰来处理表面却是不能接受的。阿考斯·莫拉凡斯基对于这一点提出质疑,认为从路斯所谓的经济性的角度来说,这种做法的正当性值得怀疑,这正是因为他曲解了路斯在《装饰与罪恶》中所谓的经济上的考虑,而忽视了其中隐含的一种源自古典建筑价值的道德性经济判断 15。

有趣的是,当我们把"装饰就是罪恶"视同现代主义的宣言的时候,就路斯的本意来说,它又何尝不是一种真正古典精神与价值的回归与体现?!

三、服装、时装与建筑

在路斯的文化批评中,服装占据了很大部分。在 1897 至 1900 短短三年间, 他写了《男人的时装》(Men's Fashion)《女人的时装》(Women's Fashion)《男帽》(Men's Hats)《鞋子》(Footwear)《内衣》(Underclothes) 等。从个人生活来说,与同样出生于石匠之家的密斯一样,路斯衣着考究,并且, 他的第一个主要建筑, 也是一生唯一的一个大型公共建筑——俗称"路斯楼"的戈德曼–萨拉奇(Goldman & Salatsch)制衣公司大楼——的业主即是一个著名的服装制造商,而路斯常年在此定做衣服。但是,于路斯来说,服装远不仅仅是一个普通的生活用品,抑或仅只是个人的兴趣和偏好,它事实上提供了一个广阔环境下对于建筑的比拟:一方面,服装与身体的关系可以直接比拟于建筑, 另一方面由性别差异所带来的服装上的迥异以及 19 世纪刚刚兴起的时装,都给路斯的文化批判和建筑认识提供了思考的工具,当然也常常成为他批判的对象。

简单说来,路斯秉承了森佩尔的认识,建筑就是一件衣服(clothes)。但是他又坚决反对把建筑等同于时装(fashion),或是以时装的观点来看待建筑。

路斯明确地说,他的所谓"饰面的律令"是由森佩尔的"饰面的原则"而来,而森佩尔的饰面理论正是基于把建筑与服装所做的比拟。在他的《技术与建构艺术中的风格问题》第一卷中,在提出"饰面的原则"之前,有专门一个小节来讨论服装与建筑之间的关系, 并把古希腊的服饰与早前的原始服饰作了对比。森佩尔的论述其实有着两个不同的层次:一是从服装的字面意义上来理解,因为就艺术的起源来说,最早的雕像恰恰是给木支架穿上真实的衣服而成,而建筑也是由内里的"支架"和外在的"衣服"来共同构成;二是从一种更为广泛的历史和文化意义上来理解,即在每一个历史时期,作为同一种社会生活的映现,服装与建筑之间有着某种相对应的关系 16。

在这两种意义上,路斯都继承了森佩尔的观点。而就前者来讲,路斯一方面把衣服与身体的关系作为其关于建筑饰面思考的原型,另一方面, 还在更为直接的意义上把建筑与服装作出类比。在其 1910 年的《建筑学》(Architecture, Architektur)一文中,他指出:"许多人可能会怀疑我的以上观点,怀疑我在建筑与服装之间所做比较的有效性。(因为他们会认为)归根结底,建筑是一种艺术,一种奉献于那一时代的艺术。可是,难道你没有注意到人们的服装与建筑的外貌之间有一种奇妙的对应关系吗?难道那些带着流苏的服装不正与哥特建筑相匹配?难道那些假发不正是巴洛克建筑的写照?难道我们当代的建筑不正是与当代的服装相一致吗?"[17] 但是,在森佩尔时代尚不很突出或者说森佩尔没有特别注意的一个问题,在路斯的时代变得尤其重要,这就是时装。

虽然准确地说,时装这一概念形成于 18 世纪,但是只有到了 19 世纪末期的维也纳,方才显示出它的力量,以及它对于一种真正文化的破坏作用。对于这种文化,路斯在他的《建筑学》一文中给出了明确定义:"我所谓的文化,就是人的内在与外在世界的平衡,正是这种平衡保证了理智的思考与行动。"[18] 而时装是与此相悖的。因为在路斯看来,它的产生不是基于一种社会生活的习俗与传统(convention),而是出于设计师抑或业主的奇思异想,是一种缺乏文化根基的虚浮变异。

在这种对于服装与时装的区隔中,路斯事实上也暗示了风格这一概念其内涵的演变过程, 即由 18 世纪及其以前的扎根于社会生活并与生产和制作方式的密切相关,而至于 19 世纪的相分离与割裂。此时,风格要么是一件可以随意拾取和选择的历史外衣, 要么是"建筑师先生"的"个人创造性"的结果。而后者正是路斯所坚决拒绝的,也是在这种拒绝中,他同时与当时占主流地位的两种思潮相对抗:一是"环形大道"所体现的历史复古主义,二是以霍夫曼、奥尔布里奇为首的"分离派"的所谓个人独创性。因此,虽然"新艺术运动"以及由之脱胎而出的"分离派"都是以历史复古主义为标的,但是,它们还是逃不过路斯更为严厉的思想的苛责。而如果说这是时装的两大特质的话,那么,正是它们使得时装在根本上具有了装饰(ornament)的内涵,并同时相悖于古典的和现代的价值追求。

而路斯所称许的工匠们是不懂得装饰的, 他们也不需要这方面的知识。在路斯看来,他们几乎可以说是唯一"有教养的现代人",他们既不懂得在图纸上描画,也不为那么多塞满历史图片的书籍所累,只有他们方才对于当下的需求做出真正回应。只是,于路斯来说,这里对于工匠的赞许少了一些拉斯金式的怀古情绪,以及那种对于中世纪的浪漫遐想。路斯的工匠代表的是一种匿名性(anonymity)及其所拥有的质量,它与分离派建筑师的那种个人标识(signature)相对照——这种具有个人特征的创新(准确地说是新奇)在路斯看来常常只不过是一些无聊的小玩意儿,因而,也就只不过是"时装"而已。

路斯对于服装与时装的区隔,是与他对于男装和女装的褒贬相联系的,并因而具有一种性别暗示。时装被与女人联系在一起,并进而与装饰联系在一起,更进一步来说则与一种贬义上的感官享受(sensuality)联系在一起。在这里,男装代表着理性,女装则意味着一种纯粹感官上的吸引,而这种吸引将对形式上的理性感造成损害。与女装的富于装饰和易变相比,男装样式上的相对固定则使其远离这种感官性的诱惑(图3-2,图3-3)。路斯当然注意到男装的变化——比如说当贵族们想要在着装上与大众相区分的时候而带来的变化,但是,他在这种有规律的甚至几乎是一种有逻辑可循的变化和女性服装的无法控制的新奇与变异之间划上了一条重重的红线。"一方面,男装上的变化……源自一种对于更为优雅或是更高质量的追求,……而另一方面,女装的变迁则完全被感官兴趣上的变化所左右,而这种感官性则是一直变个不停的。"[19]

图 3-2　男装(左)
图 3-3　女装(右)

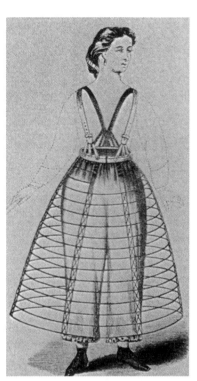

　　作为对于建筑中的时装化的反对,光洁而无任何装饰的白墙便有了鲜明的意涵,也在路斯的建筑外部被充分运用。在马克·威格利看来,"对于时装的反对,在建筑上常常是与白色(的外墙)的应用相一致的"[20]。只是,这种白墙又何尝不会成为建筑的另一种时装呢? 反时装(anti-fashion)本身又何尝不会成为另一种时装(fashion)呢? 这也正是他以四百多页篇幅来论述的主题之一。

　　即便如此,白墙还是与路斯建筑的内部形成了鲜明的对比。事实上,在路斯的文化价值立场的支配下,他对于建筑的内与外所要满足的功能和传达的信息有着根本不同的理解。换句话说,他的建筑的内与外是分裂的。

四、"内"与"外"的分裂

　　路斯固然反对"一战"前维也纳那种过分矫饰的风气,他也有足够的勇气来去除建筑表面所有的装饰,而在光光的墙面上割出大大小小的方洞(图3-4)。但是与之相对比的,则是他建筑的内部空间和氛围的另一番景象。与外表的冷峻相反,路斯的室内在目光所及之处,几乎无一例外地饰以色彩优雅而质感丰富的材料(图3-5);与建筑外在形体上的明确与洁净相比,他的室内空间则是高低错落,互相联系套叠。在形式之类纯粹建筑学因素的考虑或是偏爱以外,它更多地源自路斯的文化姿态和价值立场。

1. 都市状况与"面具"的必要性

稍长于路斯的德国著名哲学家和社会学家西美尔,曾经深入剖析过由于技术与经济的片面发展而带来的都市社会文化的危机,并在对于现代社会的诊断中,揭示了资本主义文化的潜在危机及其表现形式,进而把这种危机的内在原因追溯到现代社会发展的经济根源——劳动分工。

在马西莫·卡西亚里看来,西美尔分析的重要性便在于"它把对于都市的社会学描述推进到这么一种程度——把自身特定的意识形态(ideology)给孤立和揭示出来",而他最杰出的敏锐之处便是"认知到一种否定性思想形式(a form of negative thought)才是这种意识形态最合适的表达"[21]。并且,沿着这种否定性的思想前行,西美尔"排除了任何一种综合或是控制,抑或对于旧有平衡的恢复"[22]。现代都市意味着一种无可救药的分裂,一种无法掩饰的疏离,而"否定这种都市状况,便意味着要么是回归一种怀旧的,自然主义式的人文生活,要么就是向往一种激进的乌托邦社会。"[23]

路斯对于(私人居住建筑)内部的"重视"与对于外部的"漠视",以及由此而来的内外之间的分裂与对立,可以说正是根植于西美尔所描绘的现代都市状况,和那种西美尔式的对于这一状况的直面而非否定或是逃避的态度。这么一种态度便既非那种田园牧歌式的虚幻的平衡,亦非那种寄望于新的平衡在一夜之间得以建立的乌托邦幻想。

2. 空间的差异与材料的对比

这种"重视"与"漠视"的对立可以从两个方面来加以解读。首先,与内部三维空间的复杂组合相反,从外部来看,所有这些内部的"容积空间"都

图3-4 路斯的米勒宅外观(左)

图3-5 米勒宅的"大理石厅"(右)

被组织进外部的紧凑形式之中。弗兰姆普敦把这一点归结于"路斯对古典主义几何形式的偏爱",因此,虽然"穆台休斯在《英国建筑》中所记载的那种典型的、不规则的哥特复兴式平面,很明显地启发了路斯对那种全新的容积规划的发展",但是路斯却"不能接受由容积规划所自然产生的那种画意式的体量组合"[24]。然而,除去这种古典主义的形式偏爱以外,它又何尝不是对于现代都市生活之虚无特征的一种否定性姿态?在这种姿态中,城市生活中是没有所谓的画意的。否则,我们将无法理解路斯建筑的内与外之间的另一层意义上的巨大差异甚或对立:与建筑内部色彩与材质的丰富相对立,这些建筑的外部几乎是清一色的白色粉刷,建筑的内外在材质与色彩上都尽成对比。

这种内与外的差异、对立与分裂,首先源自路斯对于当代都市中个人生活与城市生活,或者说私人领域与公共领域之不可调和的深刻认知,是对于内在生活与外在面具之间不可相容的体认,是对于现代人在本质上的双重面孔和身份的认知。而这所有的体认与认知,在他的建筑中首先和直接的表现便是"内"与"外"的分裂(disjunction)。此时,若把路斯的白墙仅仅理解为对于历史主义外衣的反动,对于虚假模仿的摒弃,对于装饰和时尚外衣的拒绝,则难免是放弃了对于路斯深层思想的追问。可是一般对于其 1910 年的施坦纳宅(Steiner House)的极高评价往往正是也仅是从这一点出发(图 3-6),例如弗兰姆普敦便认为:"在设计施坦纳住宅的时候,路斯已经形成了一种高度抽象的外部形式——他的白色而不带任何装饰的几何体建筑",并紧接着骄傲地宣称这"比所谓'国际风格'至少要早出现 8 年"[25]。

图 3-6　施坦纳宅

这么一种风格化的理解固然明确了路斯建筑的外部特征,但其不足之处也立即暴露于路斯自己的思想面前。在 1914 年的一篇文章中,路斯这样写道:"(居住)建筑不必向外界言说或是传达什么,相反,其所有的丰富都必须展现于室内。"[26] 建筑的外部只是都市中的一个面具,一个缄默的面具,而面具是无需反映它的内部的。白墙是沉默的,而这种外部的沉默无非是承认了一种现代生活的客观状况,白墙与内部的对立与分裂也无非是映现了都市生活中的"精神分裂症",现代人本真性自我与社会性自我的分裂,以及由此而来的现代人所思、所言、所行的分裂。也正是因为这种根本上的分裂,现代都市中不可避免的分裂,建筑的内部无需在外部得到反映,外部只需成为一个缄默的面具。

这一缄默的外部形象是对于都市的虚无主义(nihilism)性质的映现。这种缄默并非无话可说,而是在意识到有效对话的不可能性之后的自然选择。缄默的立面不仅去除了一切暗示,而且以其封闭来试图阻绝内与外的交流。柯布西耶的白墙是轻薄而没有重量的,它悬浮在空间中或者挂贴在框架上;路斯的白墙则依旧是厚重的,——这种厚重不仅因其所包裹起来的体量呈现一种视觉印象,而且,因为担负着承重的任务而在事实上也是既厚且重的。在这些白墙上,只是挖出一些功能性的洞口,而绝不再多,与那时流行于德国的玻璃建筑的通透形成对比。透明暗示了内外界限的消失，个人空间（the space of the intimate）与社会空间（the space of the social）的同一，而这对于路斯来说是不可想象的。这么一种乌托邦式的理想，与那种对于前都市化时代的怀旧情绪一样，对于路斯来说都是不可接受的。

因此，一方面，路斯深刻体认到现代都市的矛盾性而拒绝任何怀旧中的幻象，或是激进的乌托邦；另一方面，他又依然保持了生活经验中的象征性秩序与向度，从而在一个分崩离析的世界中仍旧创造了"温暖宜居"的空间。也是在这种深刻体认中，他远离了一种表面的传统，疏离于自己所属的社会以外，这使他得以重新发现传统中真正的精华，但却不会成为一个传统主义者；也使得他在专注于建造和材料的同时，却不会屈从于地方性的趣味与习俗，或是为其所阻碍。

这种内与外的对立，从建造的角度来看却是一致的，都是隐匿了结构，而注重表面的材料。显然，这可以比拟于路斯对于服装的兴趣，也呼应着他的文化批判的立场。而如果说威格利关于时装-反时装的论辩难免一种概念游戏之嫌疑的话，那么，即便不考虑这一点，在路斯对于服装和时装所做的区分中，论证的焦点始终是在于哪一种"衣服"，而并非要不要这件"衣服"本身。这种对于衣服本身的肯定而又拒绝某一类特定的衣服，或者说在肯定衣服的必要性的同时，对于衣服的具体呈现方式又抱有一种特别的态度，可以说正是路斯的建筑饰面理论最为直接的文化和认知基础。

第二节　饰面与材料

在对待结构与空间围护物的态度上，路斯继承了森佩尔的主要观点，即起到空间围护作用的表面是第一位的，而结构处于从属性之地位。如果说森佩尔的建筑原型——加勒比海原始棚屋——因其"框架"结构的特征而易于区分承重要素（柱）与起到空间限定的非承重要素（墙）的话，在路斯的大部分以墙来承重的混合结构中，这种区分却越发困难。

对于森佩尔四要素中的墙体而言，由于它与柱的明确分离而没有必要去讨论它的建造方式——实体建造还是层叠建造，也可以说，在这里他的 *Bekleidung* 是墙体的整个厚度。但是在路斯的时代，在工业化的加工技术革新中，面层变得越来越薄，层叠建造的应用也越发普遍，这一建造方式所引发的违背材料自身属性和制作特性所带来的问题也才越来越突出。此时，对于路斯来说，与其说饰面关乎结构，不如说它首先是个建造问题。也正是从这个角度而言，在森佩尔的空间角度的"饰面的原则"之后，他又从材料和建造角度提出了关于饰面的进一步观点，即所谓"饰面的律令"。

一、"饰面的原则"与"饰面的律令"[27]

在森佩尔的"饰面的原则"的基础上，路斯提出了他的"饰面的律令"（The Law of Cladding, *Das Gesetz der Bekleidung*）。森佩尔认为建筑的本质在于其表面的覆层，而非内部起支撑作用的结构，这颠倒了西方建筑学长期以来的结构与表面之间的主从关系。森佩尔之后，瓦格纳和路斯在新的技术和社会条件下都对这一点做出过发展，只是，不同于瓦格纳从建造方式的角度来强调饰面之独立性，路斯集中从材料的角度来阐明饰面之为饰面的特质。换句话说，瓦格纳关注的是材料的第一属性（结构），而路斯着眼的则是材料的第二属性（其感官性效果）。

路斯沿用了森佩尔的 *Bekleidung* 这一概念[28]，但是在新的技术条件下，显然已不像半个世纪之前那般强调其丰厚的人类学含意，而转向了对于饰面的材料特质进而对于其空间意义的关注。也因此，如果说在森佩尔的意义上把这一概念译为"面饰"比较合适，因为他本来的重点便就在于"饰"，强调建筑表面上的装饰和装饰物；那么在路斯的意义上，则是译为"饰面"更为恰当，因为路斯的重点在于"面"。这一语序上的颠倒，在保有了路斯以材料来达成的装饰性效果的同时，更好地传递了在层叠式建造（layered construction）这一情境中的覆面之含义，这也正是在路斯的时代所迫切面对的问题。可以说，正是在路斯这里，在这种对于"面"的强调中，饰面的空间意义——森佩尔曾经提及但又随后在对于饰面之象征性的强调中被隐没了的侧面——方才得以恢复[29]。在《建筑的四个要素》一文中，森佩尔把墙体作为空间围合的要素来定义，而随着墙体材料的变更，这一角色转移到由饰面这一表层来承担。但到了后期，他则基本摒弃了这一论述取向，转而更多地关注饰面的象征功能，具体来说则是装饰（ornament）的象征意义。因此，在《技术与建构艺术中的风格问题》中，森佩尔强调这一概念作为材料的表层的含义，而不是空间围合物的功能。

而路斯写于 1898 年的《饰面的原则》（The Principle of Cladding，*Das Prinzip der Bekleidung*）正是从这种饰面的空间意义的恢复开始，进而再论述饰面的材料问题。此文事实上包含了两个类似的概念：饰面的原则（The Principle of Cladding）和饰面的律令（The Law of Cladding）。虽然文章以"饰面的原则"为题，重点却是他基于森佩尔的"饰面的原则"而提出的"饰面的律令"。若是联系到路斯撰写这篇文章的主旨，可以说后者正是在接受前者的基本主张的基础上，针对 19 世纪末维也纳浮华的状况而在具体的实践方法上作出的限定[30]。

路斯在一开篇便交待："（建筑中）对于耐久性的要求，以及一些必要的建造上的考虑，常常需要一些与建筑的真正目的并不一致的材料。"[31]言外之意，假如没有重力因素，也没有气候的风化、浸润等影响，我们将有可能只根据"建筑的真正目的"来选用材料，而不必顾及它是否能够支撑起来，也不必顾及它的使用寿命。

这里，路斯就提出了他在本篇第一个著名的论断："建筑师的根本任务在于创造一个温暖宜居的空间。毯子便是一种温暖而宜居的材料。由于这一原因，建筑师便决定在地面铺上一块，并在边上挂起四块，从而形成四面墙体。"[32] 这是关于饰面（cladding）之必要性的一段精彩表述，显然其直接承继于森佩尔的有关论述，但是作了更为清楚明确的表达。

只是，以毯为墙，这显然不现实，因为无论是地毯还是挂毯都需要一个结构性的框架或是墙体来把它们支撑起来，保持在合适的位置。如此一来，饰面层与支撑物的分离就不可避免了。但是路斯不满于当时那种把饰面做得像是承重墙体一般，或者以一种材料来模仿另一种材料的做法，因此，才要确立一些关于饰面的具体原则，或者用路斯的话来说，即是"律令(law)"。

这一关于饰面的律令只有一条，也是路斯在本篇的第二个著名论断，即"我们必须采取这样一种方式来进行设计和工作，在这种方式下，饰面本身与被饰面(覆盖)物之间将不可能造成混淆"[33]。

显然，路斯的主旨在于两点：

① 饰面常常——如果不是永远——是必要的；

② 饰面之作为饰面的性质要得到清晰表达。

也可说，前者是森佩尔早已论述过的"饰面的原则"；而后者才是路斯所提出的"饰面的律令"。

二、材料的原真性

至于这一律令所谓"饰面之作为饰面的性质要得到清晰表达"，路斯主要是从材料的角度来论述，因此这一"律令"也便内在地包含了对于材料的原真性(authenticity)的强调。在《饰面的原则》一文的开始，路斯便指出，任何一种材料都有着它独特的形式语言和特征，这便意味着，任何材料都不能套用或是模仿另一材料的形式。事实上，这种论述正是在为他的"饰面的律令"打下伏笔，因为，如果不是这样，又如何能够使得饰面成为饰面本身呢？可以看出，路斯这里对于所谓的"忠于材料"的强调，其实是对于"忠于饰面材料"的强调。并且，如果说材料与形式有一定的对应关系且切不可僭越说的是要忠于材料自身的特质[34]，那么，这一律令则是要忠实于 cladding 作为饰面也仅仅是饰面的事实与角色，即不要采用那种会导致"饰面"本身与"被饰面(覆盖)物体"相混淆的做法。

这种"被饰面(覆盖)物体"所包含的范围并不局限于承重与非承重这样的结构关系，而是包含了其他的日常用品领域。也就是说，路斯针对的是当时的一种文化现象，而建筑只是其中的一部分，——当然，是特别重要的一个部分。

路斯以对于木窗的两种不同油漆方式来说明他的这种考虑：一种是20世纪方才发明的给木材着色(去模仿另一种木材)的方法，而另一种则是用一种不透明的纯色调和漆来覆盖在木材表面。他拒绝了前者的"透明"的做法，而认为应该用后者"不透明"的做法，"木材可以被漆成各种颜色，但是除了一种——即(另一种)木材的颜色"[35]。他反对以一种饰面去掩盖另一种饰面，反对以一种木材去模仿另一种木材，反对以着色的软木来模仿硬木的做法。而针对"环形大道"项目上的建筑外饰面材料的模仿，他更是断言："粉刷可以做成任何装饰，但是除了一种——那就是粗糙的砖墙。……总之，任何以及所有用来覆盖墙体的材料——墙纸，油布，织品，绣帷——绝不应该企望成为砖墙或者石墙的再现。"[36]

虽然路斯的饰面理论是基于森佩尔的相关论述而来，但是正如前述，它恢复了饰面的空间内涵，此外，在饰面的具体指向上也有着明显差异。森佩尔晚期对于象征性的强调，使得森佩尔的饰面(*Bekleidung*)在实际的建造层面事实上成了一种历史主义的装饰，在森佩尔看来，它内在地包含了建筑的象征性。可是在路斯这里，正是象征性成了要被驱除的对象。因为，在一个装饰与其原本的象征和意义相分离的时代，这种象征性已经无可避免地只能成为一种虚假与伪善。

撇除其空间内涵，如果说森佩尔的饰面是象征，那么，在路斯这里，饰面则是材料，一种有着具体物质和知觉属性的材料。

森佩尔的饰面原则虽然在后世尤其是当代，常常被转化为从（墙体的）层叠建造(veneered construction 或 layered construction)的角度来考虑，但这实在并非森佩尔时代所面对的突出问题。从概念上说来，层叠建造古已有之，不仅是在通常所谓的古罗马和文艺复兴时期，甚至在古希腊时期也是如此，而在森佩尔的考察中，更是从建筑的起源处即已存在。但是这种层叠建造的真正的技术内涵却是直至路斯的时代方才突显，在工业化的加工技术革新中，当面层变得越来越薄，应用也越来越普遍的时候，其所衍生的问题——僭越材料自身属性和制作特性的虚假和浅薄——也才越来越突出。也是针对这一问题，才有了路斯的饰面的律令。而在这种对于材料使用的道德性(ethical)论述中，材料、饰面与装饰则不可避免地纠缠绞结在一起。

三、材料、饰面与装饰

1908 年，路斯发表了他宣言式的《装饰与罪恶》(*Ornament und Verbrechen*)，这一响亮的标题一方面为它赋予了超强的战斗力，但同时也使它容易招致误解，并把路斯的思想简化为一个贫乏的口号，而忘却了这一态度背后的伦理/美学/经济的三重考虑 [37]。马克·威格利则从建造的角度对此做出了论述，"路斯在这里并非简单的要去除装饰(decoration)，并以此来暴露和揭示作为对象的建筑物的物质状态，需要揭示的恰恰是饰面(cladding)作为附属物(accessories)的性质，而既非装饰亦非结构。"[38] 也就是说，建筑的这一表层(cladding)应该理解为一种附属物，而这一附属物并不揭示它所附属的物体(的性质和状态)。因此，它是不透明的，而这种不透明与其说是视觉上的，倒不如说是知性上的。这一作为附属物的表层阻绝了"心眼"(mental eye)的视线，使对象不再透明，只是呈现出它阴沉的面貌，而意念却总也无法穿透这种阴沉。

路斯因为经济上的原因而认为装饰就是罪恶，去除了建筑表面一切多余的东西，只剩下光光的白色的墙面。但同时，路斯又非常清楚装饰作为社会地位的映现这一功用，只是，世纪之交的工业化生产方式使得装饰贬值，并进而使得形式成为虚伪的代名词，因此他主张以材料来满足装饰以前所起的功用。"高贵的材料和精致的工艺不仅仅继承了装饰曾经起到的社会功用，作为一个独特性(exclusivity)的标志，而在丰裕豪华上它甚至是超过了装饰所能达到的效果。"[39] 对此,瓦尔特·本雅明曾经在他的一篇文章中谈到,路斯的观点使他想起当时一种新的物质主义(materialist)艺术理论,这种理论认为装饰将为材料所取代。

在去除建筑外表面的风格化装饰的时候,路斯把建筑外在的形象(外饰面)约减为挖了方洞洞的白墙,然而,在室内(内饰面),路斯却把材料本身作为另一种意义上的装饰来使用。他的建筑中墙体的室内一侧,只要条件许可,往往都使用了各种纹理清晰、色泽华美的材料:大理石、黄铜、马赛克、木材和彩色玻璃,这在他的最后一个重要建筑米勒宅(Müller House)中表现得尤为充分。路斯钟爱那些透着一种固有美的自然材料,而装饰则掩盖了这种自身固有的材质美。对于装饰的摒弃,其实是钟爱材料自身美感的自然结果。可是问题在于,如果说因为装饰是对于精力与能量的浪费,是一种经济原因而被摒弃,那么,精美的材料岂不是更昂贵吗?而路斯宁愿花重金从希腊进口大理石并且付出额外的运费,也不愿在表面装饰上做出任何多余的努力。因此,在这个问题上毋宁说是一种道德经济而非纯经济因素在左右着路斯的选择,也是在这一意义上,方能准确理解萨默森所谓路斯的古典价值中的"经济性"一面。

或许正是因为"高贵"材料中显而易见的装饰性,使得它为柯布西耶所拒绝。

早期的柯布西耶虽然出于不同的原因,然而却在光滑的白墙的使用上与路斯得到了近似的结果。只是,如果说路斯的毫无质感的白色一般仅限于外墙,室内依旧是要用具有丰富材质的"挂毯"来形成"温暖宜居"的空间的话(图 3-7),那么,于柯布西耶来说,甚至是室内材质上的丰富也是应该去除的。萨伏伊别墅从内到外,通体洁白(图 3-8)。柯布西耶不愿意人们的眼睛感性地停留于材料的肌理和色彩上,他宁愿人们忽视建筑的物质性存在,而只见到数学一般精确的比例与形式,只是去体会它们在阳光下的表演,只是去体会在那些抽象的线、面、体之间空间的流动与交错。在这种纯粹的形式得以突显的背后,是柯布西耶对于建筑物质性(materiality,或说材料性)的隐匿。在这一点上,他倒是继承了森佩尔的——虽然表面看起来,他们的差异实在是不能再大了——他们都是要把结构性元素降格至纯粹的服务性地位,并且要遮蔽建筑的实在性(material reality)。只是森佩尔非常明白这种对于物质实在性(material reality)的否定绝非对于材料及其制作的一种忽视,而是基于对它的超常的理解与绝对的把握。早期的柯布西耶或许在认识上明白这个道理,但起码在实践上并未做到这一点。即便是这种对于实在性(常常以一种材料的感官性来表现)的否定和隐匿,他们也是出于不同的考虑:森佩尔更多地把这种感官性(sensuality)与精神性相对,他对于感官性的否定是要突出饰面的象征性一面,而柯布西耶则是为了追求一种纯粹视觉性(visuality)的优先而要去把材料的感官性一面藏匿起来[40]。与森佩尔和柯布西耶相反,路斯从来没有掩饰他对于材料的感官性一面的钟爱,并且常常以此来取代了表面的装饰(ornament)。

图 3–7　路斯的米勒宅餐厅(左)
图 3–8　萨伏伊别墅的室内(右)

　　而路斯和柯布西耶对于室内材质表现的不同态度，在缘于他们对于材料的装饰性特质的不同看法之外，也与他们不同的空间追求密切相关。路斯的容积规划(*Raumplan*)和柯布西耶的自由平面(*Plan Libre*)这两种空间概念既相互联系又差异鲜明，而其形成则与这种对待材料的不同态度密切相关。

　　可以说，正是路斯对于材料具体性的感知才有了空间的具体性，而这种空间的具体性正是体现在他的"容积规划"的概念与实践之中，也正是在他的"容积规划"中，森佩尔的饰面概念的空间内涵才得到了具体的恢复与展现。

第三节　"容积规划"的概念与实践

　　路斯曾经先是被选定为魏森霍夫住宅博览会(*Weissenhofsiedlung*)的参展建筑师，而后来又终于被拒之门外。在 1929 年的一次谈话中，路斯似乎仍对他在两年前的被拒耿耿于怀，但是也道出了他对于容积规划(*Raumplan*)这一空间设计方法的构想，他说："……我本来是有一些东西要展示的：就是如何在三维向度上而非仅在二维平面上来组织起居空间……这是建筑学上的一个巨大革命：从三个向度来演绎一个平面。在康德之前，人们无法从空间的角度来进行思考，而建筑师也只能把卫生间设计得跟书房一般高度。若是要得到一个较矮的房间，则只有把它在高度上一分为二。"[41]

　　事实上，如果说路斯的饰面的原则和律令映现了现代主义者对于诚实性的追求，那么容积规划的思想则可以说是路斯对于现代建筑在空间上的一大贡献。

一、"容积规划"的核心思想

路斯本人从来没有对于容积规划这个概念作出过详尽的阐释，事实上，最先为路斯明确提出这一概念的是他的学生库尔卡。1931 年，库尔卡为路斯出了他的第一本作品集，并在这本书中明确提出了这一概念[42]。与路斯的其他概念不同，容积规划的定义相对松散，并且，由于这一概念只是被用来描述路斯的作品，因此它更多的是一种修辞上的效果，而非用来发展出某种独特的理论。但是，这丝毫不影响它在路斯的作品描述和研究中所起的关键作用。

库尔卡对于容积规划作了这样一个简明的解释："……把空间看作一个自由的，并且在不同的高度上来进行空间的布局，而非局限于某一个单独的楼层，这种方法把相互之间有所联系的房间组织成一个和谐而不可分割的整体，因此也是对于空间的最为经济的利用。根据房间的不同用途及其重要性，它们不仅大小长短不同，而且高度也有变化。"[43]而宾夕法尼亚大学教授戴维·莱瑟巴罗则在与后来的"自由平面"(free plan)的对比中指出："容积规划"的特质在于它在取得"开放性或互联性"(openness or interconnection)的同时却并未去除内部空间的分隔以及各空间之间的差异性，相反，它包容并整合了有着剧烈差异的不同空间，因此，"整合的多样性(integrated diversity)是任何关于容积规划论述的起点"[44]。这一简明的概括，在与自由平面的比较中，准确地指出了容积规划的根本特质。

在库尔卡的类似于定义的解释以外，路斯的一段自白则从另一个侧面道出了容积规划的方法特征。他说："我既不设计平面，也不设计立面或是剖面，我只设计空间(*Ich entwerfe Raum*)。事实上，在我的设计中，既没有底层平面，也没有二层平面或是地下室平面，有的只是整合在一起的房间(integrated rooms)、前厅和平台。每一个房间都需要一个独特的高度，因此，不同房间的天花必然在不同的高度上。"[45]

二、空间的具体性——Raum 与 Space

路斯把建筑设计首先看作是对于"房间"的设计，是对于一个个有着具体的三维向度的空间的设计。而这种空间的特质则由围护物的表面而非其背后的结构物来决定，因此在他看来，建筑的表面(cladding)重于建造，而其内部(interior)重于外部。可以说，"容积规划"的概念是他自森佩尔那里继承而来的饰面原则的必然结果，也是这一饰面原则在空间上的合理推导。在森佩尔于 19 世纪中期暗示了建筑学意义上的空间概念，经由施马索夫，及至在现代建筑中得到充分发展之间，路斯"容积规划"的实践事实上起着至关重要的作用。

一直以来，在西方文化中，空间都是作为一个重要的哲学概念而存在。虽然在两千多年中，随着人类认识的深入，历经柏拉图、亚里士多德，以及笛卡儿、牛顿、莱布尼茨、康德，其内涵不断发生变化，但是，它从来没有作为一个艺术或建筑领域的概念而使用。直至 19 世纪，经过一批德国

95   第三章   材料的显现

哲学家和美学家的努力，它才进入艺术领域，并发展出了费希尔的移情说，希尔德布兰特的空间形式（Spatial Form）等等。而空间概念在建筑领域的建立，则首先依赖于围合（enclosure）概念的明确提出，森佩尔可以被视作把空间概念由哲学和艺术领域向建筑领域转变的第一人。但是，关于空间，森佩尔并没有做过明确的论述，真正实现这一概念的建筑学转化的是另一位德国艺术史家施马索夫。

1893 年施马索夫在莱比锡大学作了一场名为《建筑创造的本质》（*Das Wesen der Architektonischen Schöpfung*）的演讲，并于次年以同名出版[46]，正是在这里，空间概念与建筑才真正地、明确地联系起来。施马索夫也是第一个从知觉经验（perceptual empiricism）的角度把建筑定义为一种空间创造活动的学者，相对于森佩尔从功能与动机的建筑学角度来看空间的围合性，施马索夫则更为强调人对于空间的艺术感知。与他的同时代艺术史家海因里希·沃尔夫林及阿洛瓦·李格尔一样，施马索夫的出发点仍在于为视觉艺术的研究奠定一个坚实基础。

空间观念的诞生，使得建筑最终脱去了历史主义的外衣。此前，纵然有森佩尔在 19 世纪中期针对材料与制作于建筑之作用的强调，或是维奥莱–勒–迪克更为极端的论述，以及一个世纪以来工业化的巨大成就，都并未能阻止历史形式主义的泛滥。相反，由于森佩尔晚年对于饰面的象征意义而不是空间意义的强调，它在事实上成为了一种复古主义实践的理论基础。只有到了 19 世纪末，当空间成为一个建筑学概念的时候，方才使得建筑师们从历史风格的选择和拼贴中脱身。

这种建筑意义上的空间观念首先在德语学者中得到发展，也决非偶然，它在一定程度上得益于德语中空间（*Raum*）概念内涵的独特性，而这种独特性是英语的空间（Space）概念所缺乏的。二者之间的差异对于把握路斯的容积规划（*Raumplan*）至关重要。

英文中的 space 源自拉丁语 *spatium*，而 *spatium* 又与希腊语 *stadion*，以及印欧语系中的词根 *spei* 含义相近，意为"旺盛，延展，继续"。*Spatium* 衍生出古法语 *espace*，意大利语 *spazio* 和西班牙语 *espacio*。此外，space 与"空（void）"也有一些语义上的重叠，而 void 的拉丁语源是 *vocivus*，意为"使……变空（to empty）"。因此，space 经常是与"空"或是距离同义。而德语词 *raum* 则是源自条顿语（Teutonic）的 *ruun*，意思是"一小块，一个部分"，另一方面，条顿语的 *ruun* 同时也在后来演变成英语中的"房间（room）"[47]。因此，与印欧语系词根 *spei* 对于空间无限延展性的强调不同，条顿语系的 *ruun* 强调的是一个具体的部分，一个在这种无限性中能够被明确定义的局部，一个有着相对具体边界的围合的空间。它不是一个无限延展的无分别的均质空间，而是一个被明确的边界与位置所定义了的这种均质空间中的一个部分。这种词源学的追溯似乎也可以从一个侧面来解释为何建筑学领域的空间概念是在德语学者那里萌芽并进而得到发展。

考虑到这一点，弗兰姆普敦把 *Raumplan* 等同于 Plan-of-volumes 可说是慧眼独具[48]。因为，德语的 *raum* 概念与英语中的"体量（mass）"和"volume（体积，容积）"具有某种语义上的联系。mass 的拉丁语源 *massa* 意为"一堆（团，块）面团（或别的什么东西）"，因此，它也是侧重于一种同质性中具体数量上的限定。而 volume 简单说来就是这一 mass 里面包裹起来的、中空的部分。它源自拉丁语的 *volumen*，意为"转动，演化，做成一块"，因此，它也意味着空间在数量上的某种限定，是一个有所限定的，而非无限延展的空间，在这一意义上，它比 space 更接近德语 *raum* 的含义。

在现代用法中，*raum* 和 space 都已经经历了含义上的变异和演化，而成为一组几乎可以互换的建筑学概念，然而，在与现代建筑中的自由平面和开放空间对照的时候，我们却会发现，路斯的"容积规划"的精髓可以说首先存在于 *raum* 和 space 两个概念之间的细微的差异——它们之间不对应的部分。而把 *Raumplan* 译作 Space-plan，虽然在词语的字面意义上有所对应，但是却抹杀了 *Raum* 与 Space 之间的差异，也容易导致对于路斯本意的曲解。至于 *Raumplan* 的汉译，鉴于当代汉语中的"空间"概念已经几乎被完全等同于英语中的 space，则以"容积规划"更能传述 *Raumplan* 对于空间三维性和围合性的强调，当然毋庸赘言的是，在此目的下，plan 也是不可以"平面"来理解的。

"容积规划"的核心在于它的空间的三维性，在于它的每一个具体的空间都有对于三维向度上的考虑，尤其是在高度上的差异。而正如前述，路斯本人并没有在他的著述中明确提出"容积规划"这一概念，他所做的是在实际的建筑作品中来发展和体现这一概念。这种空间探索首先是在他早期对于老住宅的室内设计中萌芽。在 1916 年的曼德勒宅（Mandl）和 1918 年的施特拉塞尔宅（Strasser）的改建中（图 3-9），路斯通过压低入口处的层高并增设一个夹层小间来造成空间上的对比。而此前的设计中（1910 年的 Steiner，1911 年的 Stoessl，1912 年的 Horner 以及 Scheu），建筑的每一楼层都是平整而连续的，至于旧宅改建则仅仅通过改变天花高度来达成空间上的变化[49]。

自曼德勒宅以后的 15 年中，路斯从房间的相互关系，流线的组织，饰面材料对于空间气氛和效果的影响等方面对"容积规划"的设计概念加以进一步的发展。就空间上来说，由于最底层的辅助用房以及顶上的卧室层在空间高度的变化上都受到很大局限，这一概念主要体现于起居活动层。而在 1922 年移居巴黎后，由于法国因素的影响，路斯的住宅中常常出现退台的方法，它更是进一步丰富了起居层的空间体验，并且通过室外平台而在起居层与卧室层之间建立了另一种联系。这些以空间为主角的设计在他晚期的三个住宅中日臻成熟，即 1926 年的查拉宅（Tzara），1928 年的莫勒宅（Moller），和 1930 年的米勒宅（Müller）。这其中，又以米勒宅最为完整而充分地体现了他的"容积规划"的思想与方法，以及路斯对于饰面和材料的态度，并被称作是路斯的"建筑生涯的巅峰"[50]。

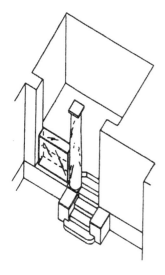

图 3-9 施特拉塞尔宅内部空间图解

三、米勒宅

米勒宅首先是对于"容积规划"空间特质的完美体现。为了这一空间的创造,则有对于饰面原则的具体应用。而从城市的公共性与个人的私密性的对立来说,这一建筑则呈现了内与外的分裂。它是路斯文化立场的忠实体现,也是他最为杰出的代表作品。

图 3-10　位于山坡上的米勒宅

米勒宅坐落于布拉格西部郊外的一处山坡上,俯瞰布拉格的美丽城堡(图 3-10)。外部看来,它是一个通体洁白的立方体,在侧面有一个长方体挑出,底层局部伸出而顶层退后形成两个平台,在上层的屋顶平台上并有一个采光天窗,正对着下面的楼梯井。在其内部,则通过标高的变化,把一个个空间单元(不仅仅是房间)既分隔而又连接在一起。与路斯后期的大多数住宅一样,米勒宅复杂的组织方式需要通过剖面而不是平面才能得到展示。这里,平面不是柯布西耶所谓的"发动机",而只是部分地表达了空间的组织方式。通常说来,平面上的墙体以及其他一些空间分隔要素表示在地面或楼板上的划分,然而,在米勒宅中,它的具体的空间限定与楼层平面上的分割并非一一对应,而是同时在三维向度上延伸和连接(图3-11~图 3-13)。置身其中,所得到的体验便是跨越一个个地面标高的差异,而空间的界面材质也随之改变。这与它在外部的形体、形象和空间都形成了鲜明的对照。

图 3-11　米勒宅的起居-餐厅层平面

图 3-12　米勒宅之纵剖面

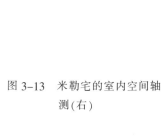

图 3-13　米勒宅的室内空间轴测(右)

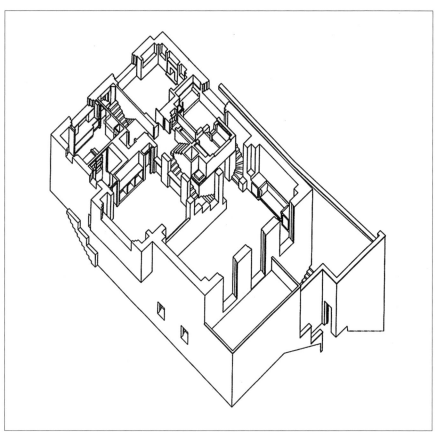

正如前述,路斯把建筑首先看作是对于房间的设计,表面重于建造,内部重于外部。米勒宅的互相连接的空间单元隐匿了结构的内在关系,在这里,似乎表现出了空间与结构的不调和性,因为,作为一个建筑师,要么是牺牲空间上的质量来达成结构上的完整与明晰,要么是根据空间质量的要求来设计结构。如果空间是为人设计的空间,那么这起码是从一个侧面说明了结构理性主义的荒唐,而这种空间与结构的主次关系也正是路斯在他 1898 年的《饰面的原则》一文中所坚持的。在这种认识中,空间是建筑的绝对主角,而结构则完全处于一种从属的地位。米勒宅的楼梯井置于整个房屋的中心,这打断了结构上的连续性,解决的办法便是以四根 39 cm × 39 cm 见方的混凝土柱架起这一区域,这里的特别之处在于,四根柱子中两根独立在外,另两根则隐藏在墙体中,而其中一根更是偏离矩形柱网的一角,从而在入口处提供了一个通畅的进入流线(图 3-14)。这里,结构上的明晰性让位于空间上的明晰性而退居次要地位。

图 3-14　米勒宅入口标高平面

路斯的绝大部分住宅都被一圈承重墙包围,早期设计中内部往往辅以一道承重墙来搭建他的三维空间,而在其后期设计中,这道内部承重墙则往往被柱或是柱与短墙的组合所取代,从而提供了更多的内部空间变化的可能性。在米勒宅中,外围的一圈承重墙,加上位居中心的四根柱子以及并不整齐甚至是略嫌杂乱的横梁,组成一个复杂的体系,共同支撑起多个三维空间的不同标高的底板。但是,姑且不论这一复杂的体系从结构的角度来看是否最为有效和合理,重要的是,无论从建筑的外部还是内部来看,它都远非清晰易辨。每一个三维空间似乎都是一个独立自主的单元,有着自己独特的建构表述,这种建构完全服务于空间的限定和效果,而与结构的真实表现几无关联。非结构性的柱或是梁有时会被用来建立空间单元自身的稳定感,而不在乎建筑的整体结构上的内在统一,即使是两根外露的柱子因为全部用大理石贴面而在与白色天花交接的地方又没有任何交待,也看起来像是非承重的柱子一样(图 3-15)。

图 3-15　米勒宅室内梁与柱的"非物质性"交接

联系前述路斯在其 1898 年《饰面的原则》中所阐述的观点，这种违背结构再现真实性的做法，在路斯看来显然是有其充分理由的，因为在营建这种三维空间单元的时候，他关注的是对于空间真正有所影响的界面，或者更明确地说，是墙体、地板、天花之与空间相接触的最外面的一层表面，而非其背后起结构支撑作用的结构体，饰面（cladding, *bekleidung*）的重要性在此立即得以突显。通过对于这些表面的处理，路斯在此既塑造了一个个相对独立的空间区域和单元，而又在各个区域之间建立了自然的过渡与连续性。贴面（cladding）材料在路斯的手里成了他所谓的"挂毯"，而正是这些"挂毯"创造了一个个"温暖而宜居"的空间。那么，同样作为"挂毯"，柱子与墙体、承重构件与非承重构件就没有必要非得作出区分，两根独立柱表面的大理石使得它们融入起居室的竖向界面，而不必顾虑它们在柱头部位与白色天花的"非物质化"（immaterial，借用弗兰姆普敦的说法）连接。

经由这种对空间具体高度的设计并辅以饰面材料的强调，路斯创造的空间更多的是连接起来的一个个相对自足的单元与区域，而不是在两层楼板之间的平面划分。前述"容积规划"之空间三维性的核心也正是在与这种"扁平"空间的对比中得以显现。而对这种三维空间的把握则完全依赖于移动中的身体的体验，这也部分解释了为什么路斯不愿意以出版物来介绍他的建筑。这种现场感不仅对于欣赏者不可或缺，对于创作者来说也至关重要。据他的学生回忆，路斯从来都是在建筑的主体结构基本成形以后，才能根据他的现场感受来决定具体的不同室内空间的材质使用。相对于森佩尔的单纯作为内与外的区分的空间概念，路斯的空间离不开身体的移情体验——空间与建筑性格以及房间气氛的关联，而这一点正是通过空间的错叠、连接以及它的饰面来具体实现的。

即如前述，路斯的居住建筑（主要是私人住宅）的室内外无论在空间还是用材上都表现出巨大的区别，甚至是对立。从前面的分析可以看出，这一点在他的米勒宅中也得到了集中的体现，个人空间与社会空间在这里呈现出一种不可调和的矛盾状态。

在唐考·潘宁对于建筑空间概念在 19 世纪的形成，及其与饰面概念之关系的研究中，她认为，卡米洛·西特对于城市空间的理想，他的"空间艺术"（Space-art, *Raumkunst*）可以说正是路斯之"容积规划"（*Raumplan*）的概念在城市（室外）空间上的对应物。换句话说，西特的那些相对围合而又彼此连接的广场在建筑以内便正是路斯的房间[51]。然而，就如我们在米勒宅中所见到的，路斯对于室外——无论是在空间还是形象上——却没有西特那种对于中世纪的怀古恋旧，那种对于内与外的统一，私人与公共领域的和谐的追求。在路斯看来，所有这些，在现代都市中已经不复存在，唯一存在的只是无可避免的分裂。

四、路斯的方式及材料显现的复杂性

对于建构与空间这两个相互联系又时而矛盾的要素之间的选择，路斯在一定程度上继承了森佩尔的建构思想的复杂性。在这种建构思想中，

纯粹客体性的结构的明晰性以及结构的理性化做法相对而言退居次要的地位，而与感知主体密切相关的材料的非力学性能及其加工和制作工艺却得到了强调。

如果说在森佩尔那里，这种强调是为他对于建筑（或者更广泛地说艺术）的起源的论述服务的话，那么，在路斯这里，这种强调则是为他的空间来服务的。换句话说，这是一种侧重对于空间本身具有决定性影响的表面（cladding）的建构思想。从这一角度来看，爱德华·塞克勒和弗兰姆普敦那种以结构明晰性及其忠实表达为诉求主旨的建构论述，其自身的局限性便被暴露出来。

在对于结构的隐匿中，他显现了表面的材料，实践了材料的空间属性，并且进一步以这种表面材料的区分来表达了围合意义上的空间。在早期现代建筑对于非材质化的迷恋中，路斯对于材料的感性特质的把握恰恰反映了人文建筑中不可约减的一面，在创造纯粹形式的同时保有了室内感官性的体验。在早期现代建筑对于抽象空间的探索中，他的"容积规划"的实践恰恰凸显了（围合意义上的）空间的具体性，在打开了空间的同时却又保存了内与外的界限。他的思想与实践体现了现代与古典的双重性，而这在一定程度上也正是佐证了柯林斯关于现代建筑传统其实是延续了中断于 1750 年代的古典传统的看法 [52]。也正是在这种双重性中，展现了路斯的"现代主义"与他诸多追随者们的现代主义的差异。所有这些，无不映现了路斯的方式在早期现代建筑的材料与空间实践中的独特性和重要性。

在材料的使用上，路斯也并不总是使用质感丰富的材料来区分空间，1928 年的莫勒宅中那些丰富的材质便就只剩下了一些色彩来进行区分（图 3-16）。而色彩作为一种非物质化材料又有着怎样的特殊性？另外，即

图 3-16 莫勒宅室内

便同样是使用物质化的表面材料,也有建筑在空间特质上与"容积规划"大异其趣, 这使得硬要在材料的显现与空间特质之间建立对应关系的可能性令人生疑。路斯把结构与空间相对立,从而把结构与表面相分离,但是结构本身难道就没有空间意义吗?假如结构与表面能够取得一致,共同来塑造空间,那不是材料最完美的显现吗?

所有这些使得以上仅仅集中于路斯的考察便显得远远不够。而其他的方式对于路斯来说则不仅仅是一种补充,就材料的显现这一主题而言,它们更是重要的有机组成部分。

第四节 材料的显现及其空间内涵 [53]

路斯以不同的材质来围合不同的空间,以材质的区分而达到对于空间的区分。就此来看,他的"饰面的原则"与其容积规划的概念有着某种内在的关联。在路斯这里,"区分"也便扮演着至关重要的角色。但是,这种区分显然又并不仅仅是路斯的一种方式。

风格派的探索打开了盒子空间的四壁,但是其依赖颜色所进行的抽象区分在显现材质的同时,却也以表面材料的非物质性而意味着另一意义上的隐匿。密斯的早期实践几乎构成了风格派空间的典范,他对于物质性材料的层叠化使用在解决了风格派的隐匿/显现之悖论的同时,又暴露了材料与结构之间的暧昧关系。路易斯·康对于结构与空间之间的匹配关系的强调可以看作是从空间和材料两个方面对于密斯的回应,虽然这种匹配的意义与价值在风格化的后现代时期遭受质疑,它们在当代建筑师的实践中却扮演着越来越重要的角色,并且获得了一种要素式的纯粹。在给人一种理解上的明晰性的同时,更是以其知觉性特征,弥漫出一种独特的氛围,完成其现象学的呈现。而在对于"物"的敬畏和崇拜中,密斯对于材料种类的自我限制演变成为对于单一材料的极限表现。去除了文学化的意涵与象征,材料只成为它物质性的自我。而这一特质在卒姆托的建筑中得到了最好的诠释和明证。

一、空间的四维分解及色彩作为材料的特殊性——风格派

现代结构技术的应用为路斯的空间单元的分解提供了可能性,此时,在风格派的空间以及受其影响的建筑空间中,材料的显现也产生了不同的空间效果。

1. *Zimmer/Raum* 的差异与风格派的空间贡献

德语中的 *Zimmer* 与 *Raum* 基本对应于"房间"和"空间"这两个含义。虽然它们都是源自条顿语的 *ruun*,*raum* 又并不是一个简单的 *zimmer* 的概念。*Zimmer* 所暗示的围合感更为强烈,而其对于这种围合的物质性手段的指向也更为明确,*raum* 则在两方面都不那么严格,它有一个范围上的定义,然而这种定义并不一定非得经由物质性的手段来达成,事实上,它

兼有了感官上的知觉空间和一定程度的哲学含义。虽然,路斯的空间组织被称作 *Raumplan*,但是在他的建筑中,"房间"毕竟仍旧占据着支配性地位。

在发端于荷兰的风格派运动中,撇除其意识形态方面的内涵,它在建筑中的影响更多地体现在对空间的解放上,甚至几乎可以认为是 *Zimmer* 的破解与 *Raum* 主导地位的形成。而这种转变又是通过面的分解和区分来完成的。凡·杜斯伯格在他的《塑性艺术的 16 个要点》中写道:"新建筑应是反立方体的,也就是说,它不企图把不同的功能空间单元冻结在一个封闭的立方体中。相反,它把功能空间单元(以及那些悬挑出去的平板和阳台等)从立方体的核心离心式地甩开。"[54] 杜斯伯格把它定义为 16 个要点中的第 11 点, 而风格派建筑师里特维尔德在这一时间建成的施罗德宅(Schröder House, 1924),几乎便是这一宣言在实物形态上的体现。

2. 施罗德宅中的四维分解法

施罗德住宅是风格派的代表作,就形式特征而言,它表现了一种板的抽象构成。构件表面的涂料不仅掩盖了具体建造的材料,而且还模糊了它的结构体系和承重方式。里特维尔德把构件(主要是板片的形式)涂以多种色彩来强化建筑的抽象形式特征,同时也实现了"材料"的区分(图 3–17)。但这种区分又并不是孤立的,在形式上的考虑之外,还与它创造的空间发生了密切的关系。封闭的盒子空间开始解体,内部的"房间"被打开,而每一个空间单元自身的特征则主要来源于与周边空间单元间的相互渗透。空间开始变得自由和灵活,乃至"流动"(图 3–18)。

图 3–17　施罗德宅外观和局部

布鲁诺·赛维在《现代建筑语言》中把它称作"四维分解法","一旦各平面被分解成各自独立的,它们就向上或向下扩大了原有盒子的范围,突破了一向用来隔断内外空间的界限。"[55] 意即建筑的围护构件分解为不同方向的板,再通过板的不同组合方式来重新构筑建筑的各种要素。这种分

图 3-18 施罗德宅二层的不同
使用状态

解改变了传统建筑形态中承担与外界交流功能的构件在建筑围护中的从属地位，而且还使建筑的顶面和建筑形态意义上的底面与建筑的四壁在建筑形态上获得相似的重要性。但是，分解的最大影响还是在于空间的创造，"盒子一旦被分解，其板面就不再是一个有限空间的组成部分，而构成流水般的、融合的、连续动感的空间。"[56]

流动空间的流动性从根本上来说缘于四维分解本身造成的空间之间关系的多样化，在这里，基本空间单元不是自足的，而是通过与周边空间或空间单元的关系来确定。这种多变的关系的达成依赖于四维分解法的基本语言——板本身的"隔"与"透"（视觉上的透明性），以及板与板之间关系的"连"和"断"（建筑构件间的几何关系）。一句话，它依赖于材料的属性和区分。

3. 风格派的材料区分——隐匿与显现的悖论

风格派的那种把墙体约减为抽象色块的做法也提出了一个新的问题：单纯色块的区分是对于材料的显现还是对于它的隐匿？从材料的区分来说，这是一种显现；而从材料的物质性来看，这么一种表面材料恰恰因其"非物质性"而成为对于材料的隐匿。

这一分歧也几乎就是风格派的两位倡导者——凡·杜斯伯格与 J. J. P. 奥德——相决裂的原因。虽然两位是提倡这一新艺术的长期战友，但这并不能掩盖他们的差异。建筑师奥德从建造性和社会性的角度来看待风格派在建筑中的作用，因此强调它的理性和构成性特征以及材料和生产层面，而不是它的抽象性。而更多是一位画家的杜斯伯格则强调色彩的首要地位——即便在建筑中也是如此，因此，在建筑中抽象性才是风格派的第一要素。1921 年，当奥德批判了杜斯伯格为他在鹿特丹的一个大型建筑项目所作的色彩方案时，这种歧异便就不可避免地激化了。杜斯伯格希望把奥德的砖砌建筑涂上鲜亮的竖直条纹，以此来消解建筑的体量特征，就像他以同一方法来消解自然主义绘画中的景物和人体一样。但是，对于奥德来说，达到建筑纯粹的要素化构成（elemental architectonic）并不意味着必须要消除建筑的围合感，更不意味着必须要否定建筑的物质性（materiality）特征[57]。

这固然是画家与建筑师之间关注焦点的差异，而就材料来看，它更是暗示了材料的物质化/非物质化这一主题与材料的单色/多色这一主题之间错综复杂的交叉关系。物质化的覆面既可以是同质的也可能是异质的，这种关系表现在非物质化的材质上便被约简为色彩这种单一属性，即它们是单色的还是多色的。色彩于是开始扮演一种独特的角色。简单来说，有两种类型的色彩，一种是材料自身所具有的色彩，比如木头的颜色，石材的颜色，它们内在于这种材料，并与材料的其他属性不可分离；另一种则是外加的色彩，是一层 coating，它独立于被覆盖的材料而存在。前者因其内在于材料而不可剥离，后者则明显具有一种层的概念而具有饰面的意义。前者是材料自身所具有的 color，而后者是另外覆上了一层 paint 而具有的 color。前者因其内在于物质化的材料而强化了材料的显现，而后者则因其非物质化的特性暗示了一种材料隐匿的倾向。

风格派的区分更多地不是以材料本身的差异来表现，而是通过附加的一层涂料来获得，那么，在它显现了材料的区分的同时，反而又隐匿了真正的材料之间的差异。

这也再次表明，所谓材料的显现，并不是一个绝对的概念，而是有其在概念上和实践中的相对性。

二、材料的暗示与空间的浸润——密斯

这一问题看起来在密斯那里得到了解决。他延续了风格派对于空间的分解，但是又摒弃了风格派对于非物质化材料——彩色涂料的偏爱，从而保有了材料的物质化区分。

从他20世纪20年代早期对于砖的苛求[58]，到其巴塞罗那馆中石材的表演，及至到美国后，这两种材料与钢材的组合，无一不显示出密斯与欧洲早期现代主义先锋建筑师们在材料使用上的区别。而就材料的显现来说，巴塞罗那展览馆几乎可以算是他最为成功的例子，因为无论其早期的砖住宅，还是其后期的钢框架建筑，都有一种约减材料的倾向。相反，在巴塞罗那馆中，各种材料以其独特的感性特质参与了一场流畅婉转的协奏。从空间上来说，这一建筑也几乎可以说是风格派空间内涵最精湛的表达。

1. 材料与空间的双重渗透与浸润

当盒体分解为板片，建筑构件间的几何关系——板与板之间关系的"连"和"断"显示出前所未有的重要性，而板片自身在视觉上的透明性——板的"隔"与"透"则进一步影响了空间自身的质量及空间与空间之间的关系。此时，被解放而不再封闭的空间不再拥有明确的边界，也不再被清楚明确地界定，实体性构件（板片）在相互之间以一种暗示的方式来建立空间的区域性，而不是以闭合的边界来界定独立的单元性空间。由于这种暗示而非界定的特质，各空间区域呈现出一种内在的模糊性，其自身范围的外溢与内收同时发生，对于相邻空间区域的"侵占"与被"侵占"也同时进行。另一方面，从材料来说，由于板片以独立的形态出现，对于观者的知觉性体验而言，不同材质的板片之间也发生相互的影响，产生另一种"侵占"与被"侵占"的关系，呈现出一种类似形式感知上的"格式塔"效果。于是，在板片的连断之间，材料与空间形成了双重的渗透与浸润。

不言而喻的是，密斯1929年的巴塞罗那馆正是上述描述与分析的实物模型，它也成为挖掘这一材料与空间组织方式之潜力的理想建筑。

在这一建筑中，和屋顶、基座的单纯用材相比，在其垂直面上出现的材料则十分多样。玻璃包括绿色、灰色、乳白色，并且其透明度也有显著差别。石材则有罗马灰华岩，绿色提诺斯大理石，绿色阿尔宾大理石以及玛瑙石。它们的加工精度和几何尺寸也达到了惊人的尺度：玛瑙石为$2.35 \, m \times 1.55 \, m \times 0.03 \, m$，玻璃则甚至超过$3.30 \, m \times 3.30 \, m$。为了安全，当时的安装采用了全手工方式。得益于这些精湛的技艺，材料获得了一种强烈的平面感和精确的几何性。

图 3-19　巴塞罗那馆室内

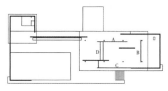

AC烟灰色玻璃　B绿色玻璃　D乳白色玻璃

图 3-20　巴塞罗那馆中的材料配置

图 3-21　巴塞罗那馆中的流动空间

这些材料的相互位置关系不仅限定了空间区域，也区分了空间的等级关系。在建筑中用作接待的中心区域，密斯布置了三个分离的色彩平面：玛瑙石条纹的金色光泽，标定出会面仪式区域的黑色地毯，以及挂在玻璃前的红色丝质帷幕，它们也是德国国旗的三种颜色（图 3-19）。另外，它的主体空间两侧使用的是烟灰色玻璃，朝向小庭院的端头则是灰绿色玻璃，这种微妙的安排一方面能与小水池边上的绿色墙面相呼应，也强调了空间不同轴向的等级（图 3-20）。

就空间特征而言，巴塞罗那馆具有一种典型而强烈的流动性。只是这种空间的流动并不意味着视觉障碍的消失，不是那种空无一物所带来的空旷——虽然在这样的建筑中空间显然是流动而不被阻滞的，而是不同空间区域之间的模糊性所带来的多重阅读的可能。就身在其中人的知觉体验来说，这是一种有重量的流动（图 3-21）。这种流动性的知觉质量也被伊东丰雄在他的仙台媒体中心（Sendai Mediatheque，1995—2001）里所追求，巴塞罗那馆正是扮演了这一空间质量的原型。伊东说，巴塞罗那馆空间的流动性"不是那种飘忽的空气所具有的轻，而是一种被融化了的液体所蕴藏的重。……它让我们感觉到像是潜在水下观看，半透明或许可以更好地表述这一感受。我们在这一建筑中所经验到的不是那种空气流动（一般的感觉），而是一种在水下漫游和漂移的感受。"[59] 在这一意义上，我们毋宁把"流动"称作"凝动"来区分轻与重的差异。

像许多伟大的作品一样，在巴塞罗那馆中（以及在几乎同时进行的有着相似空间特征的土根哈特宅中），空间的流动性被从细节上进一步强化。

就墙体而言，虽然巴塞罗那馆几乎完全被格网所控制，但是，仔细研究根据建成建筑所绘的平面图，我们发现，它的墙体端部并不是如想象中那样落在格网的交点上，它们之间也几乎从未对齐过。这表明地面格网对

　材料呈现

于墙端位置并不具有绝对的控制作用，或者认为这些墙体的端部位置根本就是自由的。这一结果有可能是受石材模数以及端部构造等技术性因素的影响，但从空间的角度而言，我们宁可认为它是为了强化墙体滑移的趋势以塑造和加强空间的流动性。这一理解被墙体与轴线的关系进一步证实：外侧围合墙体及联结两片屋顶的灰华岩墙均落于网格线之上，而大屋顶下的四片独立墙体则不然——其中靠外侧的三片墙体（包括玻璃）向内偏移了大致相等的距离，居于中央的玛瑙石墙面则正好偏移了半个网格（图3-22）。这些相对于网格的偏移抑或契合应该是有意为之：它一方面通过与网格的关系暗示了垂直面的不同等级（契合显得最为稳定，而在室内偏移一半则凸显其特殊性），另一方面室内靠外侧的三片墙面的偏移制造了柱、墙及外部空间的新关系——偏移的距离使之不会被读作柱子外移而只是墙体内移，这种退让而非扩张的姿态强调了外侧廊道与端头小庭院空间的重要性 [60]（图3-23）。

图3-22 巴塞罗那馆平面

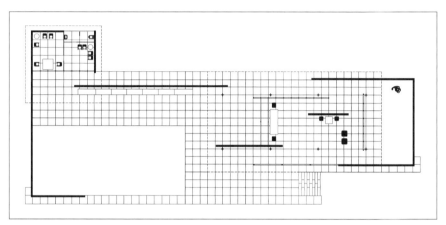

图3-23 巴塞罗那馆端头外廊
与庭院

而在另一个关键构件——柱——的细部设计上，十字形的截面固然如通常的评论那样强化了柱本身视觉上的小尺度，但是，在柯林·罗的解读中，这一细节还具有了丰富的空间内涵。在把十字形柱/圆柱与方形柱/H 形柱/I 形柱相比较时，罗这样来表述它们与空间特质之间的关联："前者在空间意义上独立于墙体，后者则融入墙体并成为它的一个组成部分。……前者似乎是要把那些分隔墙推开，后者则像是要把它们拉近；前者对于空间中水平向的运动所造成的阻碍最小，后者则暗示一个更为实质性的终止；前者容易以自身为中心来限定一个空间，而后者则会作为外围护结构或是一个主要空间的外围的限定性构件。"[61] 虽然密斯在 1938 年时，仍旧在雷瑟宅（Resor House）中使用了十字形钢柱，但随后很快就抛弃了这种做法，一起抛弃的还有那种所谓的自由平面，而这种同时性显然并非一种巧合。

与巴塞罗那馆相比，密斯到美国后的建筑中的方柱不再能像以前那样在一块光滑的平板下并且似乎还可以自由移动，无所羁绊。现在，它被置身于一个严格的梁架系统中，这些柱子也为分隔墙指示了确定的位置，而那些自由布置的墙体自然就消失了。空间中的"凝动"感逐渐消失，取而代之的是空间中"轻"的均质性。这样，一方面，把框架与分隔墙加以整合改变了空间特质；另一方面，这里对于梁与柱的联结的暴露则是向着建构形式的一种回归。弗兰姆普敦指出："自这时起，密斯的关注由那种现代主义的普遍空间，转向了框架以及节点的首要性。这是一个极其重要的转变，因为它意味着那种现代（空间）与传统（建造）之间的对立不再通过在承重支柱与空间围护系统之间的省略来加以调和。"[62]

这似乎暗示着巴塞罗那馆的某种非建构性。在弗兰姆普敦的意义上，建构的首要要素在于对重力关系或者说结构体系的忠实表现，而从根本上来说，它事关建筑的建造性实质与它给予人的感官知觉之间的契合度，在于这一知觉效果能够在多大程度上真实地传达建筑的实质——不幸的是二者却常常不能完全统一。

2. 效果（effect）与实质（reality）——真实性的界限

密斯广为引用的格言"我们没有形式的问题，只有建造的问题"以及他引用贝尔拉格的话"凡是构造不清晰之物均不应建造"言明了建造之于建筑的核心意义，以及他对于建筑中的真实性的追求。而弗兰姆普敦在《现代建筑——一部批判的历史》中，关于密斯的第 18 章更是以《密斯·凡·德·罗与实质（reality）的意义》为题[63]。似乎真实性之于密斯的首要价值和意义是不言而喻的。然而，在巴塞罗那馆中（以及密斯其他的许多作品中），对于效果的追求却又要远远重于对真实性的忠实表达。

在《密斯·凡·德·罗的似是而非的对称性》一文中，英年早逝的英国著名建筑理论家罗宾·埃文思从多重角度重新阅读了这一建筑。文中关于结构真实性、视觉性（vision）、实在性（physicality）的探讨都指向了这样一个结论，那就是"密斯是一位（制造）模棱两可（ambiguity）的大师"，并且"如果密斯遵循什么逻辑的话，那只能是表象的逻辑（logic of appearance）。他的

材料呈现

建筑的着眼点在于效果。效果是压倒一切的"[64]。他以一切可能的手段——材料、形式、尺度、明暗，……——来"欺骗"人有限的知觉能力，使得你一眼看去，无法发现被隐藏了的建筑的实质[65]。

建筑物的承重结构作为对于重力的回应，任何对于这种结构的建筑表现都理应表明荷载的传递，而不是隐藏它。然而密斯却总是在隐藏它，并且以各种各样的方式来隐藏它，从而达成一种非承重的"轻"的效果。在巴塞罗那馆，虽然不论从技术上还是从视觉上来说，柱子都是重要的承重构件，然而，那种建筑本体上的支承与被支承的关系在这里却是缺失的。吊顶所形成的无梁板建造方式的假象隐去了对于框架的表现——而在奥古斯特·贝瑞看来，这正是建构真实性的必备条件。此外，由于天花、柱、地板分别有着不同的材料，并且还似乎无限地水平向前延伸，使得任何一点点的固定感的建立都不再可能，相反，白色粉刷的屋顶像是独立于承重的支柱而在空中自由浮动。

细细的十字形钢柱并非独立的承重构件——否则墙体就完全可以与屋顶脱开，在那光滑的基座之下却是砖拱券砌筑而成，隐藏在屋面板及大理石墙体中却是一些钢制构件——因此在敲击时墙体咚咚作响。但是，大理石干挂的墙体像是实体墙一般，而台基也像是一块承重的平板，柱与墙的明确区分以及柱的规则与墙的不规则形成的强烈对比都提示了它们不同的功能。这么一种效果的达成并不符合，甚至完全有悖于建筑实质上的真实性。因此，埃文思说："密斯的兴趣并非仅仅在于建造的真实，他感兴趣的其实更是对于这种真实性的表现（expression）。"[66] 而"表现"则固然关乎实质，但更关乎效果了。

为了这种表现，密斯从外观上采用了不同的办法。在效果与实质的矛盾中，在对于结构的暴露或是表现中，表层材料具有了独特的意义。

3. 再现（representation）与独立（autonomy）——表层材料的角色转换

美国时期密斯的一个重要特点在于其转向了对于钢框架的表现潜力的探索，但是这一结构并不能像钢筋混凝土那样直接暴露于外。此时，结构如何得到表达成为突出的问题，密斯的方法先是以金属类构件来再现真正的结构，而后这一再现的表层与真正的结构逐渐分离，直至西格拉姆大厦中的完全独立。

在矿物金属研究楼（Minerals and Metals Research Buildings，1942—1943）里，密斯第一次尝试了钢框架结构，工字钢柱与砖墙等宽（图 3-24）。其后，在他的图书行政楼里，密斯意图使得结构在内外同时得到暴露。在其后完成的纪念会堂（Alumni Memorial Hall，1945—1946）中，由于承重的钢柱被混凝土包围，他不得不以一种再现的方式用角钢包住柱脚，再与工字钢进行组合形成独特的角部处理。但是这一个角钢组合在距离地面三皮砖的地方戛然而止，以此表明它事实上并非建造的实质（reality），而是对于这一实质的再现（图 3-25）。值得注意的是，在这个建筑里，窗层的自承重系统与建筑的主结构框架系统并未脱离开，而在湖滨公寓（Lake Shore Apartment House，1951）里，二者已经在平面上得到分离，但是，窗

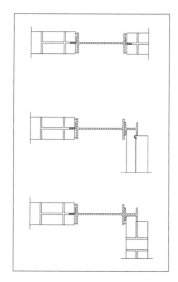
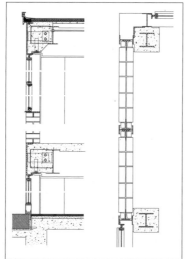
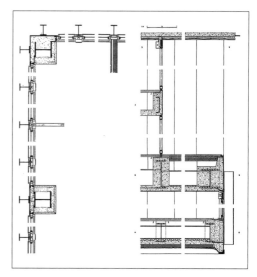

图 3-24　矿物金属研究楼(左)
图 3-25　校友纪念会堂(中)
图 3-26　湖滨公寓(右)

层的自承重系统是紧贴着主结构框架的梁柱表面的 [67]。此时,密集的工字钢的窗户直梃与同一尺寸的作为柱子再现物的工字钢——也正因为这种构件的同一性,使得它们各自都丧失了一部分自己的性格而在视觉上达致了一种新的建筑学特征——共同形成一种向上的动势和表现力(图 3-26)。直到西格拉姆大厦,这两个系统才最终得到彻底分离,从而窗层的自承重系统成为了真正意义上的表皮——不仅从受力的角度来说如此,从建造的角度来看也更为清晰(图 3-27)。与湖滨公寓相比较,西格拉姆大厦更为表皮化:湖滨公寓中以钢板贴面对于结构的再现此时被替换成为一整块的平板玻璃,除了表明自身在建构上的独立性,它们并不去再现或表达别的什么。

表层材料由此完成了它自身的角色转换。就梁柱体系来说,由 IIT(伊利诺伊理工学院)时期外围护结构中承重与非承重构件的纠缠,到湖滨公寓的表面焊接,直至西格拉姆大厦的彻底脱离。表层材料由对于另一种真实性的表达转而陈述自身的真实性。

只是,无论于结构还是表层,节点——不同材料的缝合以及各建筑构件之间的交接——对于它们在构成上的实在感都具有至关重要的意义,同时却又与空间存在一定的矛盾。

4. 隐藏与暴露——节点的意义及其与空间的矛盾

如果说像通常所认为的那样,密斯最为关注的在于结构的逻辑性并且表达这一逻辑性,节点就应该得到充分的表现。而这似乎已经在密斯"上帝存在于细部之中"以及"建筑开始于两块砖的搭接"这一类格言中得到了验证。事实上,虽然有比特雷兹·克罗米娜对于密斯这一形象雄辩的辩驳 (或许是诋毁) [68],节点确实在密斯的建筑中得到了尽可能清晰的表达。而之所以说是"尽可能",意味着这种表达有它的限度,即不能因为表达的清晰性而影响效果的首要性。

就像弗兰姆普敦所注意到的,"除了家具设计以及大跨度结构以外,密斯倾向于弱化节点的连接属性以及对它的制作工艺的表现;在范

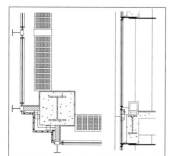

图 3-27　西格拉姆大厦

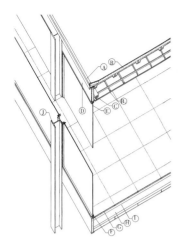

图 3-28　范斯沃斯宅外墙节点

斯沃斯宅的平焊节点中，这种技艺上的沉默或许可以说是达到了至臻理想的境界"[69]。（图 3-28）因此，尽管密斯欣赏维奥莱-勒-迪克，并且自称受到贝尔拉格的深刻影响，他却并没有完全接受结构理性主义那种要暴露力的传递的原则，抑或是路易斯·康那种保留加工的痕迹作为一种装饰的做法。也因此他使用焊接来把连接尽可能地隐藏而不为人所见，并且，他还因此让悬挂的天花扮演一个独立的角色，而这种做法对于那些在结构更为理性的建筑师——贝瑞，康，伍重——来说是根本不可接受的。

　　然而如果从构件的空间意义来看，隐匿节点的做法则又无可厚非，毕竟于空间的塑造来说，节点因其非面性的特征而意义乏乏，甚至还对于空间的纯粹性造成障碍和干扰——这也是风格派把围合空间的构件简化为抽象板片并且不表达建造的原因。那么，密斯对于节点的态度不啻是在"实质的意义"与空间效果之间的徘徊与妥协。对于节点的隐匿还是显现的抉择，也再一次反映了效果与实质之间的两难处境，再一次测试了真实性的界限。

　　而为了效果，密斯不仅仅常常隐藏了节点，还对材料进行了约减。

　　虽然从理智而言，与路斯一样，密斯否定材料本身的优劣之分。可是也与路斯一样，他谨慎地选择为数不多的材料来实现他的建筑。他被称为"皮包骨头"的大师，玻璃与钢材料成为他不断深入探索的材料，而石材、木材等传统材料只是出现在一些局部的内墙饰面上。魏森霍夫展览期间由莉丽·赖茜引导的对于材料感官效果的偏爱虽然一直保留，但是对于材料的种类和色彩的选择却越来越局限和固定。他以此避免了材料的构成主义美学问题，即材料的搭配以及色彩的关系。而伴随着材料的约减，密斯的空间也发生了一个重大变化：由欧洲时期空间的流动转向他美国时期空间的均质性，两种特质分别为巴塞罗那馆和范斯沃斯宅所代表[70]。

　　虽然看起来前述风格派中隐匿与显现的悖论似乎在密斯这里得到了解决，但事实并非如此。无论是路斯的米勒宅，还是密斯的巴塞罗那馆，我们见到的材料并非就是建筑实际建造的材料。而里特维尔德的施罗德宅则根本就是以附加的一层颜色（paint）——而不是材料本身的色彩（color）——来区分。换句话说，它们对于空间的区分完全是以一种表面的材料（cladding）来进行，也从而在最终结果上有了室内二次设计的嫌疑。（虽然路斯一再强调是先有对于空间的构思，再有对于材质的选择和区分。）此时，墙体建造方式的问题不能回避：对于空间的区分是否也可以并且应该以结构的方式来进行？如果真的是这样，则路斯就不必在结构与表面之间作出刻意的区分，也不必把结构看作仅仅是"饰面"的支撑，甚至，把它看作是一些与建筑的"真正目的"并不一致的材料。

　　路易斯·康对于材料和空间的态度和方式便是一个可能的答案。

三、材料与空间的结构性匹配与契合——路易斯·康

在一种要素主义(elementalism)的方式中,康不仅寻获了材料与空间的匹配,而且创造了结构与空间的契合。至于材料加工的痕迹则成为一种另类却又颇有意味的"装饰",并且使得建造与材料的真实性得以凸显。

1. 材质与材料

或许,密斯在巴塞罗那馆中的多重材料很难从空间的区分来理解——如果区分是指严格的限定的话,因为最终的目的毕竟乃是在于多重空间区域的渗透与模糊性以及由此而来的流动感。为此,他以柱来承重而把墙解放出来——虽然也有人发现从实际的建造关系上来看其实墙也是承重的。于是,那些玛瑙石与大理石还有灰华岩不仅从建造上来说仅仅是一个饰面,而且我们看到的这些玛瑙石与大理石还有灰华岩的墙体根本就是非结构构件,并且无论从哪一个角度来说,这些玛瑙石与大理石还有灰华岩此处都只有材质的意义,而不是在材料的意义上被使用。这样,我们可以把材质与材料做一个简略的区分:材料有着多重属性尤其不能忽略其结构属性,而材质则仅仅是材料的表面效果,一种人可以直接获得的知觉属性。

在巴塞罗那馆中,密斯以镀铬的钢板包起了承重材料——十字形的钢柱,塑造了均质且拒绝区分的结构网格;与此相对的则是以非承重的多重材质的石材和玻璃划分了空间——如果不是区分了的话。承重构件与空间限定构件是分离的,材料与材质在作用的发挥上也是分离的。这是框架结构提供的便利——密斯甚至宣称这是他第一次发现墙体的自由可以给空间带来的巨大变化,虽然几年以前柯布西耶就已经提出并实践了这一原则。

但是,康并不满足于这种材料与材质的分离,结构与空间的分离,也并不满足于均质的结构框架所带来的"自由"——它与便利的含义太过接近。

2. 结构–材料与空间的匹配(Correspondence)

通过改变框架结构的均质性,康对于开敞平面提出了质疑:"一个开间的系统就是一个房间的系统。一个房间就是一个明确的空间——通过它的建造方式来确定。"[71]

在1954年的阿德勒住宅(Adler House)方案中,每一个特殊的用途都被覆盖在一个特殊的结构单元下面。这样空间的区分和结构的区分就取得了一致,现代主义最富特征的开敞平面被重新改造。虽然墙体仍然是平整而光滑,但是角柱被设计成巨大的石礅形式(图3-29)。这一角柱在他1955年的特伦顿(Trenton)犹太人社区中心的公共浴室中被放大并挖空,成为前厅、更衣、卫生间等辅助用途的房间(图3-30)。由于每一个功能单元都由它自己的结构单元来界定,这座建筑在视觉上也表现出了少有的清晰性(图3-31)。特伦顿公共浴室虽然规模很小,对于康却有着特殊的意义。回顾过去他自称因为这一建筑的设计而不再盯着别的建筑师以获得启发,因为他从中体会到了"服务"与"被服务"的空间意义。而与后来完成的鼎鼎大名的理查德医学实验楼相比,则更见其独特性:"如果说在我

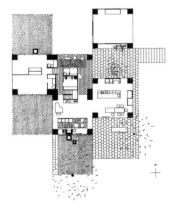

图3-29 阿德勒住宅平面

设计了理查德塔楼以后全世界认识了我，那么在我设计了特伦顿的那间混凝土砌块建造的小公共浴室之后，我认识了我自己。"[72] 在同期一本名为"分隔成的空间"的笔记本中，他这样写道："由穹顶创造的空间和穹顶下被墙体所分割的房间已经不是同样的空间了……一个房间必须是一个结构上的整体，或者是结构体系中一个有秩序的部分。"[73]

图 3-30　特伦顿公共浴室平面和剖面

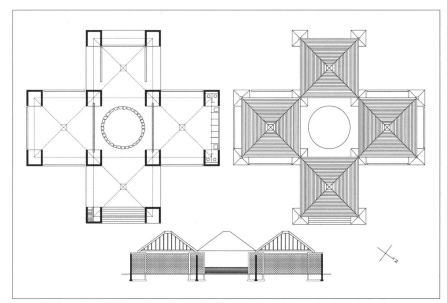

图 3-31　特伦顿公共浴室外观

结构与空间的匹配开始占据建筑品质中的首要位置。

在 1960 年完成的理查德医学实验楼中，这一概念最终以一种最为清晰的方式得以体现。康在这一建筑中对于单个元素的清楚表达和对服务/被服务空间区别的强调，被认为是对于现代建筑的教义最为有力的背弃。在这一建筑中，服务空间的范围还由之前为人的活动扩展到为设备提供被区分的空间，实验室所需的错综复杂的设备、管线、通气道等都有了独立的空间，并在外观上清楚表达。在 1965 年完成的萨尔克生物研究所中，它们更是被以一种错综复杂而又精巧微妙的方式来设计。从剖面上来看，梁截面的复杂正是提供了管线所需的空间（图 3-32）。康希望表现每一种空间的独特性，并以结构的方式加以区分，也是在这一标准的检视下，密斯那种隐匿构造与设备从而获得干净的通用空间的做法从道德上看便多少带有几分欺骗，而从技术上来看则是回避了建筑学中本不该回避的问题。康这么抱怨道："密斯对空间创造的敏感反映在对结构施加的秩序中，

图 3-32　萨尔克生物研究所过程模型剖切

他很少想要考虑'建筑想要成为什么'。……密斯的秩序不够全面，无法包括声学、光线、空气、管道、储藏、楼梯、竖井、水平的和垂直的以及其他的服务空间。他的结构的秩序只能用来建造建筑而没有容纳服务空间。"[74]

如果说在阿德勒住宅方案和特伦顿公共浴室甚至是理查德塔楼中，空间的区分只是与结构的区分相对应，而由于规模的限制，这种已经被区分了的结构使用的仍旧是同一种材料的话，那么，在埃克塞特图书馆（Phillips Exeter Academy Library，1966—1972）中，这种区分在材料上也得到了更为清晰的表达。

从"服务"与"被服务"的空间关系出发，康把这一建筑的基本关系转化为两个层次之间的对话：用作藏书的内层与用作阅览的外层。在进一步的设计中，这两个空间层次被从材料以及由之而来的结构上加以区分。在初始方案中，结构全部由砖拱承重墙构成。康意识到内层书库的沉重荷载带来的结构难度，将会限制空间秩序的自由呈现，最终他把这两个不同的空间层次，转化为内层空间的钢筋混凝土结构（图中黑色部分）与外层空间砖结构（图中灰色部分）的二元性结合（图3-33）。在内层结构中，布置有一个中庭，周围全是书架，楼板则像是角墩之间一个巨大的书架的隔板。这一混凝土结构上超常尺度的圆形洞口联系了开放的书库和有着顶光的中庭空间，但是书架本身却被藏在相对暗淡一些的地方。在外层砖结构中，通过一系列的结构层级处理，重力传递过程被纳入外立面可视化的形态秩序之中：建筑垂直方向的重力随着高度增加而层层减小，相应的，扁长形砖柱实现层层收分，平券跨度随之增加；位置越高，空间就越轻亮，大面积的玻璃反射地面环境与天光，从视觉上强化了这种特性（图3-34）。这一双重复合结构序列也成就了光的序列：内层混凝土结构的书库浸润在银色的天光之中，人在一种凝素的气氛中"接受书的邀请"，而在外层的砖拱廊阅览空间里，金色的阳光则洋溢在砖的温暖气息之中（图3-35，图3-36）。

无论是在混凝土结构的内层还是砖结构的外层，材料都被精心地浇筑和砌筑，在体现材料的结构差异性的同时，也通过工艺痕迹的留存完美表述了它们的质感特征和建造的真实性。而在萨尔克生物研究所中，这一点得到了进一步的发展。也是在这里，康一生对于结构材料的关注变成了对于精致细部和完美表面的无比热情。

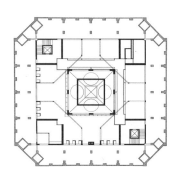

图3-33　埃克塞特图书馆平面

图3-34　埃克塞特图书馆外观

图3-35　埃克塞特图书馆室内
　　　　中庭书库部分(左)
图3-36　埃克塞特图书馆室内
　　　　阅览部分(右)

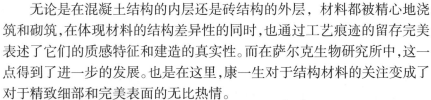

3. 建造印迹的真实性与装饰性

与柯布西耶以白色覆盖所有建造的过程不同，也和密斯因为对于精致和抽象品质的追求而磨去范斯沃斯宅的焊缝并以白色油漆覆盖不同，康强调建造留下的印迹。这种印迹既是不同构件之间的清晰连接，也是同一构件——当然通常是墙——表面的工艺留痕。也因而从结构上和表面上都显示了康所说的"建筑如何被建造的纪录"。它们既反映了建造上的真实性，同时也具有了某种不可思议的装饰性。如果说路斯以材料本身的质感魅力取代了他深恶痛绝的装饰的话，那么，康则还在这材料之上又留下了施工的痕迹并成为他建筑中的独特"装饰"。

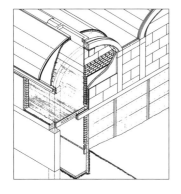

图 3-37　金贝尔美术馆建造构件轴测图

这一意义上的装饰因其建造上的必要性而区别于那种表面上的美化，建造上的必要性于是成为装饰存在合理性的根本保证。连接也便显示出其突出的作用，弗兰姆普敦就此指出："……连接（joint）是装饰（ornament）的开始。并且，这种装饰必须与那种附加性装饰（decoration）相区隔。装饰（ornament）便是对于连接的挚爱。"[75] 因此，康务求所有建筑构件要清晰地交接，并且在结构与非结构构件之间作出适宜的区分。在理查德医学实验楼中，预制混凝土构件被以一种钢构件的方式设计和组合，并在视觉形象上传递出来。在金贝尔美术馆（Kimbell Gallery，1971）中，他把结构性的混凝土框架外露，而把非结构性的填充墙贴以灰华岩石板（图 3-37）。微微泛黄的灰华岩石板与稍稍发绿的清水混凝土既有着微妙的差异，又没有破坏那种浑然一体的总体效果（图 3-38）。

图 3-38　金贝尔美术馆

这一痕迹不仅仅是构件如何交接的呈现，也不仅仅是对于结构与非结构构件之间区分的再现，它同时还是材料如何被加工的纪录。也是在这里，材料获得了自己在时间向度上的意义，成为一个因为有着过去而拥有未来的时间中的生命体。这在萨尔克生物研究所中有着最富说服力的体现。

在这一建筑的施工中，如何保证大面积清水混凝土墙面的脱模质量成了一个巨大的难题。在实验中，总是难免留下水渍或是其他混凝土表面的问题，现场建筑师在脱模以后以砂纸或是旧麻袋布蘸上浅色的砂浆来进行补救。但是，对于康来说，这些痕迹"显示了墙是如何被建造起来的"，而"掩盖这些痕迹则是一个哲学上的问题"。只有在纯粹的、不加修饰的状态下，混凝土方可获得它的诚实性，也是在这一状态下，它的形成过程才能得以显现，因此，"任何脱模以后对于表面的修饰或是补救在哲学观念上都变得不可接受"[76]。但是，这并不意味着将在诚实的名义下容忍质量的低下，否则便就成了一种为暴露而暴露的偏执。恰恰相反，康要通过对于混凝土的理解以及对于施工方式的把握来保证脱模以后的质量——一种自然呈现的而非加以修饰过的质量。为了达到这一点，康采用了大块的胶合板作模板，既便宜又耐久。他还特别注意模板连接处的设计，因为在浇筑振捣时，模板的接缝处通常难免会有少量的混凝土溢出。康把模板在两块交接处倒了一个 45 度斜口，从而在脱模以后得到被控制在一定尺寸范围以内的 V 字形的突出。它既是施工中难度的体现，更是利用这种难度而得来的一种建造上的记录和美学上的效果。用来固定模板的拉杆孔也根据模

图3-39 萨尔克生物研究所的混凝土墙面

板和构件的尺寸整齐地排列,并在脱模后加以保留,后来他用铅来填充这些整齐排列的空洞,从表面退入四分之一英寸。这些细节同时成了建造过程和方法的真实记录,也成为墙面上不可或缺的装饰(ornament)(图3-39)。

在1954年的一次演讲中,康曾这样说道:"假如我们能把自己训练成以建造一样的方式去画图:用铅笔自下而上,中止于浇筑和立模的地方。那么,在对于完美建造的热爱中,装饰(ornament)将会自然出现,并且我们也将会发明新的建造方法。"[77]这一精神贯穿了康整个的职业生涯,材料在建造中呈现,也在其留下的痕迹中获得真实和生命。

四、材料–空间的要素式匹配及其现象学呈现——卒姆托

虽然这种匹配以及真实性的意义与价值在20世纪80年代遭受质疑,它们在当代建筑师的实践中却扮演着越来越重要的角色。那种要素主义的方式——材料与空间的匹配——在瑞士建筑师卒姆托这里变得更为纯粹,也有新的发展。并且也是在这里,材料不再仅仅以加工的痕迹来表明它的真实,去除了文学化的意涵与象征,材料只成为它自己,与空间共同演绎着现象学方式的呈现。

1. 材料–空间的要素式匹配

康强调了空间与结构之间的匹配,而结构有时以材料来区分,有时又由同一种材料构成。与康有所区别的是,这一意义上的结构对于卒姆托来说并不具有绝对的重要性。与空间相匹配的多重材料之间固然有着重力结构上的区别,但有时更是"结构"的另一种含义——作为纯粹组织关系的结构——上的区分。我们把它称作一种要素式(elemental)的匹配。在他的一个早期作品老年公寓(Elderly Housing Chur–Masans,1989—1993)中,这一方式得到彰显。

老年公寓是一个两层的矩形立方体横卧在山脚,一条宽敞的长走道连起各公寓单元,两个单跑楼梯为走道增加了空间上的变化。从外观上来说,它主要由三种材料构成:混凝土的梁和楼板,石材砌筑的L形承重短肢墙体,以及松木的门窗框及阳台挡板。前两者区分了水平方向和竖直方向上的受力关系,它们形成了建筑的基本框架——既是结构意义上的也是几何意义上的,木材与玻璃形成了框架之间的填充(图3-40)。而在内部,公寓的洗手间以石材单皮砌筑,厚度是L形承重短肢墙的一半,厨房则似乎是一个木盒子镶嵌在空间之中,在混凝土的楼板之下,还另有着自己独立的顶棚(图3-41)。

图3-40 老年公寓外观(左、中)
图3-41 老年公寓内走道(右)

图 3-42　公寓单元平剖面(上)
图 3-43　公寓概念草图(右)

两个服务性房间沿走道布置，留下一个方整的大空间与对面的阳台连成一体，一个木质衣橱置于空间中心，区分出客厅与卧室等房间。卧室的推拉门打开时便藏在衣橱中，留下一个连通的大空间来(图 3-42)。这样，材料的区分首先是反映了结构上的关系，在厨房、洗手间以及衣橱处它还以一种非结构性的要素式方法契合了空间上的区分。

这在概念草图上得到了更为清晰的反映(图 3-43)。

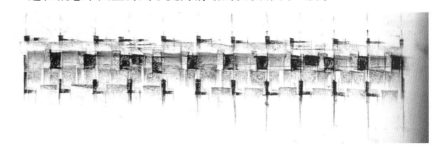

若就空间限定方法来说，这里反映了卒姆托所谓的两种方式："建筑中的空间组织有两种基本方式：一是以封闭的建筑实体把空间限定在其内部；二是以开放的建筑构件来限定或是暗示一个特定区域的空间，它与无限的空间连续体(continuum)相联。"[78] 这种盒体内部的空间以及盒体之间的空间的组织模式其实在密斯的范斯沃斯宅中就有非常单纯的应用，它在卒姆托的许多建筑中也都可以发现，并且因为盒体的增加和变化，使得空间也更为丰富多变。

瓦尔斯温泉浴场(Thermal Bath Vals，1997)盒体内外的空间组织正是这两种方式的典型体现(图 3-44)。在这里，卒姆托以一种近乎康的方式——尤其是他的特伦顿公共浴室——组织了主要的使用空间和各式各样的"石头"空间。这些挖空的石头又以一种风格派的手法来加以布置，既区分了盒体之间余下空间的不同区域，又保持了这一空间的流动性。而康以一种喻义方式表达的"空心石"(Hollow Stone)的空间-建造概念，在这里则得到了其字面意义上的实现——大大小小的盒体真的就如一块块被淘空了的石头，与山体相连接，并成为山体的一部分。

图 3-44　瓦尔斯温泉浴场平面

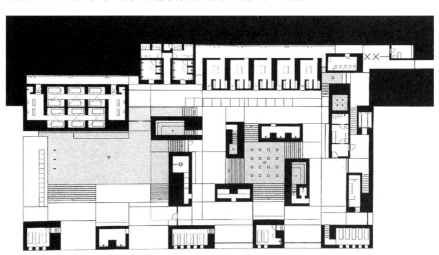

　　　　第三章　材料的显现

在这么一种解读中,卒姆托的建筑似乎完全源自于一种逻辑方式的组织和推敲,更具体地说,则是对于材料与空间的精致分析与清晰解答。

但是,卒姆托自己更为强调的则是所有这些产生的效果,它给人所带来的体验,一种放弃思考与理解以后的身体性经验。也是在这一意义上,材料与空间开始以一种现象学的方式隐隐呈现,并且获得了材料的相对自足的根本价值。

2. 材料–空间的现象学呈现

"当我着手进行一个设计时,我常常发现自己沉浸在过去那些几乎已经被忘却的记忆之中,……"卒姆托在《一种观视的方式》(*A Way of Looking at Things*)中这样描述他在一个设计开始时的状态。在这篇文章的开始,他把这种"记忆"称作"图像"(image):"当我想到建筑时,图像便进入我的脑海。许多跟我作为建筑师的训练和经历有关,……另一些则与我对于童年的记忆联系在一起。那时,我只是体验建筑,而根本不用去思考它们。"[79] 这种记忆,或图像,更准确地说是体验,既是他设计的起点,也是他在自己的建筑中追求的根本品质。

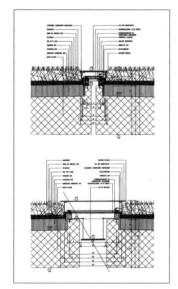

图 3–45　瓦尔斯温泉浴场细部

图 3–46　瓦尔斯温泉浴场的光的组合

在瓦尔斯温泉浴场,根据"空心石"的位置和功能上的需求,顶面的楼板被分割并嵌入了窄长的玻璃,形成了一条条采光的"天缝"(图 3–45)。"空心石"的几何排列在限定空间以外,也体现了一种板块关系:盒式的承重墙体与楼板之间,楼板与楼板之间,以及楼板与 6 cm 宽的缝隙式天窗共同形成的板块形态与山坡之间的联系等。

"天缝"撒下刀刻一般锐利而精确的光,通过光线在墙面上的渲染,上述板块关系得到了进一步强调。在明与暗的对比中,光获得了精确的几何形式:每一堵墙上都以点、线、面的形态相互作用(图 3–46)。

对于"空心石"的建造,卒姆托发展了一种"瓦尔斯复合石构"(Vals composite masonry)。这种复合式结构墙体,从概念上可看作是将凸出地表的石墩掏空形成盒式空间——保留与"实"岩层同质的"体",并获得"空"的"用"。它的建造程序是先层层砌筑灰绿色片麻岩,然后在另一侧浇筑混凝土形成整体结构。通过作为满足浴室功能的物质中介——水,浴场的建造还进一步暗示了它的地质关系:温泉以液体形态从地质岩层涌出,以气体形态继续在同质的片麻岩层砌的墙体空间中氤氲运动。瓦

尔斯复合石构与石材面饰不同，层构原则渗透到各个要素的连接处：墙面与地面之间，台阶踏步及其转角，全部目标指向整体的理解。连接的单质性通过使用与接触，延伸为不同质感和知觉含意，而水与光将相邻物体界面的虚实状态可视化，物质的几何形态关系于是最终被还原于纯粹的知觉空间里。

建筑的物质性实体与山体建立了地质学上的联系，也成为与环境之间最深沉的关系。而水与光等非物质要素则改变了人对于物质性实体的经验，它们共同营造了一种空间上的氛围。这种材料–空间的现象学呈现才是所有的物质性和非物质性手段的最终目的，也才是卒姆托建筑的核心所在。这一呈现不是那种图像化的对于它者的再现，而是图像的对立面。它源自那种对于"物"的深切的感悟与庄严的敬畏。

3. 对于"物"的赞美与崇拜

物，尤其是建筑中的物——材料，常常被过多的赋予人的意识，在这种过度的投射中，物的本身反倒渐渐隐匿了。于是，"墙的材料作为私密性的象征好像要作为监护人一样沉默而坚定；壁炉的砖头作为家庭温暖的象征仿佛要生出皮毛一样呵护居住者；甚至地板的木头也该是会呼吸——最好能喃喃细语。"[80]

在材料的过度拟人化中，建筑被不可避免地文学化了。而卒姆托在他的温泉浴场里，通过对石头材料本身质地的精确研究，完全不依赖于先前对石头各种假定的美学判断和潜意识中对于石头的意识投射，将我们对石头的理解带到石头本身。没有崇拜也没有移情。当石头不过是石头时，石头浅蓝的色泽及它们所砌筑的横向肌理开始和泛着氤氲蒸汽的水虽各自独立，但又相得益彰（图 3–47）。

图 3–47　瓦尔斯温泉浴场的光

于是,在人的意识消退后,所有材料都可得到自由而平等的处置。它漠视材料等级的贵贱意识——如果金箔注定要优于洋铁皮的话那不过取消了设计。它无视材料的类型学使用方法——那不过是技术前提曾经遗留下来的使用禁锢。"所有的材料都物理而物质地存在,既不冷漠也不热情:路易斯·康壁炉的砖头就是砖头哪怕是红色砖头也只有在生火时才有温暖,而不会在炎炎夏日焕发出砖红色拟人的温度;帕森的木地板在停止拟人的呼吸后人才可以不需怜悯不会内疚的坚定地踩在上面,还有幸亏我们听不懂它们的喃喃细语否则恐怕会失眠。"[81] 现在,材料并非作为自身就没有意义,相反,它甚至可能是唯一的意义。

卒姆托认为,在这种对待材料的态度上,约瑟夫·波伊斯的作品给了他很多启示。波伊斯以一种精确而又感性的方法使用材料,同时却又揭示了这些材料超越文化含义的本质所在。而这一特质也正是卒姆托希望在他的建筑中使用材料的方式和希望达到的效果:感性而又精确,探及本质[82]。

在汉诺威世博会瑞士馆(Swiss Pavilion, Expo 2000 in Hanover, 1997—2000),99 堵木墙形成线性排列的迷宫,布置了 3 个展览空间、3 个天井和 7 个自由活动空间(图 3-48)。木构墙体成为容纳各种事件的活动装置。"这个装置是一个真实空间中自证的存在(with the fair itself),它对瞬息变化的事件本身作出反应:人的潜意识流动,季节的迁移,天气的风雨变幻。"[83] 幽明的空间中,光呈现为各种精确几何形态的交响组合。音乐则在木材散发的气息中自由流淌,浸透人的知觉。

图 3-48　汉诺威世博会瑞士馆平面

作为博览会的展示建筑(在这一点上与巴塞罗那馆相同),它的临时性不言而喻,但也正是这种临时性造就了卒姆托对于"木"这种材料的本质表现。他放弃了榫卯而采用金属拉杆对木头进行施压,长木条在经纬方向相互搭接,用钢拉索与弹簧固定,由此衍生出格栅顶棚以加强刚性联系,其上再搁置由整张锌铁皮折叠形成的屋面排水沟。这里,由于建筑师采用了木材厂中的材料堆放方式,从而使木材获得了最大限度的自在的存在。如果说拉菲尔·莫尼奥认为他在罗马艺术国家博物馆中获得了一种"砖性"(brickness)的话[84],那么,卒姆托无疑在这里获得了一种"木性"(图 3-49)。

图 3-49　汉诺威世博会瑞士馆室内

这一态度同样在他的单一表皮中出现：布列根兹美术馆（Kunsthaus Bregenz，1997）外表重复排列的半透明玻璃（图 3-50），罗马遗址陈列馆（Shelter for Roman Archaeological Site，1986）外表整齐的木格栅（图 3-51），……在这些作品里，单一建筑被单一材料以材料的尺度覆盖，没有分割的线条只有材料的线条；没有文艺复兴式的 ABA 构成的变化韵律，只有标准均匀的材料表皮。它使建筑师得以沉浸在对单一材料更加单纯更加深入的可能性实验，这实验不但使得材料被置于它自身的位置，并开始显现自身的材料光辉。

图 3-50　布列根兹美术馆玻璃（左）
图 3-51　罗马遗址陈列馆的半透明木隔栅（右）

　　是否，这是最根本意义上的材料的显现?!

　　但是，事物难道不正是在比较中方才被认识，方才把自己彰显吗？在这一意义上，在材料的同一性中因其单一的没有区分没有比较，难道不是又同时还趋于自身的消隐吗？

　　此时，我们已经进入了另一主题的讨论，这便是——材料的隐匿。

注　释：

1　本章关于路斯的部分内容曾以《建筑师路斯》为题发表于《建筑师》第 119 期和第 120 期（2006 年第 1 期和第 2 期）。

2　Alfred Roth，*Begegnung mit Pionieren*，（Basel and Stuttgart，1973），197，此处转引自 Max Risselada，ed.，*Raumplan versus Plan Libre：Adolf Loos and Le Corbusier，1919-1930*（New York：Rizzoli，1987），19.

3　Aldo Rossi，introduction to *Spoken into the Void：Collected Essays，1897-1900*，by Adolf Loos，trans. Jane O. Newman and John H. Smith.（Cambridge：MIT Press，1982），viii.

4　这一点还常常被用来与密斯的家世影响来比较，却又同样都缺乏说服力。事实上，密斯从来没有享受过在父亲作坊中的乐趣，倒是只留下难以忘怀的痛苦回忆。在密斯的少年时代，他的突出才能不是表现在其对于材料的敏感，反倒是他的卓越的绘图能力，也正是这种能力，让他得以糊口自立并最终离开父母远上柏林。参见 Beatriz Colomina, "Mies Not", in Detlef Mertins, ed., The Presence of Mies (New York: Princeton Architectural Press, c1994), 192–221.

5 远赴巴黎对于路斯来说似乎是一个很重要的事件,甚或具有转折性的意义。他在行前销毁了以前的图纸资料,似乎是决心告别过去。这与密斯在 1925 年底的做法如出一辙。这两个事件一方面反映了他们的建筑思想在这一期间发生了剧烈的转变,另一方面,又何尝不是他们对于个人职业形象的刻意营造?!

6 Johannes Spalt, "Adolf Loos and the Anglo Saxons", in Yehuda Safran and Wilfried Wang, ed., *The Architecture of Adolf Loos: An Arts Council Exhibition* (London: Arts Council of Great Britain, 1985), 15.

7 Adolf Loos, "Glass and Clay", in Adolf Loos, *Spoken into the Void: Collected Essays 1897–1900*, trans. Jane O. Newman and John H. Smith (Cambridge: The MIT Press, 1982), 35.

8 John Summerson, foreward to *The Architecture of Adolf Loos: An Arts Council Exhibition*, ed. Yehuda Safran and Wilfried Wang (London: Arts Council of Great Britain, 1985), 7.

9 路斯一直对于这一类型的建筑师——分离派的先生们是没有明说的所指——持一种激烈的批判态度,为与他们划清界限,他甚至说:"不要称我为建筑师,我只有一个名字,那就是——阿道夫·路斯。"

10 Adolf Loos, "Ornament and Education", in Adolf and Daniel Opel, ed., *Ornament and Crime: Selected Essays*, trans. Michael Mitchell (Riverside, Calif.: Ariadne Press, c1997), 184–189, 187.

11 Benedetto Gravagnuolo, *Adolf Loos: Theory and Works*, trans. C.H. Evans (New York: Rizzoli, 1982), 28.

12 Dietmar Steiner, "The Strength of the Old Master: Adolf Loos and Antiquity", in Yehuda Safran and Wilfried Wang, ed., *The Architecture of Adolf Loos: An Arts Council Exhibition* (London: Arts Council of Great Britain, 1985), 20.

13 具体论述与分析可参阅 Johan van de Beek, "Adolf Loos–Patterns of Town Houses", in Max Risselada, ed., *Raumplan versus Plan Libre: Adolf Loos and Le Corbusier, 1919–1930* (New York: Rizzoli, 1987), 27–46, 31–32.

14 John Summerson, foreward to *The Architecture of Adolf Loos: An Arts Council Exhibition*, ed. Yehuda Safran and Wilfried Wang (London: Arts Council of Great Britain, 1985), 6.值得注意的是萨默森这里用的是 precision 而不是 accuracy。

15 Ákos Moravànszky, "'Truth to Material' vs 'The Principle of Cladding': the language of materials in architecture," *AA Files* 31 (2004): 39–46, 43.

16 Gottfried Semper, "Style in the Technical and Tectonic Arts or Practical Aesthetics (excerpt)", in Gottfried Semper, *The Four Elements of Architecture and Other Writings*, trans. Harry Francis Mallgrave and Wolfgang Herrmann (New York: Cambridge University Press, 1989), 240–253.

17 Adolf Loos, "Architecture", in Yehuda Safran and Wilfried Wang, ed., *The Architecture of Adolf Loos: An Arts Council Exhibition* (London: Arts Council of Great Britain, 1985), 104–109, 107.

18 Adolf Loos, "Architecture", in Yehuda Safran and Wilfried Wang, ed., *The Architecture of Adolf Loos: An Arts Council Exhibition* (London: Arts Council of Great Britain, 1985), 104.

19 Adolf Loos, "Ladies' Fashion", in Adolf Loos, *Spoken into the Void: Collected Essays 1897–1900*, trans. Jane O. Newman and John H. Smith (Cambridge: The MIT Press, 1982), 99–103, 100.

20 Mark Wigley, *White Walls, Designer Dresses: The Fashioning of Modern Architecture* (Cambridge, Mass.: MIT Press, c1995), 94.

21 Massimo Cacciari, *Architecture and Nihilism: On the Philosophy of Modern Ar-*

chitecture, trans. Stephen Sartarelli (New Haven: Yale University Press, c1993), 9.

22 Massimo Cacciari, *Architecture and Nihilism: On the Philosophy of Modern Architecture*, trans. Stephen Sartarelli (New Haven: Yale University Press, c1993), 13.

23 Patrizia Lombardo, introduction to *Architecture and Nihilism: On the Philosophy of Modern Architecture*, by Massimo Cacciari, trans. Stephen Sartarelli (New Haven: Yale University Press, c1993), xiv.

24 Kenneth Frampton, *Modern Architecture: A Critical History* (New York: Thames and Hudson, 1992), 94.

25 Kenneth Frampton, *Modern Architecture: A Critical History* (New York: Thames and Hudson, 1992), 93.

26 Adolf Loos, *Heimatkunst.* 转引自 Beatriz Colomina, *Privacy and Publicity: Modern Architecture as Mass Media* (Cambridge, Mass.: MIT Press, c1994), 32.

27 虽然正如本书第二章第一节所言，在森佩尔的意义上，*Bekleidung* 译为"面饰"更为准确，但在与路斯的比较中，为了保持汉语上的连贯性，一并译为"饰面"。何况，森佩尔与路斯使用的是同一个德语词 *Bekleidung*。

28 关于这一概念在森佩尔著作中含义的辨析，参见本书第二章相关内容。

29 Tonkao Panin, *Space-Art: The Dialectic between the Concepts of Raum and Bekleidung* (PhD diss., University of Pennsylvania, 2003), 92.

30 路斯的这篇文章发表于 1898 年 9 月 4 日的《新自由报》上，先此两个月，路斯在分离派的杂志《神圣之春》(*Ver Sacrum*) 上发表了《波坦金城》(*Die Potemkinsche Stadt*)，对于"环形大道"项目虚假的饰面材料，以及分离派的有关主张提出了辛辣的批评与讥讽，从而拉开了他与分离派建筑师之间的论战。因此，不论从时间上还是从内容上来说，《波坦金城》都可以作为《饰面的原则》一文的注脚。

31 Adolf Loos, "The Principle of Cladding", in Adolf Loos, *Spoken into the Void: Collected Essays 1897-1900*, trans. Jane O. Newman and John H. Smith (Cambridge: The MIT Press, 1982), 66-69, 66.

32 Adolf Loos, "The Principle of Cladding", in Adolf Loos, *Spoken into the Void: Collected Essays 1897-1900*, trans. Jane O. Newman and John H. Smith (Cambridge: The MIT Press, 1982), 66-69, 66.

33 Adolf Loos, "The Principle of Cladding", in Adolf Loos, *Spoken into the Void: Collected Essays 1897-1900*, trans. Jane O. Newman and John H. Smith (Cambridge: The MIT Press, 1982), 67.

34 所谓"材料自身的特质"主要指的是材料的非结构属性，也可以说是一种表面属性。这也是在对待饰面问题上，路斯与瓦格纳的差异所在，即前者重表面属性，后者重结构属性。

35 Adolf Loos, "The Principle of Cladding", in Adolf Loos, *Spoken into the Void: Collected Essays 1897-1900*, trans. Jane O. Newman and John H. Smith (Cambridge: The MIT Press, 1982), 66-69, 68.

36 Adolf Loos, "The Principle of Cladding", in Adolf Loos, *Spoken into the Void: Collected Essays 1897-1900*, trans. Jane O. Newman and John H. Smith (Cambridge: The MIT Press, 1982), 66-69, 68.

37 路斯的《装饰与罪恶》晚于他的《饰面的原则》10 年发表，只是《装饰与罪恶》因其广为流传而在事实上被当作了路斯的个人宣言，然而事实上无论是 10 年前的《饰面的原则》还是两年后的《建筑学》(*Architektur*)一文，其实都具有更为坚实的理论基础，也更适合担当这一角色。而为了扭转已经产生的误解，路斯于 1924 年又写作了《装饰与教育》(*Ornament and Education*)一文以更为清楚地阐述自己对于装饰的观点。

38 Mark Wigley, *White Walls, Designer Dresses: The Fashioning of Modern Architecture* (Cambridge, Mass.: MIT Press, c1995), 10.

39 Adolf Loos, *Hands Off.* 此处转引自 Ákos Moravànszky, "'Truth to Material'

vs 'The Principle of Cladding': the language of materials in architecture," *AA Files* 31 (2004): 39–46, 42.

40 这种视觉化的形式认识其实是继承了 18 世纪之前的建筑传统，也是森佩尔要以"彩饰法"(polychromy)和他的面饰理论来加以破除的。

41 Max Risselada, ed., *Raumplan versus Plan Libre: Adolf Loos and Le Corbusier, 1919–1930* (New York: Rizzoli, 1987), 78.

42 Max Risselada, ed., *Raumplan versus Plan Libre: Adolf Loos and Le Corbusier, 1919–1930* (New York: Rizzoli, 1987), 78.

43 转引自 Max Risselada, ed., *Raumplan versus Plan Libre: Adolf Loos and Le Corbusier, 1919–1930* (New York: Rizzoli, 1987), 79.

44 David Leatherbarrow, *The Roots of Architectural Invention: Site, Enclosure, Materials* (New York: Cambridge University Press, 1993), 133–134.

45 转引自 David Leatherbarrow, *The Roots of Architectural Invention: Site, Enclosure, Materials* (New York: Cambridge University Press, 1993), 134.

46 除了上述《建筑创造的本质》，施马索夫还有两部关于空间与建筑的论著：1896 年的 *Uber den Wert der Dimensionen im Menschlichen Raumgeblide* 以及 1905 年的 *Grundbegriffe der Kunstwissenschaft*。

47 但是，需要注意的是，虽然 *raum* 和 room 都是源自条顿语的 *ruun*, *raum* 却又并不是一个简单的 room（与英语 room 相对应的德语词是 *zimmer*）的概念。*zimmer* 所暗示的围合感更为强烈，而其对于这种围合的物质性手段的指向更为明确，*raum* 则在两方面都不那么严格，它有一个范围上的定义，然而这种定义并不一定非得经由物质性的手段来达成，事实上，它兼有了感官上的知觉空间和一定程度的哲学含义。

48 Kenneth Frampton, *Modern Architecture: A Critical History* (New York: Thames and Hudson, 1992), 93.

49 关于 1916 年这一转折点的确立参见 Johan van de Beek, "Adolf Loos – Patterns of Town Houses", in Max Risselada, ed., *Raumplan versus Plan Libre: Adolf Loos and Le Corbusier, 1919–1930* (New York: Rizzoli, 1987), 27–46, 30.但是在弗兰姆普敦看来，1912 年的鲁弗宅(Rufer House)是路斯体积规划的开始，理由是这里已经有了立面开窗与内部功能的对应，而非纯粹从外观比例等因素触发。参见 Kenneth Frampton, *Modern Architecture: A Critical History* (New York: Thames and Hudson, 1992), 93.但弗兰姆普敦的说法似乎有误，首先，鲁弗宅应该是建于 1922 年，而不是 1912 年，更重要的是，根据 Benedetto Gravagnuolo 的说法，恰恰是 1922 年的鲁弗住宅是路斯的"体积规划"基本成熟的标志。参见 Benedetto Gravagnuolo, *Adolf Loos: Theory and Works*, trans. C.H. Evans (New York: Rizzoli, 1982), 172.

50 Heinrich Kulka, *Adolf Loos - Das Werk des Architekten* (Wien: Anton Schroll Verlag, 1931), 43. 此处转引自 Leslie Van Duzer & Kent Kleinman, *Villa Müller: A Work of Adolf Loos* (New York: Princeton University Press, c1994), 19.关于米勒宅的详细介绍与分析可参见此书。

51 Tonkao Panin, *Space-Art: The Dialectic between the Concepts of Raum and Bekleidung* (PhD diss., University of Pennsylvania, 2003), 30&33.

52 Peter Collins, *Changing Ideals in Modern Architecture, 1750–1950* (London: Faber and Faber, 1965), 61.

53 本节内容曾经过扩充和修改以"物质是如何被赞美的？"为题发表于《建筑师》2008 年第 1 期。

54 转引自 Kenneth Frampton, *Modern Architecture: A Critical History* (New York: Thames and Hudson, 1992), 145.

55 [意]布鲁诺·赛维著;席云平译.现代建筑语言.北京:中国建筑工业出版社, 1986: 32

56 [意]布鲁诺·赛维著;席云平译.现代建筑语言.北京:中国建筑工业出版社,

1986：34

57　Detlef Mertins, "Anything but Literal," in Eve Blau and Nancy J. Troy, ed., *Architecture and Cubism* (Cambridge, Mass.；London：MIT Press, c1997), 229.

58　在战后的 1925 年至 1929 年间的三个建成的砖住宅中,他指定要用荷兰出产的砖。而为了取得角部砌花和砖缝的一致,他的所有尺寸都是以砖的尺寸来决定, 甚至有时竟至于把那些因烧制过度而略短的以及因烧制不足而略长的砖区分开来,分别用于不同的尺寸之中。

59　Toyo Ito, "Tarzans in the Media Forest," 转引自 Richard Weston, *Materials, Form and Architecture* (New Haven, CT：Yale University Press, 2003), 224.

60　关于这一点的洞察与分析参考的文章是:朱竞翔,王一峰,周超.空间是怎样炼成的——巴塞罗那德国馆的再分析.建筑师,总第 105 期,2003(05)：90-99

61　Colin Rowe, "Neoclassicism and Modern Architecture," Part II, *Oppositions* 1 (September 1973), 18.

62　Kenneth Frampton, *Studies in Tectonic Culture：The Poetics of Construction in Nineteenth and Twentieth Century Architecture* (Cambridge, Mass.：MIT Press, c1995), 189–190.

63　Kenneth Frampton, *Modern Architecture：A Critical History* (New York：Thames and Hudson, 1992), 161.

64　Robin Evans, "Mies van der Rohe's Paradoxical Symmetries," in Todd Gannon, ed., *The Light Construction Reader* (New York：The Monacelli Press, 2002), 404.

65　在埃文思之前,塔夫里(Manfredo Tafuri, 1935—1994),海斯(Michael Hays)等在 1980 年代中期的一些论文里也都强调了密斯建筑中的瞬时性效果,而不是以往强调的古典意义上的实体性和建构性。埃文思之后,1992 年在多伦多一次关于密斯的学术研讨会"The Presence of Mies"则从更为多样的角度重新发掘密斯的意义, 也标志着对于密斯的这种更具包容性的观点渐渐广为接受。

66　Robin Evans, "Mies van der Rohe's Paradoxical Symmetries," in Todd Gannon, ed., *The Light Construction Reader* (New York：The Monacelli Press, 2002), 401.

67　这一点也可以从其施工方法得知：以层高为单位划分出窗层的自承重体系,并与梁柱的外贴钢板焊接在一起,然后由安置在楼顶的塔吊来整体吊装。

68　参见 Beatriz Colomina, "Mies Not," in Detlef Mertins, ed., *The Presence of Mies* (New York：Princeton Architectural Press, c1994), 192–221.

69　Kenneth Frampton, *Studies in Tectonic Culture：The Poetics of Construction in Nineteenth and Twentieth Century Architecture* (Cambridge, Mass.：MIT Press, c1995), 204.

70　对于这一转变张毓峰/林挺在《重读密斯》一文中有详尽的分析和论述。文载《时代建筑》70 期,2003(02)。

71　David B. Brownlee and David G. De Long, *Louis I. Kahn：In the Realm of Architecture* (London：Thames & Hudson, 1997), 69.

72　Kahn, quoted in Susan Braudy, "The Architectural Metaphysic of Louis Kahn," *New York Times Magazine*, November 15, 1970, 86.

73　David B. Brownlee and David G. De Long, *Louis I. Kahn：In the Realm of Architecture* (London：Thames & Hudson, 1997), 66.

74　David B. Brownlee and David G. De Long, *Louis I. Kahn：In the Realm of Architecture* (London：Thames & Hudson, 1997), 66–69.

75　Kenneth Frampton, *Studies in Tectonic Culture：The Poetics of Construction in Nineteenth and Twentieth Century Architecture* (Cambridge, Mass.：MIT Press, c1995), 240–241.

76 Thomas Leslie, *Louis I. Kahn: Building Art, Building Science* (New York: George Braziller, Inc. 2005), 156–157.

77 Alessandra Latour, ed., *Louis I. Kahn: Writings, Lectures, Interviews* (New York: Rizzoli International Publications, 1991), 54.

78 Peter Zumthor, *Thinking Architecture* (Baden, Switzerlands: Lars Müller, c1998), 21.

79 Peter Zumthor, *Thinking Architecture* (Baden, Switzerlands: Lars Müller, c1998), 9.

80 董豫赣. 极少主义：绘画·雕塑·文学·建筑. 北京：中国建筑工业出版社，2003. 52

81 董豫赣. 极少主义：绘画·雕塑·文学·建筑. 北京：中国建筑工业出版社，2003. 53

82 Peter Zumthor, *Thinking Architecture* (Baden, Switzerlands: Lars Müller, c1998), 10–11.

83 Peter Zumthor, "Swiss Sound Box, Swiss Pavillion at Hanover," *Casabelle*, no. 681: 64.

84 "不见砂浆的干缝保证了这一材料的砖性的显现，并使墙体依旧能够保持一种几近抽象的要素特质，……我相信对于材料的抽象运用有赖于我们努力去保持这种材料独特性的勃勃生机，而避免把他们消解于建筑构件的实在性当中。" Rafael Moneo, "The Idea of Lasting: A Conversation with Rafael Moneo", *Perspecta* 24, (1988). 此处转引自 Richard Weston, *Materials, Form and Architecture* (New Haven, CT: Yale University Press, 2003), 193.

第四章　材料的隐匿

　　在这一研究所界定的不透明材料的隐匿与显现的三层含义上，早期的白色现代建筑以及后来的"纽约五"的实践，通过白墙的应用，可以认为是最为极端也最为彻底的对于材料的隐匿。

　　首先，在建造方式上，表层的白色粉刷遮蔽了内部真正的材料，因而从对于结构真实性和清晰性的表达来看，这构成了第一层次上材料的隐匿；其次，与其他质感丰富之材料相比，光滑的白色粉刷就质感与色彩来说都呈现一种隐匿的特征，这是它第二层次的含义；最后，就材料的多重性和单一性来看，这一层薄薄的白色覆盖了建筑的全部与内外，从而放弃了最后一点点的显现。也因为这些特征，本章事实上以白墙为中心来展开对于材料隐匿的思考，并呈现隐匿这一态度的复杂性和多样性。

　　这里需要指出的是，就隐匿的第二层含义而言，并非是说白色粉刷不具有自身的触觉和视觉特征。相反，任何一种材料都有其特定的表面属性，当然也包括白色粉刷。在江南乡村的黛瓦白墙、绿树碧水之间，白墙便以其质感和颜色参与了如诗"画卷"的构成，"显现"了自身独特的感性特质。这种材料意义上的参与，关键在于白墙与其他色彩（材料）的区分，也是在这种差异中，它显现出作为一种材料和色彩的独特性。与此不同的是，早期白色派现代建筑以及"纽约五"的实践中，几乎不存在材料的区分——即便偶有所见，也是为了强化建筑的形式和空间的抽象关系，而不是参与感性化"景致"的构成。把白墙视作对于材料的隐匿，还在于我们考察白色粉刷的兴趣并非在其作为一种饰面材料的特殊性，而是在于它在现当代建筑中反映了一种对于建筑中"材料性"的隐匿以及由此而来的独特建筑品质。因此，把白色粉刷定义为对于材料的隐匿一方面有着特定的指谓——以 20 世纪 20 年代的白色建筑和后来的"纽约五"为代表，另一方面它并且也为着特定的目的——对于建筑中材料因素的压抑（suppression）以突出其空间和形式的抽象品质。

　　早期现代建筑中对于白墙的迷恋，在很大程度上反映了建筑师们意识形态上的乐观态度，对于内外之间新的和谐与统一的热望和对于再次达致"透明"生活的憧憬。在意识形态之外，就建筑学自身而言，这一时期勃发的对于抽象空间与抽象形式的追求，也内在地要求对于视觉性的颂扬和对于感官性的贬抑，从而富于质感的材料也成了另一意义上的装饰而被去除。去除材料性的白墙，同时满足了对于建筑形式的感性和知性的双重层面的追求。

　　本章将以柯布西耶以及受到其深刻影响的一批建筑师或是学派的作品与思想为主要考察对象，来阐述作为材料的隐匿的极端表现形式——白墙——的建造和空间特质。其中，第一节具体考察早期现代建筑的白墙所具有的表面属性和建造内涵；第二节将进一步延伸至对于"纽约五"的讨论,探究白墙的形式和空间意义,并在材料、形式、空间的相互作用中来揭示这一现象的知性(intellectual)内涵；第三节则从空间的动观和静观两个角度出发,对柯布西耶的"漫步空间"和"空间透明性"进行阐述,研究它们与材料的隐匿之间的相互关系。最后一节,则在更广泛的意义上对当代建筑和当代建筑师展开考察,来讨论对于材料的隐匿以及通过这种"放弃"而凸显出来的其他建筑品质。

第一节　白墙的表面属性和建造内涵 [1]

如果说世界在变得越来越图像化,那么建筑则被比以往任何时候都更强烈地要求扮演一个力挽狂澜的角色,重新找回某种实在性,找回人与"大地"的联系。于是,反抽象化的材料表现成为了一种最为便利的选择。只是,当我们在反"图像化"的旗帜下,仔细研究材料与节点的时候,它却常常在不小心间成为另一种图像化的堆砌。这样,即便所有华贵的材料堆积于眼前,也不能保证一个动人建筑的诞生。与此相反,也有一些建筑放弃了对于材料的迷恋,而涂以单一的白色或是多种色彩,却由于放弃了形式和空间的研究使其更形单薄。

这一白色曾经与"国际式"一道饱受诟病,但是一个不争的事实却又是,20世纪20年代白色建筑的魅力和影响的持久常常远远超过人们的想象。这使得即便是在今天,对于这一现象的一些重要侧面——比方说它的表面属性和建造内涵——作出某种考察也是必要的,而对于材料的隐匿与显现这一研究来说,则更是意义非凡。

一、白墙与早期现代建筑

如果说,路斯建筑中对于材料的使用和空间的塑造反映了内与外的分裂,那么这种分裂的最深处的动力乃是源自他对于现代性的独特的认识:既非浪漫主义者那种回归前工业时代的田园牧歌式的虚幻的平衡,亦非现代主义者那种寄望于新的平衡在一夜之间得以建立的乌托邦幻想。这种内与外的差异,不仅仅是他的私人居住建筑中室内与室外的对立,也是现代都市中人的内在与外在世界的疏离 [2]。它是路斯建筑中的"面具"(mask),在这一面具中,所谓"透明"只能是一种奢望。

与路斯这种对于现代性的审慎态度相对照,其他早期现代建筑师们则要乐观得多。而早期现代建筑中对于白墙的迷恋,在很大程度上也正是基于这么一种对于内外之间新的和谐与统一的热望,一种对于再次达致"透明"生活的憧憬。它也在一定程度上构成了早期现代建筑的白墙"情结"的意识形态基础。白墙,已经不再仅仅是一种视觉形象的偏好,而是超越了经济性和技术性的考虑,成为社会公正与平等的象征。它跨越了不同阶级与阶层的樊篱,创造出一种能够体现新型社会之特征和内涵的建筑。

在这种象征性的含义之外,就建筑的本体论意义来说,白墙却是反映了现代建筑一个矛盾的侧面,它直接表现在材料与空间的内在冲突。

现代建筑的教义总是说要忠实于材料,忠实于建造。然而,切开萨伏伊别墅的外墙,我们却看到在那光滑洁白的表面之下,隐藏着的是混凝土的框架,以及用粘土砖砌筑成的墙体(图4-1)。事实上,它不仅仅是隐藏了真正的材料以及它的建造方式,而且,用来隐藏实际构筑材料的却恰恰是一种去除肌理和色彩的独特材料——白色的粉刷。在很多时候,它被称作一种非物质化(immaterial)的材料,并以此和木材、石材这些有着独特触觉和视觉效果的材料相对照[3]。这么一种隐匿的,甚至是"不诚实"的做法,这么一种本体论角度的矛盾性,事实上反映了主体间不同的观照方式。此外,与那种对于材料的表现相比,它也有着不同的空间追求与趣味。

图4-1 施工中的萨伏伊别墅

虽然这种白墙情结在早期现代建筑师中蔚为普遍[4],然而由于柯布西耶在20世纪二三十年代的纯洁主义时期的白色建筑所展现的深度和力度,他理所当然也毋庸置疑地成为了这一现象的代表,并使得这一现象在一定程度上被塑造成为柯布西耶的个人神话。这固然是对于历史的某种曲解,但是,它也使得我们有可能通过对于柯布西耶的考察来认知这一早期现代建筑的独特现象,或者说,把这种努力在方法上赋予了某种正当性。但是无论白墙是一种集体现象,还是某种构造出来的个人神话,它在事实上都构成了早期现代建筑一个独特而又带有普遍性的景观,也成为那一时期的一个侧面的缩影,并且进一步在当代建筑中继续延伸。

而就许多方面来看,柯布西耶在早期对于白墙的钟爱似乎都受到其个人经历与体验的极大影响。

在其为1959年版《现代装饰艺术》所作的序言中,他以第三人称讲述了自己早年的游历:"……一个二十来岁的小伙子……在城市与乡村间孜孜以求,寻觅时间的印迹——那久远的过去与眼下的现在。他从历史巨匠们那里受益颇多,而从普通人的建筑里学到的也毫不逊色。正是在这些游历中他发现了建筑之所在:建筑究竟在哪里?——这是他从未停止追问的一个问题。"[5] 而在书末的"告解(confession)"中,他述说到在这近一年的游历中,他完全"折服于地中海流域建筑中那种令人无法抗拒的魅力",这种魅力则恰恰源自于那些洁白的墙面。正是白墙,方才使得建筑成为"形式在阳光下壮丽的表演",并且"拥有充分的几何性来建立一种数学上的关系"[6]。

但是,就柯布西耶而言,他对于这些游历的描述,尤其是那些对于白墙的赞叹,事实上又受到此前的许多相关论述的影响,甚至这些论述在一定程度上直接左右了柯布西耶对于个人经验的表述。而把柯布西耶神化为一个艺术天才的做法,更是使得白墙这一早期现代建筑的现象蒙上了一种个人化的色彩,表现为一个由个人经验而导致的一场"运动",却是于有意无意之间忽视了它作为一种集体产物的事实,也忽视了它丰富的历史渊源。这种历史渊源把柯布西耶与路斯,并进而与森佩尔联系在一起,也恰恰是这种历史渊源为这层薄薄的白色赋予了厚度,并且提供了观照这一独特现象的多重角度。

二、装饰的去除与形式的显现

在对于白色粉刷的理解上,柯布西耶与路斯的观点密切相关。事实上,在柯布西耶游历归来不久的 1912 年,他便接触到路斯的著述,然后更是在 1920 年把路斯著名的《装饰与罪恶》刊印于由他和画家奥赞方创办的《新精神》杂志的创刊号上[7]。他接受了路斯关于人越是文明便越少装饰的观点,而装饰的剥离正是一个把建筑净化的过程,至于这道白色的涂料(whitewash),便成为了这一过程最终驻足的地方。

对于柯布西耶在装饰问题上与路斯的承继关系,许多学者都进行过比较和论述。斯坦尼斯劳斯·凡·莫斯在他的《柯布西耶西耶与路斯》一文中也对此作了充分的解析,并认为柯布西耶在其"《当代的装饰艺术》一书中提出的观点几乎可以——对应地追溯至路斯那里"[8],至于他早前创办的《新精神》则"无异于这么一种努力,希望能使得法兰西的工业界精英们回归他们自身领域的逻辑性中,并让他们认识到对自己的工业产品进行所谓的'艺术设计'完全是无谓之举"[9]。这么一种物质主义的观点不能容忍那些所谓的美化和装饰,而要回归事物本来的面貌。但是这种回归自身的主张又是否意味着彻底的暴露呢?

1925 年,柯布西耶出版了一本文集《当代的装饰艺术》(*The Decorative Art of Today*),书名来自其中一篇文章的标题。但是,正是这一名称本身映现了这一问题的悖论性,因为"当代"(在当时即指 20 世纪的 20 年代)的装饰艺术恰恰是非装饰性的,当代的装饰艺术恰恰是反装饰的。这种悖论也深深地体现在这本文集的最后一篇文章《一道白涂层:雷宝灵的法令》(*A Coat of Whitewash: The Law of Ripolin*)中(Ripolin 是一个墙面涂料的品牌,在当时的法国很有声望,应用也最为普遍)。

此文写成于 1925 年,是柯布西耶关于白色建筑的宣言,它也是路斯1898 年提出的"饰面的律令"的一个特定的参照。开篇伊始,柯布西耶便呼吁"我们需要制定一个道德上的行为准则:热爱纯粹!"紧接着,他设想了一幅这一法令颁布实施以后的图景:"每一位公民都要卸下帷幕和锦缎,撕去墙纸,抹掉图案,涂上一道洁白的雷宝灵。他的家变得干净了。再也没有灰尘,没有阴暗的角落。所有东西都以它本来的面目呈现。"[10] 当建筑脱去了森佩尔的那层"衣服",它的本质方才得以显现,而这正是柯布西耶在他的《走向新建筑》中的理想。

在结构与表面的二分上,柯布西耶事实上继承了路斯在其 1898 年的《饰面的原则》一文中所表述的观点。具体来说,此时对于建筑的感知成为对于它白色的面层的感知,而不是面层以下的结构或是支撑。这一面层可以很薄很薄,直至一个几无厚度的涂层。而与石材等其他材料相比,这一涂层的独特之处还在于,在覆盖别的材料的同时,其自身却是非物质化的(immaterial)。当然,这种非物质化不是说作为一种建筑材料其自身不具备任何物质属性,而是说由于表面肌理的缺失,及其依附而不具备独特形态的属性使其趋于自身的消隐。正是在这自身的消隐中,装饰被更为彻底地去除,而建筑的纯粹形式则得以更为充分地显现,建筑也方才成为"形式在阳光下壮丽的表演",并且能够"建立一种数学上的关系"。从这一点来说, 认识早期现代建筑的白墙这一现象, 必须置于 19 世纪关于遮蔽(masking)的思考,而不是 20 世纪关于透明的讨论。

建筑要从低级的感官性向着高级的视觉性发展, 这一层感官性的外衣就必须脱除,唯有如此,才能"暴露内部机体的形式轮廓和它的视觉比例"[11]。然而,如果说外衣所具有的具体材质是感官性(sensual)的,那么内部的机体(body)岂不也是如此吗? 如果仅仅是去除建筑的饰面,内部材料的质感不是仍旧对于形式的显现有一种感官性的干扰吗?因此,绝对的裸露并不能保证建筑的形式和比例的纯粹显现,相反,这个机体还必须披上另一层外衣,这层外衣既没有装饰所带有的感官性,也没有内部机体的物质性所必然具备的感官性。唯有如此,这层外衣才能把建筑塑造成一个形式上的比例, 而不是一个感官性的机体。这便是这一道雷宝灵涂层的功用,它在两种危险的夹缝中挤身进去,最终把建筑的机体转化为纯粹的视觉形式。

柯布西耶的雷宝灵主张与森佩尔的饰面原则貌似对立,实则承继。柯布西耶去掉了建筑表面装饰的外衣, 但是这一道白色的雷宝灵岂不是建筑的另一件外衣? ——无论它是多么简洁、光滑,它与外衣在本质上终究并无二致。柯布西耶去除的是从前构成"外衣"的诸多要素,而绝不是外衣本身。而这件薄薄的、独特的外衣在把建筑包裹起来的同时,也就掩去了内部机体具体的物质性(materiality)。

三、感官性与视觉性

19 世纪的德国艺术史家阿洛瓦·李格尔提出触觉–视觉两极对立的艺术史发展图式,将艺术的发展解释为从古代的触觉知觉方式,向现代的视觉知觉方式演变的历史。在李格尔的知觉理论中,虽然从总体来说,视知觉处于历史发展的高级阶段,但是,触觉的作用得到了重视。在具体的各个发展阶段中,视觉与触觉的作用是相辅相成的,并无高下之分,它们共同提供了一幅艺术的图景 [12]。但是,在歌德等经典作家的眼中,它们则具有了一种等级的关系,视觉(以及听觉)具有高贵性,是人类自身高度发展的产物,而触觉则是较为初级的感官。

总之,在西方历史上,非物质化的视觉性占据着更为高贵的位置,这种认识对于柯布西耶当然也并不例外,建筑的视觉性成了建筑师追求的首要目标。

在柯布西耶与奥赞方合著的《立体派以后》(Après le Cubisme)一书中,他们意图以"纯粹主义"(Purism)来将现代艺术从"颓废"的状态中唤醒——他们认为立体派对于这种状况负有直接责任。这种命名也暗示了一种倾向,通过清除"意外的"和"印象派的"成分来表达"永恒",它将指引艺术与建筑远离颓废。至于何处去寻求这种永恒,他们的建议有两个:一是康德哲学,一是黑格尔哲学。前者呼吁重返人类天性的原始秩序,后者则有助于领会创造了工业化建筑、机械结构和作为"自然法则之投影"的机器的时代新精神。尽管存在种种不同之处,二者都开出了相同的处方:纯粹形式(Pure Form)。

但是,《立体派以后》一书的重要意义并不局限于将"纯粹主义"吸收为正式术语,更重要的是,它要把"纯粹主义"解释为一种认识方法,一种道德姿态,一种纯粹主义者的思维方式和生活方式 [13]。

于是,视觉性被提到了至高无上的地位。

只是,需要指出的是,这种视觉性与后现代时期的图像化视觉是不同的。简单说来,前者指的首先是建筑的形式关系,甚或是一种纯粹的理想的数学关系;而后者所追求的则首先是某种具象的能够轻易引发观者的记忆和联想的形象。从这一点来说,两者的首要追求甚至是恰恰相反的。

在对于纯粹形式的追求中,视觉性(Visuality)与感官性(Sensuality,这里主要指材料的触觉性)不可避免地被放置于对立的两端。而为着这种视觉性的达成,需要把路斯的饰面做出进一步的简化。因为,在路斯把那种无谓的装饰与罪恶相等同时,他的精美的材料——那些丰盈的纹理、色彩与质感,难道又不正是另一种装饰吗?换句话说,他的材质不正是那被去除了的装饰的某种替代与延伸吗(图 4-2)?当材料的感官性成为另一种装饰时,它便成为追求纯粹形式的另一种阻碍。于是,在装饰以外,它成了一种需要进一步去除的要素。此时,去除了材质性装饰的萨伏伊别墅,则成为了光与形式的纯粹游戏与表现(图 4-3)。

图 4-2 米勒宅的"大理石厅"(左)
图 4-3 萨伏伊别墅室内(右)

这样,柯布西耶的这一雷宝灵面层便具有了双重遮蔽的作用。首先,它作为饰面遮蔽了结构性的建筑机体;其次,它以其自身的非物质化特质遮蔽了饰面层的感官性内涵。这种双重遮蔽在森佩尔、路斯和柯布西耶之间建立起某种延续与变异的关系。

森佩尔论述的目的在于打破以往的结构/装饰的二分法,以及它们之间的等级关系。当他从考察人类的基本活动开始并进而论述建筑的起源时,便就表明了建筑的本质(essence)恰恰是在于其外层的表面,而非内部的结构。这样,建筑不再首先源起于一个遮风避雨的棚屋,而后再渐渐地生出许多附加的装饰——而这些饰面永远处于一个从属的地位并要反映内部的结构。他以此推翻了劳吉埃长老的棚屋原型。但是,与路斯一样,森佩尔也在多处谈到涂料这个问题,并有一个论断:这层薄薄的油漆"正是最微妙,而又最为无形(bodiless)的面层。它是用来弃绝实在性(reality)的最为理想的手段,因为在它遮蔽了别的材料的同时,其自身却是非物质性的"[14]。虽然如此,他们论述的方式和旨趣却大有不同:森佩尔针对的是实在性(reality),目的在于否定和弃绝这一实在性,因此他强调这一涂层本身的非物质性(immateriality);而路斯关心的是饰面层(当然可以是一层薄薄的油漆)与被饰面物的不可混淆,其实意在强调饰面自身的真实性和独立性,也以真实性的名义来遮蔽了内部结构与材料之实。路斯这一普遍性律令超越建筑(墙体建造)的狭隘范畴,而扩及日常器物的领域,事实上成为一种个人的文化和价值立场的表达;而森佩尔对于油漆面层的论述则基本上还是着意于建筑的墙体,其兴趣事实上仍在于"编织"饰面的方式在一个实体建造的年代的延续与演化,因为,"在一个实体建造中,这一涂层扮演了饰面的角色,而真正的建筑恰恰是存在于这一薄薄的面层之中"[15]。

与森佩尔相比,柯布西耶对于饰面(Dressing,*Bekleidung*)的理解其实已经完全改变了。在森佩尔的饰面概念中,装饰(Decoration/Ornament)扮演了重要的角色,甚至,"建筑起源于装饰,……真正能够使建筑成为建筑的正是装饰"[16]。而柯布西耶基于两个原因是要去除这些东西的。首先,他接受了路斯的一个文化观点,即"一个文化越是低级,装饰便就越是明显。装饰必须被克服。……文明进步的过程便就是装饰越来越少的过程。"[17] 其次,基于这一点，柯布西耶进一步认为文明发展的历程便就是一个由装饰的感官性（sensuality of decoration）到形式的抽象性（abstraction of form）这么一个转化过程。这种认识与前述李格尔关于触觉-视觉的艺术史观不无共通之处，只是，柯布西耶是以感官性（Sensuality）和纯粹的视觉性（Pure Visuality）来建立这么一对反题（antithesis）。

如果把饰面比作一件衣服的话，柯布西耶是要去除这件衣服上的花边与皱褶的，甚至去掉它的布料本身的纹理与颜色，以此来表明自己与19世纪历史主义风格的不共戴天。然而，纵然如此，没有了花边与皱褶的衬衫难道不依旧是一件衬衫？没有"颜色"的白色难道其实不正是颜色的一种吗？

那么，这件平整洁白的衣服可以脱掉吗？这层薄薄的石灰涂料（whitewash）可以省去吗？对于柯布西耶来说，这是万万不可的。之所以不可，原因恰恰在于感官性/视觉性这一反题。因为，如果说由于装饰的感官性——对于这个词的词典解释是"对于物质性愉悦的热爱和享受（通常是一种过分的程度）"——而必须摒弃装饰的话，那么，脱掉衣服之后露出的机体依旧是一个非常非常感官性的机体（object/body）。也就是说，两种感官性必居其一。如何把它们同时去除呢？这就是白色涂层的独特功用了："在两种威胁之间加入了这种白色粉刷层，以便把（感官性的）机体转化为（纯粹的视觉）形式。"[18]

因此不妨说，柯布西耶要去除的既是森佩尔衣服上的花边，也是路斯衣服本身的质地，但绝不是去除衣服本身。

白色的粉刷便是隐匿材料的感官性，从而呈现建筑的纯粹视觉性——纯粹形式的数学比例——的最理想的手段。固然，选用白色还有关于卫生（hygiene）生活的诸多考虑，但是，对感官性/视觉性的考虑似乎更为根本。而若是从艺术史的角度来看，这其实是一个非常古典的看法和态度。只是当柯布西耶得益于现代结构技术所提供的便利使得立面自由，空间透明，并且去除一切装饰与线脚的时候，这种纯粹的形式具有了一种机器制造的图像。只是，这种机器制造仅只是一种图像，一种视觉的图像，而并非一种实在或者真实。换句话说，在机器外观的表象与真实之间，存在着巨大的矛盾与反差。

同样的矛盾也存在于白墙的建造方式上。

四、实体建造：表象与真实

通体洁白的萨伏伊别墅给人以一种实体建造（monolithic construction，直译则为独石式建造）的感觉，而没有层叠建造（layered construction）那种内与外的明显差异（图4-4）。然而，这只是一种表象，而非真实。

19世纪的英国建筑师斯特雷特把威尼斯的建筑分为两类：一是实体建造（monolithic style），以那些砖砌体外露的教堂为代表；二是层叠式建造（incrusted style），典型的如圣马可广场那些大理石贴面的建筑。爱德华·福特在其《现代建筑细部》一书中则指出，这两种建造方式与建筑风格

图 4-4　完成后的萨伏伊别墅

之间并无必然的联系,比如虽然从根本上来说,贝瑞和瓦格纳都是古典主义者,然而前者倾向于实体建造,后者更钟情于层叠式建造。而在现代主义时期,则是在层叠式建造得到空前发展的时候,却渴望着一种实体建造的方式。前者由于机器加工技术的进步而使得贵重华美的材料都得以被做成薄片贴在表面,框架结构的普遍应用解除了墙体的负重而可以对于保温隔热及防潮避水进行针对性的设计。此外,设备系统的复杂化也使得墙体要容纳更多的东西,其组成当然也就更为复杂。而对于实体建造的渴望,则是源自于一种现代主义理想中对于"诚实"和"透明"的追求,认为结构形式应当得到传达而不必闪烁其词。这样,以一种象征和再现的方式来表达内在的真实便不可接受,因为这意味着需要建筑师主观上的美学判断,而现代建筑应该是客观的、不可避免的且不受风格影响的。那么,当然没有比实体建造更为理想的建造方式了。

然而,柯布西耶的白色建筑在这一点上呈现出明显的复杂性。

固然柯布西耶在建筑中吁求一种理性的方法和技术,但是他并没有简单地倡导一种理性建筑。相反,在其一生不同取向的建筑实践中,他一直对此持一种反对态度。于柯布西耶来说,装饰的去除并非为了要展示结构的纯粹,所谓对于建造的表达也只是一种一时的时髦,源于 19 世纪装饰与建造的分离,并且在现代主义对于直接、简单的追求中得到实践。建造只是一个理性化的工具,目的在于给人以自由,就其自身而言并非兴趣所在,相反,它必须披上一道白色的涂层,一层现代主义的饰面。

这层面具一般的饰面常常受到指责,因为它背离了现代建筑的原则——这种原则要求对于一个理性化了的内容作出一种透明的表达,也因而要求建造本身具有某种实体性,并且诚实、内外一致等等。因此,弗兰姆普敦这样来描述柯布西耶 20 世纪 20 年代末期的建筑:"它们被打扮成洁白的、均一的(homogenous)、像是用机器制造出来的外形,而实际上却是混凝土砌块外加粉饰,固定在混凝土框架之上。"[19] 另一位建筑史学者则批评他这一时期的建筑中的 "机器制造的那种感觉只是一种图像(image)而非一种实质(reality)……所有的表面都被粉刷并涂白,以便赋予建筑一种机器制品般的精确性,……传统建筑经过装饰而看起来有如机器制品，……一种机器时代的图像"[20]。假如我们能够接受柯布西耶的"雷宝灵的法令"与森佩尔的"饰面的原则"之间具有一种内在联系的看法，那么，对于柯布西耶来说，"这一道石灰水的涂料就正是那个掩饰其本来面目的面具，而机器时代的实质（reality）也恰恰正是图像本身的实质"[21]。

在柯布西耶的游历中，他一再提到通体由白色大理石砌成的帕提农神庙，感叹于这一沐浴于地中海阳光下的胴体所散发出的形式魅力。可是，在森佩尔看来，古希腊人之所以用大理石来建造神庙，只是因为在这种材料上容易着色而已。

大理石曾经一直被作为"真实性"（authenticity）的代表，而在森佩尔那里它只不过是一层"自然的粉刷（natural plastering）"而已，它的光滑的表面也只是一种特别的肌理，而不再是为了揭示建筑纯粹的形式。然而，从某种程度上来说，柯布西耶对于帕提农神庙的阅读，则是又一次回到了考古大发现之前的古典时期。那些真实的、不可约减的物体，在目光的凝视之下变得"透明"，这些品质也被那些正统的建筑理论视作现代建筑的理想。对于纯净主义者来说，白色的涂层不啻是建筑最完美的外衣，然而，当我们意识到即使再完美，它终究还是一件外衣的时候，便会发现它与这种理想化的现代建筑又是多么的格格不入。

森佩尔以其关于彩饰法（Polychrome）的论述破除了古希腊建筑的白色神话，也从而终结了西方建筑学中"白色大理石"的基础设定。有趣的是，经由路斯，再到柯布西耶，竟然像是绕了一个圈，又回归到了对于白色的崇拜。而一场场看似激烈的反叛，似乎清除了与历史的纠葛，却又竟然还是逃不出人类认知连续性的链条。

然而，即便是仅就墙体的建造而言，层叠式与实体式建造的区分事实上也并非那么泾渭分明。

首先，那种认为古代和中世纪时期的建筑是实体式建造的想法只是一种臆测，大理石几乎一直被用作一种面材，而室内也几乎一直是粉刷过的，即便那些看似纯粹由石头垒成的房屋，也是把漂亮的质地好的石头砌在外面，而并非通体一致。但是，更重要的是，如何界定这两种建造方式之间的界限呢？假如外面的一层仅仅是一层涂料，薄到几乎没有厚度，是否仍为层叠式建造呢？即便没有涂料，完全由同一种石材砌成，那么，当在石材上做出阴刻图案的时候，还是否为实体式建造呢？以森佩尔的面饰（Bekleidung）的概念来看，这正是一种典型的衣服（Dressing，而 dressing 在英文中还有加工石头的意思），正如同用色彩在它表面描画图案一样。在面饰的含义上，附加的描画和在墙体本身上的雕刻，效果并无什么不同。即便以安藤内外皆裸露的混凝土墙来说，那些模板的印迹，那些精心设计和布置的夹具留下的凹孔，难道不是当代的面饰吗？如果说在威格利看来，那一层薄薄的平平的白色雷宝灵终究还是一层面饰的话，那么不管是亚述人实体墙面上的阴刻，还是当代混凝土表面的精雕细作，难道不更是面饰吗？也正是在这时，我们方才发现，把 Bekleidung 译成 Cladding 是多么的不妥，和为什么只能以 Dressing 来表达。我们也才发现，Bekleidung

固然常常与建造的分层相联系在一起,但却并非总是这样[22]。

这一层 Dressing 阻绝了"心眼"(mental eye)的视线,使对象不再透明,只是呈现出它阴沉的面貌,而意念总也无法穿透这种阴沉。

然而,有哪一种实体建造能因其绝对的一致与同质而完全透明吗?有哪一种实体建造不存在表面吗?只要我们只注视它的表面,只"看"它的表面,即便它再薄再透再同质,我们也将无法穿透,因为"看"表面这种态度的本身意味着我们没有意愿要去穿透它。当我们把目光永远地驻留于表面的时候,通体洁白的萨伏伊难道不又正是最最纯粹的实体建造吗?

在这诸多层面与内涵中,本节只是探讨了这一"全新"的表面与它所反对的装饰之间的关系,以及装饰性、感官性、视觉性之间的牵连与差异,并进而对于实体建造以及层叠建造的概念进行了辨析。指出在它反对装饰的同时,其白色的表层却终究不过是另一种装饰性外衣;在它貌似实体建造的同时,却在本质上仍旧具有层叠建造的特质。但是,通过对于具体材料和建造方式的隐匿,它以这种单一并且抽象的材料——白色粉刷——达成了建筑纯粹形式的表现。这些阐述揭示了这种隐匿材料的做法对于建筑的纯粹形式的显现所具有的意义,而白墙这一现象也说明建筑的品质并不完全依赖于对材料和节点的表现。

需要指出的是,就实体建造和层叠建造而言,这一辨析的意义并非在于建造方式本身,而在于这两种建造方式各自揭示了什么又隐匿了什么,并且,在隐匿了某种建筑要素的同时,是否对于别的建筑品质的显现提供了便利或是加强了它的表达。而不论是哪一种建造方式,对于具体材料的选择都会对建筑空间的知觉属性产生重要的影响(当然后者由于表层脱离了承重的束缚将会更加自由)。这首先是多重材料还是单一材料的问题,其次还是何种单一材料——是木、石、砖等物质化材料还是涂料等非物质化材料——的问题。前者决定了建筑空间的质量在何种程度上被材料所区分,后者则决定了它在抽象的程度上能够最终走得多远。这便又一次回到了文中对于材料的感官性和视觉性的讨论,也再次揭示了本节三、四两个部分所讨论的主题之间更为紧密的内在联系。

第二节　材料的隐匿与形式的显现

白墙古已有之,它既是一种传统,也常常是一种地域特征。就这些方面来说,白色粉刷自身便成为一种独特的外墙饰面材料。路斯在谈到他的米歇尔广场大厦(Michaelerplatz)时,便称外墙的粉刷完全是遵循维也纳建筑的古老传统[23]。而以阿尔瓦罗·西扎、阿尔伯托·坎波·巴埃萨等建筑师为代表的葡萄牙和西班牙的当代建筑则更是现代建筑的抽象性与地域特征的结合。

虽然如此,但是直至 20 世纪初期,白墙的使用方才超越了地域性特征和技术及功用层面的考虑,而被寄予社会理想和意识形态之含义,成为一种有意识的追求,并在形式和空间方面成为建筑学的一个基本命题。通过对于材料表现的抑制,它更为彻底地把空间奉为建筑的主角,使建筑成为光与空间的游戏,成为抽象形式在阳光下壮丽的表演,并在20世纪中叶进一步引发了对于形式自足和建筑自治的讨论和追求。

本节意在从相互关联的两个方面来对白墙进行讨论:一是在早期现代建筑中它的图像性与自然气候的风化作用之间的矛盾;二是以其对于材料的隐匿而有的对于抽象形式关系的探索,以及现代意义上的由形式(非建构)而来的建筑知性特质。

一、白墙的机器形象与气候风化之间的矛盾

彼得·柯林斯在其《现代建筑设计思想的演变》一书中追溯了建筑学中的机械(器)比拟——即把建筑比拟为机器来阐明新建筑原则这么一种思想——的源流,并认为在19世纪的类似思想方法中,唯有它与生物学比拟具有同等的重要性。在他的追溯中,这一比拟并非如通常所认为的那样源自柯布西耶,恰恰相反,这一追溯终止于柯布西耶。而在这之前,则有美国雕塑家霍雷肖·格里诺——柯林斯认为他是提出这一想法的第一人,后有维奥莱-勒-迪克及他的信徒阿纳托尔·德-博多,至于“汇集了柯布西耶《新精神》上文章的书(《走向新建筑》),当时则被看成不过是德-博多的陈腐想法的改头换面而已”[24]。

虽然从历史谱系上柯林斯否定了柯布西耶的原创性地位,他并没有否认“勒-柯布西耶的‘房子是居住的机器’的口号,对于20世纪想采用比拟于机器的自然愿望,产生了有力的影响”[25]。事实上,也没有人能够否认柯布西耶对机器的迷恋于他个人乃至整个现代建筑所产生的重大影响。

1. 机器与机器的图像

柯布西耶强调机械的美,高度赞扬飞机、汽车和轮船等科技和工业产品,认为这些产品的外形设计不受任何传统式样的约束,完全是按照新的功能要求而设计成的,它们只受到经济因素的约束,因而,更加具有合理性(图4-5)。虽然柯布西耶对于机器的赞美尚还包括效率等因素的考虑,但是这种比拟仍旧常常被简化为一种形式创造上的美学原则,成为一种图像的创造,而这也可以说是这种比拟不可避免的结果。因为,机器的形式是与运动不可分离地联系在一起的,一旦它停止下来,除去作为有潜在运动能力的东西之外,就没有意义了。而建筑在根本上来说是静止的,那么这种与机器的形式比拟将不可避免地导致一种图像上的牵连,而非真正原理上的移接和转化。

最能体现这种机器图像的是什么?光滑洁净的白墙!

白墙以其鲜明的轮廓和形式,以及对于材料的隐匿,成为了最好的元素和方法。弗兰姆普敦把那些二三十年代的建筑看作“像”是由机器制造出的,而约翰·温特则直陈“机器制造的那种感觉只是一种图像(image)而非一种实质(reality)……所有的表面都被粉刷并涂白,以便赋予建筑一种机

图4-5　1920年代的空中快车

器制品般的精确性，……传统建筑经过装饰而看起来有如机器制品。"[26] 所有这些，都说明那些白色建筑体现的不过是一种机器的图像，而非机器的本质。但是，在以白墙来满足机器图像的制造的同时，它却不可避免地遭遇着自然气候的风化和侵蚀，也更加暴露出这一图像的脆弱。

2. 白墙对于时间的抗拒

这一图像体现了现代主义在技术、社会和艺术层面的多重理想，它拒绝时间向度中的变化，拒绝留下时间的印痕。然而，任何建筑毕竟都是时间中的建筑，并且都不可避免地遭受自然气候的侵蚀（图4-6）。

图4-6　气候风化作用下的萨伏伊别墅

为了抵御气候风化的影响，传统建筑有着檐口、窗楣、窗台等等细部构造措施，并且在几乎所有的不同构件和材料的交接处都有合适的构造处理来覆盖其接缝（图4-7）。而在柯布西耶看来，它们常常蜕变成一种单纯的装饰，这些装饰的存在正是为了遮掩构造上的缺陷。去除了"装饰"方有了光光的墙面，方才能有他所渴望的机器般的简洁与纯净。但是白色的粉刷只是掩盖了问题，而没有真正地解决问题。去除细部构造带来了技术上的灾难，这一缺陷事实上加剧了建筑在气候风化面前的脆弱。

对于这一时期的现代建筑，白墙是如此的司空见惯，以至于它无法成为关注和研究的对象。只有当这白色逐渐消失，让建筑回归其自然的状态，把那机器的图像撕碎，唯有此时，人们方才开始注意并谈论这一白色的面层。佩夫斯纳的著作很好地说明了这一点。在他1936年的建筑史写作中根本未曾提及这一问题，然而，他却在1959年对比了柯布西耶的白色建筑的原初状态以及它们的现在状况，并总结道："柯布西耶的建筑在其衰旧状态不能令人愉悦。粉刷成白色的混凝土框架和墙体留下了毫无美感而令人不堪的废墟。……柯布西耶二三十年代的建筑其最显著的特征在于：白白的光光的墙面，棱角分明的钢窗则像是把这墙面剪开再齐整整地嵌入，却没有任何过渡的线脚，一条明确肯定的水平线最终把建筑从背景中凸显出来。这些白色的表面必须保持其白色，钢制的窗框也不能生锈。"[27]

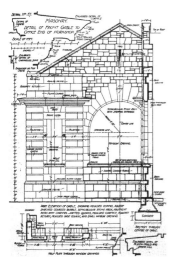

图4-7　传统建筑外墙构造上防风化的细部

佩夫斯纳是在看了柯布西耶作品的巡回展以后写下了上述文字,此时距那些建筑的落成不过 30 年。如果说它说明了白墙在其意愿上对于时间的抗拒,它更是证实了这种抗拒在最终效果上的脆弱和适得其反;如果说它展示了一种机器时代的图像,则更是暴露了这么一种非建构做法的致命缺陷。然而,从另一方面来说,它又凸显了建筑的形式——柯布西耶所谓的纯粹的精神创造,甚至也是形式抽象性凸显的必要条件。

二、材料的隐匿与形式抽象性的凸显

1. 形式概念的学科性与历史性

形式(Form)被视作建筑的一个核心要素,只是 19 世纪末以来的现象。此前,它更多的是一个哲学和美学概念,而且被不同时期的哲学家们赋予了多种不同的内涵。

古希腊的哲学家与美学家倾向于把形式作为美与艺术的本质,甚至以形式来解释世界的构造。毕达哥拉斯派认为存在于数的和谐之中,而和谐就关涉形式的问题。柏拉图提出了以几何形式支撑物质世界的构想。前者的"数理形式"是关于自然物质的,而柏拉图提出的"理式"或"形式"(idea 或 form)是存在于万物之上的精神范型,是"共相"、"原型"和"正本",而现实界只是"理式"的摹仿和副本[28]。柏拉图的学生亚里士多德则提出了形式的"四因说",认为任何事物都包含"质料"和"形式"两大要素,前者是事物的"潜能",后者是事物的"现实"。事物的生成就是将形式赋予质料,或者说质料的形式化。但无论是毕达哥拉斯学派的"数理形式"、柏拉图的"理式",还是亚里士多德与质料相对的"形式",都是形式一元论,即把形式看作是美或艺术的本质规定和存在方式。与之不同,古罗马诗人贺拉斯提出了美和艺术的二元论,即"合理"和"合式"一对概念,前者要求合乎理性,后者要求得体而适宜。这一范畴的出现标志着与内容相对的形式概念的出现。

以上所述古希腊罗马的四种主要形式概念构成了整个西方美学中这一概念发展的基础,此后出现的各种对于形式的理解以及关于形式的美学思想和观念,都可以看作是这四者的融合、补充与更新。

今天我们对于形式的理解基本是建立在 18 世纪康德的美学批判标准上。在《判断力批判》中,康德将形式定义为感知艺术的一个门类,他认为审美判断属于独立的思想体系,是思维发现愉悦的知觉力。康德思想的重要意义在于他认为"形式"取决于主体,而非被观察的客体,审美判断力能认识到客体美,是因为它能看到客体中蕴涵的"形式"的再现。19 世纪末期的"移情论"(Empathy)实质上便是康德美学的一种演变,这一论说推动了康纳德·菲德勒等人倡导的形式主义倾向,认为艺术不是以客观地反映生活为目的,而是根据主观的知觉来创造形式。其重要意义在于提出形式属于观者的知觉,质疑和否定了几个世纪以来强调内容的传统,为 20 世纪的抽象艺术铺设了理论基础。它同时还破除了那种新形式是新材料的必然产物的观点。

"形式"一词在建筑学中的使用则是更为晚近的事，直到19世纪末期，才开始在建筑学中出现"形式"一词。并且开始与历史上这一概念不包含的价值和范畴相联系，如装饰、大众文化、社会价值、技术实验和发展以及功能等等。在英语世界，现代意义的"形式"一词大约在20世纪30年代出现。而且人们通常用"形式"一词来表示"形状"或"形体"，用以描述建筑的感觉特征，或者试图取代"形状"和"体积"来表达某种精神意义。

不难发现，就其内涵来说，形式具有一种内在的模糊性。"一方面它具有'形状'（shape）的含义，另一方面它也意指事物内在的'理念'（idea）和'本质'（essence）。前者描述对象中通过感官来知觉的属性，后者则必须借助于理智的认识方能把握。"[29] 因此也可以说，形式具有感性与智性这样的双重属性。虽然这种分别在英语中共同融入同一个词汇 Form 当中，但在德语中却有着明确的区分：Gastalt 意指前者，Form 意指后者。德语也成为现代意义上的"形式"的诞生所依赖的思想工具。但是无论在哪种含义上，材料的隐匿（白墙）对于形式的显现都具有特别的意义。

柯布西耶对于形式的理解事实上比较单纯，核心在于对基本几何形的强调。在他早年发表于《新精神》杂志上的文章中，柯布西耶大为赞赏古希腊建筑所体现出的形式的纯粹性，并把帕提农神庙视作当代的机器。而在他给建筑师先生们的三项备忘中，从根本上体现建筑基本几何形式关系的体块更被置于首位（图4-8），并认为"建筑是一些搭配起来的体块在光线下辉煌、正确和聪明的表演"。而"立方、圆锥、球、圆柱和方锥是光线最善于显示的伟大的基本形式。……它们是美的形式，最美的形式"。也出于这一理由，他毫不掩饰对于哥特建筑的贬抑，因为"哥特建筑并不是以球形、圆锥形和圆柱形为基础的"。在第二条备忘"表面"中，他则提醒建筑师，他们的"任务是使包裹在体块之外的表面生动起来，防止它们成为寄生虫，遮没了体块并为它们的利益而把体块吃掉"。相反，表面要变成形式的显示者，"如果建筑的形式是球、圆锥和圆柱，那么，这些形式的母线和显示线就以纯粹的几何学为基础"[30]。

图4-8　加拿大谷仓

什么样的表面才能最好地显示体块的形式？又是什么样的表面才不会成为体块之上的寄生虫？在字里行间我们似乎可以听到那"白色的粉刷"隐隐闪现。它最为彻底地去除了材料的感官性因素的干扰，最好地显示了体块的视觉形式。这也正是本章上一节第二部分"感官性与视觉性"所着重论述的内容。

这里，不难看出，柯布西耶关注的仍是形式的感性层面，而他在战后的继承人——以"纽约五"为代表的"白色派"则在这一点上有过之而无不及，他们同样依赖于光滑的白色表面对于材料的隐匿，但是把主要兴趣转移到了形式的知性层面。

2. 新先锋派——形式主义的知性追求与建筑自治

以"纽约五"为代表的白色派被后来的历史学家称为"新先锋派"，以区别于20世纪初的"历史先锋派"。但是，它事实上是一个比较松散的组织。据弗兰克·盖里的回忆，炮制出这么一个名称甚至只是为了打响他们一帮年轻建筑师的知名度。即便如此，对于后世来说，这一名称毕竟凸现了他们那一时期最为显著的特征——白墙，或说，对于材料的隐匿。也是在这种对于材料的隐匿中，白色派探究了形式的知性层面和建筑自治的可能。

为了这一目标，他们尝试着转向传统建筑学以外的途径，格雷夫斯，迈耶，海杜克都以研究绘画来开始他们的建筑研究，借助建筑与现代绘画的相似性——即如何以一种复杂而深刻的空间方式和途径来组织视觉世界[31]。与这种绘画取向不同，艾森曼转向了语言学。他在研究生期间对乔姆斯基产生了兴趣进而将乔姆斯基的理论引入建筑设计中。但基于几个假设：首先，建筑也是一种语言；其次，一个分析工具能够变成一个生成工具，也就是说，我们可以把本来用于分析语言的工具用来做设计；最后，我们的大脑的结构原则与外部世界之间有一致性。这些假设构成了建筑学认识论的基础，也使其有可能与鲁道夫·阿恩海姆的知觉心理学与柯林·罗和斯拉茨基的透明性理论相联系。

由于在白色派的理论中，形式必须跟从甚或超越自身的格式塔和结构逻辑，对功能的漠视变得不可避免。艾森曼在其 1976 年的《反功能主义》中断言："功能是一种业已过时的，人文主义的东西，它仅仅是文化的，却不是普遍的。"[32] 需要指出的是，这里去除功能的考虑，主要是要撇开建筑中的社会内容[33]。抛弃早期欧洲现代主义的政治乌托邦——而现代主义在这一点上的失败倒正好成了"纽约五"的奠基石。

如果抛去了功能和社会意义，那么建筑则成为一种纯粹的感知的现象。

"纽约五"的形式概念是以格式塔心理学为原型的。如果我们借助于格式塔心理学，就会对白色派有更进一步的了解。格式塔心理学的代表人物鲁道夫·阿恩海姆认为，任何"形"，都是认识主体对视觉进行积极的组织和建构的结果，而不是客体本身就具有的[34]。我们的头脑不是"尽量敞开思想去接触刺激，你对事物的看法就局限在头脑里"固已形成的范畴内。结论并不代表对外来刺激客观的知识，而仅仅只是反映了预先就存在的固执见解。这就是说，在感觉方面，我们的思想先于事实，在刺激发生之前我们已经做出了结论[35]。

白色派将形式的操作提高到了认识论的角度。无论其强烈建立认识论框架的愿望还是与之相应的形式操作，都不是孤立的。正交，旋转，虚实，层，表皮，网格，这些操作有它们自己的系统。形式不是特定文化的符号，而是超越特定文化的并且给建筑的理解提供了普遍的基础。当然白色派认识论意义上的形式主义留给我们的绝不仅仅是形式自身，而是当风格与时局变迁之时，这种对于认识论的解读能够随之变化。但不变的是其持续的非功能，非社会性的立场。

柯林·罗敏锐地揭示了"纽约五"的立场：坚持形式的自律性，拓展了历史先锋派的 "物质–肉体"（physique–flesh），而否定了 "道德–词语"（moral–word）。后者随着现代建筑乌托邦的幻灭已经烟消云散，而前者"拥有和以前一样强大的雄辩性和灵活性"。他将这批建筑师比喻为"好战的二手货"，相比于柯布西耶等前辈，他们相当于文艺复兴时期的斯卡莫齐之于帕拉第奥。他们从现代建筑遗产中挖掘建筑形式发展的潜能,但是不再与大众、技术、时代等主题相关,而在于其自律性的前景[36]。

3. 艾森曼的形式分析与创造——卡纸板住宅

在白色派对于知性形式的追求中,又以艾森曼的研究最有说服力和代表性。

借用美国当代语言学家乔姆斯基的生成转换句法理论(generative-transformation syntax)以及关于语言的深层–表层结构的理论[37],艾森曼认为建筑形式的生成也有着类似之处:建筑在表层结构或实际具体形态之下潜藏着深层结构,它是一种抽象的普遍形式,不能以功能、材料、技术等观念来解释。他以一套内在的关系系统,即建筑元素和空间关系被描述为线、面、体量之间的纯粹几何关系,来取代通常建筑形式与功能、结构之间的语义学联系。这种做法将建筑形式与使用、文化含义的关联切断,形式以抽象的符号来表现,它的生成转换过程则成为建筑元素之间纯粹逻辑关系的演绎。

在对特拉尼的作品弗利格里欧公寓(Casa Giuliani-Frigerio,Como,1939—1940)的分析中,他考察了方案发展的不同阶段,发现一种明显存在的深层结构的转换机制。在他看来,特拉尼通过逐步分解由结构剪力墙控制的概念性体量,并在剖面和立面上加以暗示,为概念上的相互"侵蚀"、相互"模糊"提供了基础,形成了多重阅读的可能性(图4-9,图4-10)。特拉尼发展的深层结构的生成转换句法表明,"一个特殊的位置形态要素本身是完整的,或者由'加法'构成,或者由'减法'构成。但是'正'(加法)或'负'(减法)的概念区分并非是指一种实际情况,而是由推理来判断,因此可双重阅读"[38]。由于几何参数位面的层叠性,根据观者的视觉角度和心理状态,面与体量的关系解读呈现多种选择性。

图4-9 弗利格里欧公寓东北角(左)

图4-10 对弗利格里欧公寓西北角分析(右)

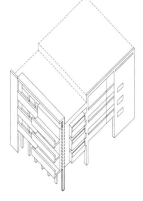

在他自己的卡纸板系列住宅中,艾森曼进一步发展了这种深层结构的生成与转换句法学。这一系列住宅之所以被称为卡纸板住宅(Cardboard House),有两个原因,首先卡纸板是个比喻,希望建筑尽可能排除语义学方面的隐喻(如结构、功能等),其次,卡纸板较少质感、色泽和体量,更接近纯粹的抽象概念和符号。也就是说,艾森曼想要摆脱现代建筑所注

图 4-11　艾森曼的住宅 II 号

图 4-12　艾森曼的住宅 VI 号

重的物质层面,突出建筑句法的抽象概念。建筑的梁、柱、墙板和空间被当作句法中的"元",按照数学方法演绎出各种形式结构。

住宅 II(图 4-11)是阐释艾森曼早期生成逻辑的最佳实例。它有着两套深层结构系统:矩阵式的立柱系统和横向墙体系统,每一套都足以支撑建筑。这两套系统的对立不仅产生这一建筑层次的丰富性,还造成了解读的多重性。当将其中一套视为结构系统时,另一套系统就可能表达其他信息,反之亦然。艾森曼试图通过这种过量设计使建筑元素变成纯粹的几何符号,而不是表达其结构性能或功能价值,从而指向建筑形式的内在性。

卡纸板系列从住宅 VI(图 4-12)开始,形式的初始结构开始复杂化。以前出发点都是一些简单的经典几何,如立方体和九宫格图形,建筑要素通过秩序化组合由简单形式转变为复杂形式,但仍然保留了构图(composition)的痕迹。住宅 VI 提出了分解(decomposition)的概念,作为对构图的反题,并开始反对九宫格所蕴涵的古典人文主义逻辑。"分解概念不再将建筑的内在性理解为立方体、双立方体或半立方体然后加以变形。建筑内在性可以开始于复杂性状态。……更确切地说,图解包含未成形的质料的多形式状态,从这种状态可以将材料悬置在时空中某一凝固时刻上。内在性就不再被概念化为有形的,事实上被当作非常接近于复杂质料的一种状态。"[39]

艾森曼的卡纸板住宅发展了一种新的设计方法,他在建筑内在逻辑的基础上发展出一套纯粹是句法学的建筑学操作方式,这种句法学制定的一系列操作规则实际上是设计的"智力游戏",他不能在真实的建筑中被感知,但能有效地推动形式的设计和生成过程。这种设计方法忽略了建筑的物质层面,现实建筑的产生只被看作是形式生成的副产品。这使得以艾森曼的卡纸板住宅研究为代表的这种纯粹形式的取向实际上存在一个前提:纯粹的"白色"以及几何格网。在这么一种设计策略中,材料本身是抽象的,色彩的运用也以一种"限定性"服务于面与体量的几何形式关系[40]。或者说,抽象的几何形式逻辑限制了对于材料特性的过度表现,相反,它要求对于材料采取一种极端隐匿的态度。

艾森曼所秉持的文化精英意识以及对自足的形式主义的钟爱,使他在当代建筑学中扮演了一个极为激进的角色。一方面,他和众多精英建筑师一样,反对商业主义和技术主义所导致的文化的均质化;另一方面,他全然拒绝通过建筑学在传统中所行使的社会学、技术学和美学的功能,以求得建筑文化的异质性。不同于弗兰姆普敦所提倡的通过地方性而达到的批判的地域主义,不同于斯蒂文·霍尔对建筑材料和自然状况的"现象学"的探讨,不同于诺曼·福斯特等对技术美学和盖里对个人美学的表达,艾森曼的建筑探索几乎从价值的零度开始。拒绝建筑类型学传统,放弃对材料、构造的表现,尝试以一种中性的政治、意识形态立场出发,艾森曼将全部热情投放在自足的形式探索中。

艾森曼在当代建筑实践中建立起了一种极为独特的模式。他关心建筑知识的可能性远甚于建筑产品的制造量。在今天西方建筑学面临信息时代的冲击所产生的重重危机中，一些建筑师如瑞姆·库哈斯、让·努维尔和伊东丰雄等尝试将建筑学的中心部分地让位于某些更广泛的社会力量，如"城市基础设施"等；另一些建筑师如赫尔佐格、德莫隆和妹岛和世等则尝试尽量缩减建筑学与外部相冲突的界面，以更精妙的方式化解外界压力。迥异于此，艾森曼的姿态是敏锐地回应时代的巨变，又毫不妥协地坚守建筑学形式语言的领地。他的工作使得今天的建筑学在危机中仍显示出某种程度的自信，并为更年青一代成长于信息时代的建筑师展开全新的形式探索奠定了基础。

就白色派而言，我们甚至可以说，正因为其空间与使用相分离，才使其空间有其特殊性。白色派不仅剥离了建筑中对于材料的考虑，使建筑形体看起来是单纯的形式操作，还将建筑对于社会和人本身的影响剔除，从而使建筑真正成为了某种概念艺术。也正是这些因素把白色派的建筑学认识论推到了一种极端的形式主义地步。这也正是反映了以"纽约五"为代表的白色派的强烈的知性倾向，建筑中的知性追求也成为"纽约五"及其精神导师柯林·罗的根本旨趣所在[41]。

艾森曼深受他的导师柯林·罗的影响，而他这一时期在空间和形式上的探索在很大程度上也是由柯林·罗来开辟的。这既是师承上的一种联系，更是推进现代建筑（及其之后）的发展及其批判的内在脉络。而以柯林·罗为智力核心的"得州骑警"在这一方面可谓开风气之先。一方面，他们在教学上的实验揭示了这么一种以白墙为基础的非物质化途径的形式和空间潜质，并使其变得可教和可学；另一方面，他们对于柯布西耶的重新解读使他的遗产得到了更好的继承和发展。其中，柯林·罗与斯拉茨基1955年至1956年间写就的《透明性：实际的与现象的》一文揭示了柯布西耶在20世纪二三十年代作品中的独特空间特质，成为这一探索和发掘的理论核心。

对于形式的极端关注在一定程度上导致了艾森曼对于空间的忽视，强烈的概念性和知性取向排斥了人的知觉体验，在对于西方500年的人文主义的过滤中，虽然为新的形式操作开辟了一条新路，但是真正的作为物质形态的建筑却几乎成了一种自我指涉的智力游戏。这样的偏颇在早期的柯布西耶那里是不存在的，白色的粉刷一方面是避免对于形式表现的干扰，另一方面更是对于空间品质的凸显。

事实上，在柯布西耶那里，白色粉刷导致的材料的隐匿与构件的抽象化，为一种新的技术条件下的空间创造——动态体验的漫游空间和静态沉思的"透明"空间——提供了便利。

第三节　白墙的空间内涵

1920年代的巴黎，空间尚未成为建筑学思考的核心词汇，但是在其他艺术领域却非如此。著名的艺术批评家卡尔·爱因斯坦便把艺术史定义为"所有视觉试验、空间发明和图案设计"的总和，并且认为艺术的未来正是在于对空间的操作。因此不难理解作为建筑师的柯布西耶，其对于空间的关注，首先是从艺术家的视角出发的。在他与奥赞方合作的《纯粹主义》一文中，把他们纯粹主义的绘画定义为"不是一种表面而是一种空间"。这一出发视角对于柯布西耶的空间探索及其早期对于材料的态度都具有突出的意义。

另一方面来看，虽然柯布西耶20年代的白色住宅有着强烈的形式上的考虑和对于机器形象的追求，但是首要的仍然是对于空间的探索。诚如他在1955年的回忆所言："这么多年以后再回望过去，才意识到我所有的智力活动都被导向空间的创造。我是一个属于'空间'的人，这种属于不仅仅是心智上的，也是身体上的……"[42] 因此，对于柯布西耶20年代的白色建筑而言，固然可以从它们的形式和机器形象来分析，但所有这些若是脱离了对于空间的认知，它们的意义将大打折扣。而与绘画等艺术形式中对于空间的观念性探索不同，建筑空间的探索和表现首先依赖于技术上的可能，就这一意义来说，无论如何强调钢筋混凝土框架结构以及由此而来的多米诺体系的重要性都不为过。

一、多米诺体系与自由平面

1. 多米诺体系（Dom-ino system）

柯布西耶于1915年提出了他的著名的多米诺方案，这一方案包括一个矩形的"骨架"体系以及一系列的平面和透视图，用来说明他的不同单元以及场地组织方式。框架体系采用预应力混凝土浇筑而成：6根标准尺寸的柱子，稍稍抬离地面，位于6个支撑着地板和楼梯的柱础之上。底板水平光滑，没有用来支撑的梁。柱子围于结构体的周边，但并没有达到最外边缘（图4-13）。这样，立面、墙体、窗与门的开启方式不依赖于结构体系。

图4-13　多米诺体系

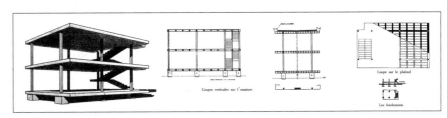

在这么一个体系中，反映了柯布西耶剔除传统观念的努力。传统的墙壁被分解为承重和围护两种功能，并进而被两个"纯粹"的元素所取代：柱子和"分隔"。相应的，传统概念中的"房间"被"功能区"取代，"走廊"被"水平交通元素"取代，而"家具"被"起居设备"所取代。建筑物的"前"与"后"不复存在。观念的净化与提纯带来了新的东西："自由平面"、"自由立面"以及将元素进行无限组合的自由。新的理念带来了新的机会，创造出"屋顶花园"和"水平长窗"，后者提供了无阻碍的景观和内部分割的曲线组合。最终，这一纯净的全新建筑类型为标准化以及在此基础上的工业化和批量生产提供了广阔的空间。

2. 多米诺体系提供的空间可能性

多米诺体系创造了一个普适的原型，并以此来整合工业时代的多种建筑类型。事实上，它已经超越了一个单纯的形式技术方案，而代表着一种更为广泛的原则和价值的理性构造。但是，就建筑本体而言，它的首要意义乃在于这一基于新的技术条件的建筑原型所提供的巨大的空间可能性。

多米诺体系从结构体系和建筑概念上解放了空间——这个被称为现代建筑主角的要素，但是具体表现这一空间在新条件下的无限可能性，仍然有赖于对建筑表面的处理。在柯布西耶 20 年代的住宅设计中，几乎无一例外地使用白色粉刷作为外墙的表面材料，不仅如此，这种材料还在大部分情况下一直延伸进室内，最多偶尔加入几片颜色或者是在需要的时候贴上一些瓷砖——而即便是瓷砖也绝大部分是白色的。总之，他要尽其所能地来隐匿构造建筑的真实材料，以及它们具体的感官性。而所有这一切，无不为了突出建筑的抽象空间特质。这一时期中，经由这一途径，他的几栋建筑中表达了如下两种典型的空间特征：漫游式空间和扁平叠加（flat and stratified）的空间。前者既反映在采用如画式（Picturesque）构图的洛奇别墅，更体现在方正严谨的萨伏伊别墅中；而后者经由柯林·罗的分析，已经成为斯坦因别墅的代名词。

这样的区分并不意味着两者的对立或者发展的先后，相反，两种特质的空间类型其实几乎同时发展，并且常常是彼此渗透。虽然如此，它们的区别还是很显明的：前者与柯布西耶个人的游历与经验相关，后者则更多的源自现代绘画等艺术创作中的空间观念；前者更多地指向身体性的经验，呈现一种动态的特征，后者则常常是智力上的挑战，表现出一种静态上的特征。

二、漫步建筑的动态体验

1. 漫步建筑

对于 Promenade，既有把它称作"漫步"，也有把它称作"漫游"或是"散步"，但含义都是一样的。"建筑漫步"（Promenade architecture）也因此强调人在其中的动态体验，它的核心是"动"。尽管人们从 Promenade 很容易联想到风景造园运动（Picturesque），但是对于柯布西耶来说，从他在 1919 年的旅行速写中对于卫城的自习描绘与记录来看，更可靠的推测是这种概念来源于他在雅典卫城反复品味所得到的建筑感悟。在《建筑 II：平面的花活》中，他强调了"人用离地 1.7 米的眼睛看建筑物"，并且"只能用眼睛看得见的目标来衡量，用由建筑元素证明的设计意图来衡量"[43]。由此他强调了人的身体性经验的重要性，而反对后期巴黎美院那种忽略动态空间体验的形式化平面构图。

但是另一方面，这种动态的体验往往又不再仅仅是对于空间单一透视效果的制造，也不是一种鸟瞰式的对于理想化几何秩序的把握，而是着重表现空间的连续性和在行进过程中的丰富变化。对于置身其中的观者而言，这种亲密的感性体验也会自然地区别于建筑之中抽象而自主的秩序。阿拉伯建筑在这方面给了他很大的启示。柯布西耶在 1934 年曾这么

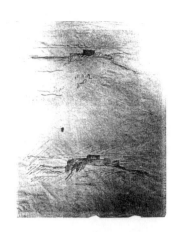

图 4-14 柯布西耶的雅典卫城
速写(一)

图 4-15 柯布西耶的雅典卫城
速写(二)

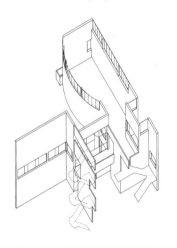

图 4-16 洛奇别墅空间轴测

图 4-17 洛奇别墅内景

写道:"阿拉伯建筑可以教给我们很多东西。它让人在运动中,在脚的行走中来欣赏。正是在行走中,在从一个地方到另一个地方的漫游中,我们体会到建筑空间是如何展开的。"[44] 如果说阿拉伯建筑多是在平面上的动线和变化的话,那么卫城则还加入了高度的因素,柯布西耶曾经生动地用文字和速写来记录了沿着山坡蜿蜒而上接近卫城给他带来的惊异的空间体验(图 4-14,图 4-15)。至于 18 世纪的风景造园运动,则在景观的塑造上成功运用了这些手法。柯布西耶的意义在于他把所有这些动线所带来的空间魅力在建筑的室内进行了成功的演绎。此时,在框架结构提供的平面墙体的自由以外,竖向的交通联系便显出它特殊的地位。

同为连接不同高度的构件,柯布西耶注意到楼梯与坡道的区别,"楼梯(把不同楼层)分离……而坡道则连接起(不同的楼层)"[45]。在漫步建筑中,与楼梯相比,坡道于是扮演着至为关键的角色。它削弱了多米诺结构体系带来的层状及水平向空间属性,在第三向度上把空间连为一体,在自由平面之外强化了空间的连续性,从而突出了漫步建筑的动态体验之特征。

这一空间特征贯穿了柯布西耶整个的职业生涯,但是在他 20 年代的白色住宅中由于隐匿了材料的表现而变得最为单纯,这尤其体现在洛奇别墅和萨伏伊别墅的空间组织中。

2. 洛奇别墅

洛奇别墅的全称应该是洛奇-让那亥别墅(Villa La Roche-Jeanneret),它由两个部分组成,但是空间上的精彩之处却无疑是在银行家哈乌·拉·洛奇(Raoul la Roche)的这一部分,主人是一个富有的单身汉,柯布西耶的朋友,也是一位艺术收藏者。

这一别墅 1923 年开始设计,两年后建成。三层高的大厅位于 L 形房屋的转角处,建筑的各部分都在这里展开,突出的楼梯、楼梯平台、一段坡道,还有架空的走道占据了空间,互相贯通的交通元素而非传统的走廊在建筑中占据了统治地位(图 4-16,图 4-17)。建筑师相信建筑的动线和结构一样重要——"建筑学就是动线",并且这种动线上的关系和魅力应当得到清晰的表达。

柯布西耶在这里融入了两种交通组织方式——锯齿形路线以及目标明确的直线形。前者让置身于其中的人知道该往哪里去:比如在房间的内部,这种目的表现为睡眠、学习和饮食;而后者则应用于通往图书室和屋顶(私人花园),还有在室内游览和观赏绘画的路线上(图 4-18)。尽管在室内公开的展示如此丰富的交通体系,洛奇别墅的空间形态仍然令人惊奇地表现出一种平静和均衡的特质。这是因为,尽管室内是为了运动而组织起来,他的空间划分运用了古典主义的一些谨严的法则,而"漫步建筑"的非正式特征只是从反面强化了这些古典秩序。

在色彩的运用上,柯布西耶也是小心翼翼。精心挑选的色彩搭配,用于仔细挑选的元素之上,以此强化建筑整体的特征——纯净的洁白。结果便是最好地传达了柯布西耶的纯粹主义原则——没有肮脏的角落,没有黑暗的角落,无非是为了创造一种"除了白还是白"的空间品质。

图 4-18 洛奇别墅平面
图 4-19 迈耶别墅轴测图(左)
图 4-20 柯布西耶致丽兹-迈
　　　　耶的信(右)

在洛奇别墅建成的那一年，柯布西耶设计了另一幢小建筑——迈耶别墅（Villa Meyer）（图 4-19）。在一封他写给客户丽兹·迈耶·米谷（Lisa Meyer-Migaud）太太的信中，柯布西耶以漫画家的高超技能将文字与草图结合在一起，勾画出设计最基本的原则和它们所对应的空间形象。他急切地想要展示"自由平面"的开放性和"漫步建筑"的序列性之间的相互作用。在一种类似于俄国电影先驱谢尔盖·艾森斯坦的情节素描中，柯布西耶通过模拟人在建筑中的不断行进，一帧一帧由短及长地展开他对未来建筑的虚拟漫游。在每一帧画中，描述了人在建筑中行进的不同情景，以及他们如何捕捉到丰富独特的空间感受（图 4-20）。

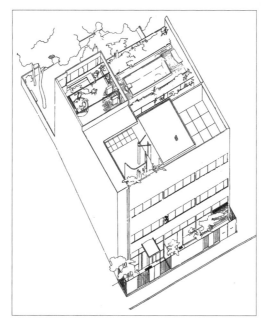

在 5 年以后的萨伏伊别墅（Villa Savoye）中，这种强调动态体验的空间漫步更是成为建筑的核心要素和品质。

3. 萨伏伊别墅

萨伏伊别墅位于伊夫林（Yvielines）省的普瓦西（Poissy），是皮埃尔·萨伏伊（Pierre Savoye）为他的妻儿建造的私家别墅。用柯布西耶的话来说，它是一个"让人睁大双眼"的机器，坐落在巴黎郊外葱郁的树林之中。底层架空柱托起了由白色、光滑的墙面组成的立方体，物质性在这儿被隐匿，整座建筑透明而静谧。当太阳升起时，住宅的外墙和内部充盈着光与影的流动，随着时间的流逝，光与影的强弱、色彩会产生不断的变化，透明似的、白色的墙体从视觉中消失了，空间因了光影走上舞台，成为建筑的主角。

萨伏伊别墅在平面上基本呈正方形，一个三段式的结构体系在水平和垂直方向将体量分割开来。底层为列柱架空的长廊，围绕着"交通器官"进行组织，中间层则被一种轻柔华贵的气息所笼罩。缓缓的坡道被置入正方形盒子的中央，削弱了多米诺结构体系带来的层状及水平向空间属性，使各层平淡的场所内产生了中心性和上升性，而且把上下层空间联结了起来，发挥了与洛奇别墅入口空间同样的效果——使内部空间一体化（图4-21）。但由于人在这条可以折返的坡道上的运动，引起的视觉的变化又使各层之间的空间产生了差异。

图 4-21 萨伏伊别墅剖面

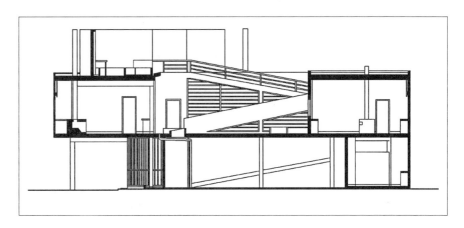

这一盘旋而上的坡道将整个建筑在纵向上剖开，让观者尽情欣赏周围的景致，并在头脑中将片断整合成连续的图景（图4-22，图4-23）。这一漫步的历程终止于屋顶的花园，屋顶上构筑物的运动和转折，墙体、柱子和屋顶的分与合提供了多种多样的边缘、基础和框架，为观者提供了关于风景的全新的多重解读（图4-24）。

图 4-22 萨伏伊别墅坡道的室
外部分(左)

图 4-23 萨伏伊别墅坡道的室
内部分(中)

图 4-24 屋顶似抽象雕塑的构
筑物的远景透视(右)

刚开始的方案中，只有一个坡道作为上下的交通联系，后来在业主的要求下才又加上了一个楼梯。被隐匿了光源的大玻璃窗引导着底层的人顺着坡道上望，光，成为动线建筑中一个既微妙又强烈的要素。

萨伏伊别墅中的每一个空间单元其实都非常简单，多为方便实用的矩形。空间的魅力来自于空间的组织和展开的序列，正是通过身体性的经验人们方才能够领会到这一空间的特征。这一特征与其他建筑师如赖特的殊为不同，在他的统一教堂中，流线经过强烈的控制，人也是在安排好的动线中来渐次领会空间的序列，而在萨伏伊别墅中，沿坡道上行的体验是一种开放性和综合性的感知，它允许观者从不同的视角来感受形式和空间的组织。

如果说漫步建筑无一例外地诉诸"游荡的人"的身体性知觉，而压制了对于某种概念性秩序（conceptual order）的表达，那么在另一种空间类型——现象透明——之中，这种依赖于智性思考的概念性秩序则占据了突出的地位。只是，与文艺复兴及新古典主义建筑中通过几何轴线达成的理想秩序不同，这里，概念性秩序通过空间的层叠化（stratification）和模糊性（ambiguity）的可能性来得以体现。

三、现象透明的静态沉思

1. 现象的透明性

"现象透明"作为一种空间特征的描述用语，首先出现于柯林·罗与罗伯特·斯拉茨基写成于 1955 年并在 1963 年发表的《透明性》（*Transparency*）一文中。在这篇论文里，他们区分了"透明"的两种内涵：字面的（literal）透明性与现象的（phenomenal）透明性。前者指它的一种通常含义，即材料物质性的视觉属性，如玻璃的透明；后者则借用乔治·科普斯的观点，把"它们能够相互渗透而不在视觉上破坏任何一方"称作透明性[46]。此外，这种"透明性所暗示的远不仅仅是一种视觉的特征，它暗示一种更为宽泛的空间秩序。透明性意味着同时感知不同的空间位置"。具体来说，则是指组织结构的关系属性，也可以理解成空间的透明性。

与这种区分相对应，柯林·罗与斯拉茨基剖析了两类现代艺术作品的内在构成方式。一类是倾向于字面透明性的艺术家，如毕加索、莫霍利·纳吉、德劳内等。他们从立体派绘画的空间结构中抽取已分解的"形"，通过光和材料的研究，把这个物理上透明的物体还置于一个依然残存了自然主义的深度空间之中。另一类是强调现象透明性的艺术家，如勃拉克、格里斯、莱热、柯布西耶等，把空间的层叠现象作为一种策略，剖析"透明"的层次与等级，以一种复杂的推理，来实现意识观念在真实空间的投射。这尤其突出地显示了现代绘画对于柯布西耶的空间意识的影响。

在柯布西耶早期的纯粹主义绘画中，他把那些纯化过的物体压缩进或是层化为二维空间，而后期的纯粹主义绘画则远离了对于物体的描绘，转向一种流动的，甚至是海洋一般的空间。正是这些作品被吉迪翁（跟在柯布西耶和奥赞方的后面）以"共用轮廓（*marriage des contours*）"来描述，因为它们通过同时既肯定又否定体积（volumes）来达成对于知觉（perception）、幻觉（illusion）和认知（cognition）的把玩，并以此内化了（internalized）线条与色块之间的对立。吉迪翁认识到要在建筑中取得纯粹主义绘画的效果，就必须为游移于心理生理学空间中的观者来操纵形式与色彩，而不再是那种传统的透视学的空间认知，这在科普斯的视觉研究中得到了佐证。

科普斯认为："透视学把视觉领域变动不羁的丰富性僵固成一种静态的几何学体系，滤去了在体验空间时永远存在的时间性因素，并因此而毁坏了观者体验中的生机勃勃的动态关系。"[47] 对于科普斯来说，现代视觉需要与现代的技术条件重新取得一致，照相术和摄影术这些现代技术正是提供了一个机会，让我们能够更新成一种与人类知觉的生物学条件更为一致的视觉模式——即在一个平面（flat surface）上进行再现的形式。它不再依赖透视学所获得的空间再现，而与儿童的幼稚的绘画相类似，既很原始又很现代，也更为自然。这样，所谓的画面空间便就具有了突出的意义。

柯林·罗与斯拉茨基对比地分析了包豪斯校舍，以及柯布西耶的作品中浅层空间与深度空间的相互联系。格罗皮乌斯的空间概念被赋予"字面的透明性"。他们的兴趣集中于柯布西耶建筑作品中展示的"现象的透明性"——不仅仅呈现一种视觉特征，它还指向一种更广泛的空间秩序。与画家把深度空间压缩成严格的绘画平面这一过程恰好相反，柯林·罗与斯拉茨基意在把"现象的透明性"，转化为一种研究现代建筑空间构成的"层叠策略"。与两位作者同属"得州骑警"的赫斯里拓展了它的适用范围，并进一步把这种方法发展为一种设计操作的工具，利用几何控制线与层叠策略分析了普遍存在于历史建筑中的"现象的透明性"，最终演化为一种设计教学方法。

2. 斯坦因别墅中的现象透明

斯坦因·德·蒙齐住宅（Villa Stein de Monzie），或按所在位置地名称为加歇住宅（Villa at Garches），建成于1928年。业主是两位美国人迈克尔·斯坦因和萨拉·斯坦因（Michael and Sara Stein）以及他们的法国朋友伽巴耶·德·蒙齐（Gabrielle de Monzie）女士，后者是安那东·德·蒙齐（Anatole de Monzie）总理的前妻。

在《透明性》一文中，罗与斯拉茨基详尽地分析了柯布西耶的斯坦因别墅，并以此为主要的例证之一，在与包豪斯校舍的对比中来阐述"现象的透明性"[48]。

图4-25　斯坦因别墅朝向花园的立面

罗首先强调了两位建筑师对于玻璃透明性的不同态度。表面看来，斯坦因别墅朝向花园的立面（图4-25）与包豪斯侧楼的工作室一翼的立面很有些相似之处：两者都采用了悬臂楼板，首层都向后收进，都采用了水平连续窗带，并强调转角处玻璃面的连续性。但是，柯布西耶在这里更在意玻璃的平面特性，并通过引入与水平窗带分格等高的墙表面，加强了他的玻璃的平面效果并使其从整体上具有一种表面张力；而格罗皮乌斯则让他那透明的玻璃幕松弛地挂在挑出的封檐底板上，让人意识到楼板是位于玻璃幕墙后面，并且让人穿过幕墙看见室内再越过室内看到背后的室外景象，与他1912年完成的法古斯鞋楦厂的转角相比，玻璃的视觉透明的属性在这里得以突出并被表达得更为充分（图4-26）。

图4-26　包豪斯侧楼的工作室一翼

罗的发现是"我们可以从加歇的别墅中享受到某种猜测的乐趣：也许窗框是从墙表面后穿过？但在包豪斯，则不允许我们作出与斯坦因别墅相似的推测和想象"[49]。这一类型的乐趣似乎成了现象透明性的根本特征和魅力所在。它强调的不再是漫步建筑的那种人在其中的身体性经验，而是人在进入之前的某种静态的沉思与猜测。这种不确定的多重解读的可能性，于是成为它最重要的引人之处，并在建筑的"浅空间"形态中得到更为充分的表现。

所谓"浅空间"，即便是今天也更多地是一个绘画术语，尤指纯粹主义绘画中的空间特征。它与传统绘画中依赖透视法所建立的深度空间相对，使得画面的主体形式似乎漂浮于画布后面那不确定的区域之中。在建筑中，则通过建筑在竖向和横向的分层来达到。

在罗看来，斯坦因别墅通过构件在几何关系上的暗示，把建筑空间在竖向上分为五个层叠的面（plane），比如首层后退的表面由屋面上位于屋顶平台两端作为终止平台的自承重墙体再次限定。对深度的同样表述在侧立面上也可以看到——这个面上的玻璃门作为朝向花园的立面开窗的终止。通过这些方式，柯布西耶暗示了紧贴着他的玻璃窗后面存在一个与之平行的狭长空间。作为这一点的逻辑推论，他还暗示了更深一层的概念——在这一狭长空间的周围和后面，存在一个假想的平面，而首层的墙体、屋面上的自承重墙体以及侧立面上玻璃门的内侧铰链，都构成这一平面的不同片断。虽然这一平面并不是一个真实存在的墙体，但其强烈的存在感却无可否认。因此，这里的透明性决不是由于玻璃窗的使用而带来的效果，而是在于我们意识到那一基本的概念：相互渗透而不在视觉上破坏对方。

罗关于五个假想平面的分析在赫斯里的图示中有了更为清晰的表达（图4-27）。从特征上说，其共同点在于这里每一个平面就其自身而言都是不完整的，或者可以说是片段的，但是建筑的立面正是以这些平面作为参考点而组织起来，它们还对于整体作了暗示：建筑的内部空间在垂直向上被层叠化，并由此产生一系列侧向伸展的空间，它们在深度方向上一个接着一个。

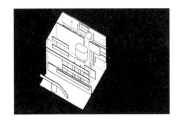

图4-27　赫斯里关于斯坦因别墅的图示

这样，在斯坦因别墅，柯布西耶似乎已经成功地使建筑疏离其所必需的三度空间的存在，产生了某种类似于画面空间的效果，那种在莱热的《三张脸》中才具有的模糊性和复杂性（图4-28）。而在罗看来，这进一步地被室内空间的组织方式所证实。

乍一看，室内空间似乎完全与立面相矛盾，尤其在二层平面（图4-29）。该层平面的空间结构比初看上去要复杂，其所揭示的主要空间的主导方向与立面所暗示的方向恰成直角，餐厅的半圆形凸出部分则是对横向的进一步强调，但主楼梯的位置、中庭和图书室都再次强调了同一向度。当按照水平位面即楼板来解读空间的时候，揭示出了相似的特征。不同的楼层现在成为自然形成的位面，而它们之间又有着相互渗透的关系。比较一下二层平面的组织方式很容易发现，深度空间在垂直向上对应于建筑中两层通高的室外露台和把入口门厅和起居室联结在一起的内庭（void）；并且柯布西耶借侵犯（encroaches upon）位于中央的空间来扩大空间维度。而如果说对竖直面的解读的多重性，乃是源自浅空间和假想平面的前后位置的不确定性，那么在室内的水平向分层上，则是通过各层空间的渗透以及同层空间的相互"侵犯"来达成，也与图底关系发生了某种联系。借用自纯粹主义绘画的"共用轮廓"模糊了空间的边界，形成空间限定的不确定性，呈现出空间的被暗示（suggest）而不是被定义（define）的效果。赫斯里的图解再次明示了这一特点（图4-30）。

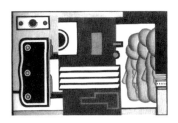

图4-28　莱热的《三张脸》

罗最终这样来概括现象透明性在斯坦因别墅中的体现："这样，在这栋房子里充满了空间维度的矛盾——科普斯把它看作透明性的特征之一，而且事实与暗示之间的辩证关系不停涌现。事实上的深度空间与经

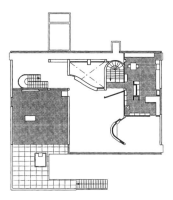

图4-29　斯坦因别墅的二层平面

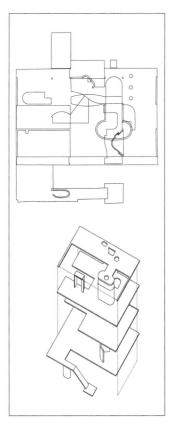

图 4-30　斯坦因别墅水平空间上的模糊性及其水平面的分解

由推论而来的浅空间不断地互相对立，结果形成一种张力并迫使人反复阅读。贯穿垂直维度以分割建筑体量的五层空间和水平划分空间的四层平面一再引起注意；这一空间网格的存在导致了持续而变幻不定的空间解读。"[50]

只是，在论述水平空间上的透明性及其所暗含的图底关系时，罗错误地引用了格式塔心理学来作为这种多重性解读的理论基础，因为正如美国艺术史家罗斯玛丽·哈格·伯雷特尔教授所指出的，格式塔心理学所研究的并不是他们在文中所谓的模棱两可的视知觉，相反，它说明的是人的大脑总是用尽一切办法来试图保持一个内在一致和统一的图像[51]。这也揭开了对于透明性理论批判的序幕。

3. 对于透明性理论的评判

在《不透明的透明性》一文中，布莱特避开了罗与斯拉茨基的具体结论，而着重就他们的论述方法提出了质疑。除了上述对于格式塔原则的错误引用以外，他也认为罗与斯拉茨基对于透明性的二分法，并非如作者所声称的那般有效，从而在比较格罗皮乌斯与柯布西耶的作品时缺乏足够的普遍性。而对于艺术史上尤其是现代绘画中的一些问题，布莱特也有不同的意见和思考。比如他指出，不能单凭画面中的对角线因素便断言构成主义具有自然主义倾向，事实上，在 20 世纪 20 年代所有的先锋派艺术中，立体主义是唯一一个在其作品中保有自然物（瓶子、杯子、香烟等等）形式的画派。而他们对于斯坦因别墅的分析则隐藏了它的自然主义要素——即人要站在一个有自然深度空间中自正面来欣赏，而立体主义的绘画却全然不要求这一点。因此，柯布西耶喜欢的正面性更多的是一种文艺复兴时期的概念而不是立体主义的方式。至于把构成主义与自然相连而把立体主义与抽象相连，虽然从一开始就错了，现在则更可以证明，在任何情况下这种勉强的关联都是没有意义的：因为即使我们认可立体主义的空间是抽象的，柯布西耶也是在一个自然主义的背景中来应用这些立体主义原则。

另一位建筑理论家加拿大的德特勒弗·马丁斯教授则认为罗与斯拉茨基似乎曲解了吉迪翁的观点，因为，"正如罗与斯拉茨基相信后立体主义的透明性不是简单的看透玻璃，吉迪翁和莫霍利·纳吉也是如此"[52]。而这一点却被他们有意无意地忽略了。事实上，吉迪翁的透明性概念正是基于一种空间知觉的现象学，设想了一个能够在空间与时间之中自由移动的观者对于空间的现象学知觉。与此恰成对照的是，"罗与斯拉茨基则引用了一种二维的现象学，此时，这个观者被固定在立面轴线的某一位置上，就像是在看一幅画一样"[53]。所谓的现象透明似乎越发变成了一种静态的沉思，更多的是一种智力活动而非身体经验。对于这一点，布莱特则注意到："在罗与斯拉茨基的《透明性》的第二部分，他们在哥特建筑以及手法主义建筑中，甚至在米开朗琪罗的圣劳伦佐的立面设计中也发现了这种现象透明性的特质。……第一部分的对于现象的透明性的定义……已经悄悄转换成在一个本质上是二维的空间之中进行的多重读解。从科普斯那里借用来的对于现象透明性的初始定义——同时感知不同的空间位置——也不再像它在斯坦因别墅中的含意那样丰满了。"[54] 而在例证的选取上,虽然柯林·罗出于特定的环境和学术气候,以格罗皮乌斯(的包豪斯校舍)为例来批评甚至是贬抑了对于材质透明性的关注,然而,正如布莱特所诘问的那样:"假如把加歇别墅的沿街立面拿来与某位强于格罗皮乌斯的建筑师——比方说密斯——的作品相比较,这种在字面的与现象的透明性之间的比较还那么有趣吗?"[55] 换句话说,单就材料透明而言,假如柯林·罗用来和柯布西耶的空间透明相对照的不是格罗皮乌斯,而是密斯这样一位在设计上更强的建筑师,这种论证是否还会如此有效呢?这也正说明罗以空间的"透明性"来贬抑材料的透明性的不妥。事实上,材料的透明性在整个 20 世纪对于空间观念和结构表现都产生了巨大的影响,这一点将在下一章加以讨论。

即便在论证方法的严密性以及具体结论的说服力上罗与斯拉茨基的论文都远非无懈可击,但是,正如马丁斯在他极富影响的《透明性:自主与关联》一文中所言,这些批评"根本无意于减损罗与斯拉茨基论文的光辉,或是降低他们对于现代主义两个'类'的区分在建筑学中所扮演的富有生成力的角色"[56]。事实上,这些批评本身正是证明了这一论文的重要性,也不可能减损《透明性》一文的光辉。

通过把 20 世纪初的先锋派建筑师分成两个阵营,并且把由立体主义与纯粹主义绘画到柯布西耶的建筑这一条发展线索赋予更高级的地位,柯林·罗与斯拉茨基揭示了柯布西耶作品中的知性特质,并有效地削弱了格罗皮乌斯、吉迪翁和莫霍利·纳吉对于 20 世纪 60 年代以后美国学生的影响[57]。它的发表对于 60 年代以来的建筑实践产生了巨大的影响,尤其是在建筑教育中展现了它那不可磨灭的光辉。

以上对于两种空间特质的考察集中于柯布西耶 20 年代的作品,这也是现代建筑空间观念的探索时期,而就柯布西耶来说,则受到现代绘画的巨大影响。在这一时期,他对于白墙的迷恋出于多种原因,但就结果来看,这种对于材料的隐匿都凸显了建筑的形式和空间的抽象品质。而柯布西耶的一生是如此的复杂多变,以至于任何一个关于他的论述都只能严格地限定在其某一个阶段,甚至是某一个具体的建筑。与 20 年代对于材料的隐匿相反,自 30 年代始,材料的表现力在柯布西耶的作品中慢慢苏醒,但是那种动观与静观的空间特质依然存留。

1965 年落成的哈佛大学视觉艺术中心被一条长长的坡道从中间穿过,它把建筑在三个向度上与校园相连接,在一个更大的尺度上体现了漫步建筑的空间状态。然而整座建筑几乎全部由混凝土浇筑而成,而非外面抹上一层白色的粉刷。至于柯布西耶这一时期的另一种空间特质——罗与斯拉茨基所谓的现象透明性,则在赫斯里那里被无限扩大,而成为一种教学中的操作方法。在他所列举的先例分析中,赖特的建筑,柯布西耶晚期的建筑,文艺复兴时期的建筑,无不具有现象透明的特质。如果说在罗与斯拉茨基那里,材料的隐匿事实上成为了他们理论和实践的前提,那么，对于赫斯里来说，所谓现象的透明性只不过是一种空间组织的工具和方法，与材料的表现与否并没有什么关系。

所有这些似乎都在暗示，空间的模式更多地取决于建筑构件的相对尺度、几何关系以及它们相互之间的组织方式。而材料的区分或是单一（多重材料还是单一材料），以及如果是单一材料，它对于感官性特征的表现（是混凝土还是白色粉刷），对于空间则扮演着强化或是弱化的作用。至于材料的隐匿与空间的关系，或者更广泛地看，与建筑品质之间的关系，则还需要进一步的探讨。

第四节　材料的隐匿与空间的显现

如果与材料的多样化表达相对，我们把材料的单一化看作材料的隐匿，那么，它所带来的空间上即时的变化便是面的连续性，并进而有了空间的抽象性。假如进一步来说，与某种有着明确的感官属性的单一材料（比如说木、砖、石材或是混凝土）相比，我们把白色粉刷这种既无特殊质感又无特殊色彩的材料看作材料的隐匿，空间的抽象性则得到进一步的加强。

隐匿了材料的空间失去了材料的依托，也因其抽象化而失却了它在材料上的具体性。当材料退居幕后，其他对于空间效果发挥重要影响的因素便来到前台，光便是最为重要的一个。柯布西耶的形式的表演离开了光的因素将变得难以想象。纵然在任何建筑中光都是"形式的给予者"，但是只有在隐匿了材料的白色建筑中，光才第一次获得了纯粹的表现，也成为空间的第一位的塑造者。

光，是极少主义者的偏爱。材料也常常成为被极少化的对象，在这一意义上说，材料的隐匿与极少主义具有一种天然的内在联系。但是，在建造与空间上，或者说在建造的过程与建筑的效果之间，所谓的极少主义却有着难以协调的内在悖论。这一悖论关乎材料与建造。但是，它更关乎空间。

一、自由平面中面的连续性

1. 柱的结构意义与墙的空间意义——自由平面与容积规划

在森佩尔的建筑原型中，"柱"虽然是重要的建筑构件，但并非"四要素"之一，而是作为屋顶的工具性附属物存在。一来，从材料与工艺上来讲，它们具有同一性；二来，从人类的基本动机（Urmotive）来看，它们都是为了满足遮庇（roofing）的需求。后者牵涉到了空间的问题。但是，就遮庇而言，起作用的完全是屋顶，也只有作为面的屋顶。这被墙体作为另一要素"围合"所佐证。"柱"只是因为要在这一建筑原型中把屋顶撑起才存在，除此以外不再具有别的意义。同为竖向构件，墙的作用却大不一样，它是一个独立的要素，不论是材料上的还是技艺上的，当然首先更是作为人类动机体现的空间上的独立要素（参见本书第二章第二节"森佩尔的'建筑四要素说'"）。

于是,在路斯对于"温暖宜居"的空间的强调中,"柱"消失了。

从空间的限定和构成方式来看,路斯的容积规划主要是经由墙的围合与限定,柱的存在往往被隐匿在墙体之中。空间的复杂带来了结构上的难度,他采用的办法是把结构隐藏起来,理由是人对于空间的感受只在于围合空间的物质要素的表面,而与背后的结构无关。这一既作结构又作围护的墙体,其自由度受到了极大的限制。

既然结构与空间有着各自不同的要求,服务于不同的目的,那么把他们彻底地分离也便并无什么不妥,反而带来了概念上的清晰。于是,多米诺体系(Dom-ino System)通过把柱的结构意义独立出来,赋予了墙体以充分的自由。

如果我们不把柱列看作是挖了洞的墙,那么,同为对于空间的竖向限定,与墙相比,柱的空间意义确实可以忽略(而那种把柱加密来作为空间的限定要素的做法其实是抹杀了柱与墙的区别)。虽然柯林·罗发掘了柱的不同截面形状对于空间模式的影响——当然这种影响更多是以一种暗示的方式来显现(参见本书第三章第四节关于密斯部分的论述以及引注59),就知觉空间而言,柱还是成了某种需要去除的干扰。因此才有了密斯巴塞罗那馆中对于柱的"十"字形截面和镀铬表面的视错觉的利用,以把柱的存在感最小化,也才有了萨伏伊别墅中把柱与墙全部涂成白色,以便让柱融入墙的世界。

因此,多米诺体系的重要性更多的它作为现代建筑结构原型的意义,在于它对于新的材料和建造方法的回应。这并不意味着它没有空间上的意义,只是这一意义是以一种间接的方式表现出来,也就是说,这一结构原型为空间提供了前所未有的自由度。而这种自由度的实现归根结底还是要通过墙体来得以体现。

2. 面的连续与断裂——自由平面与风格派

考察斯坦因别墅在1927年1月和6月的两稿设计,一个显著的区别便是先前一稿中的正交墙体被打破,成为许多自由曲线的组合(图4-31)。一方面这一改变凸显了柱独立出来以后墙体的自由,另一方面曲线带有强烈的引导性——如沙龙的曲线,在总体的正交体系中,它还突出了局部的方向感和等级性——如楼梯间及餐厅处的曲线。但是还有一点常常被忽略的是面的连续性,或者说轮廓的完整性。

如果说正交的面可以很方便地看作是两个面的组合,那么一个曲面则难以明确判断它的转折在哪里。这种面的连续性暗示的其实也是材料上的连续性——于是不论墙体由何种材料砌筑,都被刷成了同一种颜色。当柱与墙体并未分离时,柱的方形截面很容易地与墙体形成连续性;而当柱独立于墙体时,几乎无一例外地以圆形截面出现,标示出柱的独立性,也形成空间最大限度的连续性。这一特征在此前的库克宅(Maison Cook,1926),迈耶宅(Villa Meyer, 1925)以及其后的萨伏伊别墅中都一再出现。面的连续性,在柯布西耶的自由平面中也有着时间上的连续性。

与这种对于连续性的强调不同,巴塞罗那馆则是对于面的分离的强

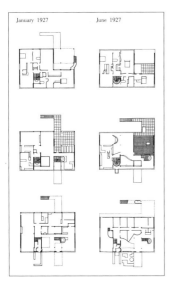

图 4-31 斯坦因别墅在 1927 年 1 月和 6 月的两稿设计

调。因此，虽然同样是达成了空间的流动性，所采取的方法却是大相径庭。而如果说巴塞罗那馆的面的分离仅只是在内部的话，那么在它的思想源头——风格派那里，所有的面都是要分离的。

凡·杜斯伯格在他1924年的《走向塑性建筑》一文中，宣布新建筑打开了墙体，取消了内与外之间的分隔，创造了一种新的开放性。赖特把这一变化称作"打破了方盒子"，方法是取消厚重坚实的角部而代之以通透的角窗。而风格派则是通过对于角部在水平向与竖直向的同时分解，取消了立面（facade）尤其是正立面（frontalism）。在有些设计里，角部被提高至底层平面以上，而在另一些设计里，它们又在到达屋顶之前便被截断。在水平向，同一个面上的角也并不在一条线上（图4-32）。这样，任何一个面都不会绕过角部与另一个面形成连续性。

面不仅是分离的，也是断裂的。而它所塑造的空间则不仅是流动的，还是无限的。

这一面的分离被颜色的区分进一步加强，面的独立性需要以材料的区分来表现，需要材料的显现，而不论这些材料是物质化的还是非物质化的。与之相对照的则是自由平面中面的连续性，以及加强这种连续性的材料的隐匿。这一意义上的材料的隐匿便就不再局限于白色的粉刷，而可以是任何一种单一的材料，包括极富质感的混凝土。

图4-32 施罗德宅外观

二、材质的单一性与空间的抽象性——安藤忠雄

1. 材质的单一性与抽象性

安藤忠雄的作品中，除了早期一些面砖时期的作品之外，其他几乎都是以清水混凝土来表现。在这些作品中，他把原本厚重、表面粗糙的清水混凝土，转化成一种细腻精致的纹理，并以一种绵密、近乎均质的质感来呈现。有了光滑如丝的混凝土，他使用的墙体以及以此塑造出的空间有着一种独特的表现力。

完成于1982年的小筱邸（Koshino House）是安藤走上国际舞台的代表作品（图4-33）。除了开口上的玻璃，建筑几乎通体以20 cm厚不加粉饰的钢筋混凝土来建造。与柯布西耶的粗野主义（béton brut）不同，光滑细腻的表面犹如日本传统的木材或纸质的墙壁。混凝土中加入的些许微微发蓝的砂子，使得混凝土竟然带有了一丝非物质化的轻盈（图4-34）。浇筑混凝土所用的木质模板是由专门的工匠来制作，他们参考了传统木构住宅的建造工艺。完成后的墙面上留下的模板接缝的痕迹以及固定模板留下的螺孔，都让人想起路易斯·康的建筑——尤其是萨尔克生物研究所——中的混凝土。但是，康对于墙体厚度的强调突出了它的重量感以及建造感，与此不同的是，在小筱邸以及安藤其他的混凝土建筑中，这一材料似乎失却了重量，由这一材料构成的墙体也失却了厚度，留下的似乎只是表面而已。

当在墙体表面涂上一层保护漆后，闪亮的表面与它的体积感形成对比，赋予墙体一种精致而不寻常的半透明感。安藤自己曾经这样来描述这

图4-33 小筱邸外观

图4-34 小筱邸中混凝土墙细腻的表面

材料呈现

一特征:"我所用的混凝土并不给人一种实体感和重量感,它们形成一种均质化的轻盈表面,……墙体的表面于是变得抽象,似乎在趋向于一种无限的状态。此时,消失的是墙体的物质性,为人的知觉所留下的只有对于空间的限定。"[58]

此时,"建筑的室内首先被经验为一抹抹泻入的光线",而墙体则"变得抽象化,(它的物质性)被否定,达致空间的终极界限。此时墙体失却了它的实在性,只有它们所包围的空间给人以真实的存在感"[59](图4-35)。

为了突出这一效果,安藤不顾结构的真实性,把墙体做得跟柱子一般厚(图4-36)。如果说密斯通过玻璃来取消墙从而突出结构,安藤则将墙重新筑起并同化结构。他以对于结构真实性的隐匿,获取了构件几何形态上的纯粹性,这一纯粹性去除了所有结构与材料上的枝枝叶叶的影响和干扰,从而获得空间的抽象性品质。"材料甚至墙的建造方法对于安藤的重要意义不过是一次性的……他所发展到极端的清水混凝土旨在构成形体的封闭性并形成几何空间的轮廓。因此在他此后的建筑里,材料的问题被一劳永逸地解决了,不再变化,变化的只是它们所围合并强化的空间形体。"[60]

图4-35 小筱邸室内

图4-36 小筱邸平面

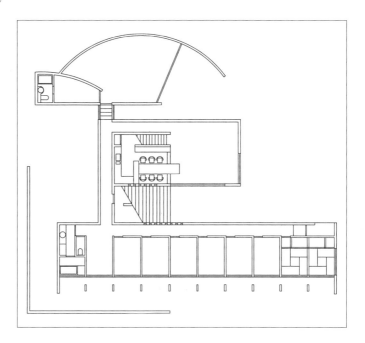

2. 材质的抽象性与触觉性(palpability)

虽然安藤强调了墙体尤其是其表面的抽象性,小筱邸(当然也包括其他类似建筑)独特的空间品质还有赖于这样一个事实——它的墙体既有其抽象性,又有着显而易见的触觉性特质,而这是与它的材料和工艺难以分离的。

倾泻而下的顶光突显了墙体表面那轻微而又细腻的波动——模板的轻微变形带来了独特的效果,而不管这种变形是有意为之还是无心而成。这一起伏尤其突出地表现在与榻榻米差不多相同大小的1.8 m×0.9 m模板的接缝处，当然在每一块模板的内部也有着些微的起伏。这种起伏形成了一种有如纸质屏风般的轻盈效果，在光线之下几乎就要荡漾起来一般。

柯布西耶在哈佛视觉艺术中心中摒弃了马赛公寓中粗糙质感的混凝土，而代之以精确平滑的钢模，塑造出混凝土做成的光滑的墙体，而未留下任何接缝或是模板的孔洞，获得了一种有如粉刷的白墙一般绝对的抽象性。当安藤以木模来代替钢模时，便以模板自身的性能获得了一种介于抽象与具象之间的效果。它没有康的那种对于材料的区分，以及对于建造感的忠实追求，从而销蚀了混凝土的重量；同时，它又不似柯布西耶的钢模那般完全消抹去建造的痕迹，从而保有了一丝由触觉带来的实在感。

但是，无论是纹理细腻、轻盈柔美的清水混凝土，还是对光影的绝妙控制，这些具象的载体不过是安藤表达建筑思想的某种手段。美国建筑评论家亨利·普朗莫曾经以一系列对立的词语来评价安藤的建筑："华美的贫乏、空虚的盈满、开放的围蔽、柔和的坚硬、半透明的不透明、发光的实体、光亮的黑暗、模糊的清晰、浩瀚的荒僻。"[61]

为了这种丰富的效果的达成，建筑中光的表现扮演了关键的角色。这种光的操作和表现，在材质的感官性进一步被隐匿的时候将会变得更为纯粹，这也是巴埃萨——这位钟爱白墙的当代西班牙建筑师——把光作为建筑的三个根本要素之一的原因。

三、纯粹的光——巴埃萨

在《本质》（*Essentiality*）一文中，阿尔伯托·坎波·巴埃萨[62]把"概念（idea），光（light），空间（space）"定义为建筑的三个本质要素，在其他的文章中他也多处论述了光之于建筑的根本性意义。此外，在《正确的白色》一文中，他也以一种诗兴的笔触描述了对他来说，白色之于建筑的意义[63]。而在他的实践中，这两者更是相辅相成，获得了一种独特的效果。

作为西班牙当代建筑师的代表人物，巴埃萨成长于这片土地，并且受到前辈建筑大师们的深刻影响，但是与其前辈如拉菲尔·莫尼奥对于材料的多样性的兴趣不同的是，自1990年以来他设计的一系列小住宅多为白色体块，不施装饰。体块上零星开几个洞，或者干脆不开窗。从外观看，这些建筑几乎什么都没有，然而当建筑被切开后，建筑内部空间的灵活与多变使剖面与立面形成了强烈的对比。

1. 日光与剖面

这种对比不仅意味着内部空间在三个向度上的丰富性与趣味性，更重要的是它反映了光已经成为了空间中一个纯粹的要素。与通常的剖面设计草图不同，巴埃萨的剖面和剖透视首先推敲的是光与空间的精确关系（图4-37）。在他的建筑中，光被窗口捕捉后组织成束，开始了光在建筑中的旅程。光沿对角线的角度从建筑的这头进入空间中，沿途受到各种拦截，最后穿越到建筑的另一头。

达拉哥（Drago）公共学校完成于1992年，光线穿行的对角线关系在这里得到极为出色的展现。它的大厅上方有两个开口，一个是天窗，另外

图4-37　图尔加诺住宅剖面草图

一个则与三楼走道相连通。天窗是大厅的主要光源,光线从这个窗子进来,再通过其下的实墙漫射进大厅。与三楼连通的洞口看似是供大厅和楼层对视所用,实际上它是巴埃萨为光线对角线穿越大厅留出的通道。他在三楼走道的屋顶上设置了一个天窗,从剖面上看,从这个天窗进来的光线穿过那个开口,斜向射进大厅,完成其在这个空间中的对角线之旅(图 4-38,图 4-39)。

图 4-38　达拉哥公共学校室内

巴埃萨把他完成于 2001 年的阿森西宅(Asencio House)称作"光与影的盒子"。在这个建筑中,他进一步发展了对角线的光对于对角线空间的追逐。

　　根据基地的朝向等条件,建筑师设计了两个不同高度的空间,再汇聚于一个两层高的中庭,形成一种对角线空间(图 4-40)。这三个空间都有洞口开向正面的景观,上部的书房并有一个天窗。它们的组合产生了变幻莫测的光线效果,随着时间的变化产生了不同的光与影(图 4-41)。房子的建造极其简单,内外皆以白色的粉刷覆盖,就像当地的其他建筑一样,因此,从外部看不出丝毫的特别之处。只有到了内部,空间与光的表演才真正开始,白色的墙面与天棚成为不可或缺的单纯背景,一个光的舞台。

　　如果说于路易斯·康而言,光是形式的给予者,在安藤忠雄那里——如艾森曼的评价所言——光拥有素描般的造型能力, 那么, 在巴埃萨这里,光的首要意义则并不在于它对形式的塑造,它自身的穿行似乎已经足以成为所有开洞和剖面的缘由。安藤因为对于形式的执著,意识到明与暗

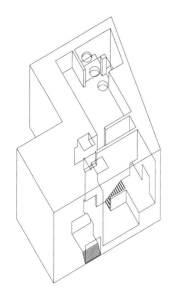

图 4-39　达拉哥公共学校空间
　　　　　图解

图 4-40　阿森西宅平面和剖面

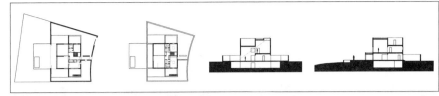

图 4-41　阿森西宅室内

的二元对立的存在可以提供对于无形光有形的控制。在小筱邸走廊的浓黑里，光借助阴影的素描，在顶棚、地板的平面上滑过交圈，形成光的柱廊（图 4-42）。在光之教堂，在黑色的地板与黑色的木椅的阵列所共同构成的黑色背景前，光之十字凸显在逆光的墙壁上如同物体一般，具体得可感可触（图 4-43）。或许，康的那句光之格言——即便是空间纯然的黑，也要有一束光标明它黑的程度——一直回响在他的心里吧。

图 4-42　小筱邸走廊(左)
图 4-43　光之教堂(右)

　　明与暗的对立勾勒了形，也常常赋予了某种宗教性的凝重。虽然在黑暗中，我们触摸不到那混凝土的表面——无论是康的厚重还是安藤如丝般的光滑，然而，那种质料却又似乎从未离开。与此相对照，巴埃萨的光几乎总是带着轻盈的笑容，蹦蹦跳跳地来回穿梭，在他洁白的空间中，几乎可以听到那欢快的脚步声。又有谁能说，这一光的轻盈与他对于材料彻底的隐匿无关呢？

　　失却了材料的具体，成就了空间的抽象。而在巴埃萨这里，这种抽象性似乎是专为光的穿行和徜徉而存在。光，成为了空间的主角，具有了某种独立的意义。去除了宗教的迷离与神秘,唯留下一种独特的感性品质。

2. 灯光与灯具

巴埃萨这些白色的建筑里有一个甚为特别的现象:几乎所有的灯具都被精心地藏匿或是弱化。而这当然并算不上巴埃萨的发明抑或创举。

在夫人的质疑下,柯布西耶开始思考这样的问题:如果照明是为了照亮墙壁、物件与空间,而不是为灯具的生产商服务;如果灯具的存在不过是夜晚灯光的需要,那么,灯具就应当被小心地隐匿,以便获得被灯光照亮的干净的墙壁,或是顶棚的干净与单纯。但是,无论萨伏伊别墅的灯具如何简化,它仍旧以灯泡或是灯管的形式悬吊于天棚上。而在巴埃萨的建筑中,除了偶尔几支细细的灯管依附在墙面之上,竟然找不到别的夜晚光线的来源(图4-44)。

与巴埃萨的方正空间与矩形墙面相比,阿尔瓦罗·西扎建筑中不规则的空间以及墙面、顶面的交错为灯具的隐匿提供了更为方便的装置。在这位柯布西耶的研究者的许多建筑里,我们可能根本找不到灯具的位置。如果说借着夜景的图片,可能发现灯具被安置在柜顶投射向天棚,在阳光下的某些室内,可以猜测到灯具有可能被隐藏在结构的缝隙中。可是仍旧有些空间——例如在加利西亚艺术中心(Galician Centre of Contemporary Art)——甚至连这样的猜测都无法进行(图4-45)。于是我们只能假设,假设他的建筑里根本就没有灯具也不需要灯具,所以才有了所有平面(墙面、地面、顶棚)的干干净净,不被打扰。

图 4-44 图尔加诺住宅室内(左)
图 4-45 加利西亚艺术中心室内(右)

许多评论把巴埃萨的建筑归类在极少主义建筑中,而这常常是从建筑的形式和形象来进行的解读。但是,对于巴埃萨来说,"少"不是设计的目的,而是一种精确思考的结果。他常常以"精确性"来说明自己对于设计的理解,如果建筑的材料、构件、空间、效果以及建筑与场地的关系都被非常精确地考虑,所有的需求都被思辨所过滤的话,"少"的结果自然会出现。

当然,这并不意味着以一种实在意义上的"少"来否定那种形式意义上的"少"。事实上,在文化的变迁中,后一种"少"已经不能再被歧视。

四、"极少"的悖论——帕森

假如我们把对于结构忠实再现的实体式(monolithic)建造视作材料的显现,而把层叠式建造对于结构的遮蔽甚或伪装称作材料的隐匿,那么,康的萨尔克生物研究所可以说是前者的代表,而路斯的米勒宅则属于后者。而如果我们只就层叠建造的最表层来看,把对于色彩、肌理的表现及区分视作材料的显现,而把那种单纯的光滑的白色称作隐匿,此时,米勒宅(室内)又应该是对于材料的显现,而只有柯布西耶的萨伏伊别墅或是巴埃萨的图尔加诺宅才是对于材料的隐匿。

这种不确定性再次表明了材料的显现与隐匿的复杂性及其相对性。但是,无论以何种标准来看,英国设计师约翰·帕森的极少主义作品都可称作是对于材料的隐匿。在这些作品中,白色抹平了色彩和肌理,更遑论对于结构的再现哪怕是暗示。也几乎是因为了这种隐匿,成就了这些作品中的"极少"——无论就实体还是就空间而言。

1. 极少主义与帕森方式的隐匿

从许多角度而言,建筑中的极少主义事实上已经不可避免地疏离于这一概念在艺术上的原初含义。

以唐纳德·贾德、安德烈和索·勒维特等为代表的极少主义在20世纪60年代兴起,它们意图去除单个物体(object)中的表现性因素,凸显物体之间的关系。梅洛-庞蒂的知觉现象学在事实上为他们提供了哲学基础。梅洛·庞蒂认为,我们的身体与世界同属于一个不可分割的系统,对于自身的认识只能通过与世界的联系才能获得,而这种联系首先是知觉性的。据此,极少主义的艺术家把他们的作品也视作一个知觉系统,作品、空间、光照与欣赏作品的主体之间通过互动,形成一种紧密的联系。为了把欣赏者的注意力引导至这么一种复杂的互动关系上,而不是停留于单个的物体之上,他们的作品(装置)常常通过简单几何形体的重复来形成作品的最终形式结构。

而建筑中的极少主义则几乎无一例外地集中于物体(object)本身的"少",在此之外,却无法进一步呈现物体之间的关系,或是激发它们与观者的互动。事实上,许多建筑作品的"极少"效果的获得正是以人的缺席为前提。如果说艺术品中的极少主义的意图在于把作品重新带回人与场景的交织之中,极少主义的建筑却常常是排斥了外界的要素。这种排斥不是拒绝,而是漠视,而漠视难道又不是最深刻意义上的排斥?

这在帕森那些隐匿了材料属性的白色的作品中体现得尤为强烈。

即以他在西伦敦的自宅而言,在所有的策略中,隐匿占据了首要的位置。

这一建筑建成于19世纪,因此帕森的工作其实更多的是室内设计的性质。就改造过的房子来看,在功能的重新分配以外,似乎主要的——如果不是所有的——精力都被用在了各种不同层面的隐匿中:结构被隐匿

图 4-46　施工中的帕森自宅

而剩下表面,管道被隐匿而剩下舒适,灯具被隐匿而剩下漫射的光线,材料被隐匿而剩下抽象的白——漫无边际的白——以及难以察觉的材质区分。简约,在一片白色中若隐若现……(图 4-46,图 4-47)

"所谓'极少',它可以被定义为人工制品中所取得的完美已经不再可能通过约减来加以改善。"[64]帕森所下的这一定义是对他的追求作出的最好的注脚,这注脚毫不隐讳地突出了他对于视觉效果的强调。物的极少提供了空白,给心灵留下了自由,让人获得了与内在之自我相会并寻求存在之本质的机会。这曾经也是柯布西耶对于现代人和现代生活的梦想。而密斯就说:少就是多。但是这句话最完美的注脚则是老子的话:少则得,多则惑。

这笼统的白并不意味着没有材料的区分,楼梯便是木质的。而在材料轻微的变换中,它却像是一个独立的构件被两片白板夹起,并且刻意与墙壁之间留出了一条细细的缝。此时,楼梯似乎已经不再是一个建筑上的构件(component),而只是房屋中的一个要素(element),因其构成性的抽象而失却了建筑学上的真实(图 4-48)。

图 4-47　完工后的帕森自宅起
　　　　居室(左)
图 4-48　帕森自宅楼梯(右)

弗兰姆普敦曾把赫尔佐格与德莫隆的极少主义称作"思辨性的和装饰性的",暗示它们缺乏建筑的实在感,缺乏他所提倡的那种建构的特质。假如以此标准来检验帕森的作品,可能他甚至根本就进入不了建筑师的行列。

事实上,他确实首先是一位室内设计师。帕森的国际声誉和极少主义标签也是来自于此前他的商业建筑室内设计,在这里,帕森建筑中的视觉性特质更为明显。

20 世纪 90 年代中期,他为世界顶级时装品牌"卡尔文·克莱恩"(Calvin Klein)设计了系列店面。从使用形式和功能形态上,帕森将商店设计成了画廊。在这艺术之廊里,他把商品以一种索引化的方式展出。为了空间的单纯,帕森对所有的非必要因素进行约减。时装店将不再为着售卖而被设计,而是为了展示,其本身的广告价值远远大于实用价值。

这一理念上的转变让帕森得以把重点放在建筑部分。他仔细地挑选材料,精确地进行施工。如果说早期现代建筑的白色给人以一种由平朴而

图 4-49　卡尔文–克莱恩东京店

图 4-50　卡斯维奇奥博物馆的
梁柱节点

来的极少,那么,在帕森这里,"极少主义的少就常常并不意味着被迫的平朴,而是一种精挑细选的奢华"[65](图 4-49)。

2. 关于"极少"的悖论

假如我们意识到获得这种"极少"乃是通过隐匿这一过程,"平朴"与"奢华"就不仅仅是经济上的比对,还暗含着一种内在的悖论:这一结果上的"极少",其前提恰恰是建造过程上的"极多"。

比较卡洛·斯卡帕的卡斯维奇奥博物馆(Castelvecchio Museum)室内与帕森的自宅,斯卡帕把每一个构件仔细地搭接以后便是最终呈现出来的形象(图 4-50),帕森则把所有这一切隐藏在白色的表面之后——当然,这并不意味着他对于材料和建造的漠视,因为,有时隐匿需要对于材料更好地了解和对于建造(技术)更好地把握。前者是建造上的极少,后者则是效果上的极少。但是,何者最少?

或许安藤是意识到这种矛盾的,他巧妙地利用了混凝土的塑性及其不同构件间几乎不留痕迹的连接,在保持了墙体的抽象性极少特质的同时,并没有失却建造的真实性,也没有为建造过程增加冗余的工序。对他来说,建造的过程与最终的结果是一致的,他以此消除了这种关于何为极少的两难。

然而在帕森"极少主义"的室内,他却没有这种自由。当一切可以想象到的细节,所有构件间的连接都被减少或压缩到最低限度的必要时,我们获得了视觉上的极少。为了对于抽象的面的强调而隐匿了其背后构件的节点,——而构件之间的连接不啻是建筑获得真正的建筑感的重要途径,否则就成了卡纸板的模型。简约同时意味着极其复杂而繁琐的约减过程,在光洁无染的白色顶棚或墙面上,帕森可能隐匿了 50 道工序。但是,现在他相信,在这样的白色中,他看到了 50 种白[66]。

通过对于复杂和真实的隐匿来得到视觉上的极少,这一看似虚假的做法却有着生物学上的基础。克劳第奥·斯沃斯汀将极少主义建筑跟人的身体作比较,从而以解剖学上的事实来回答可能的质疑:"人体看上去很简单,非常简单,但是皮肤掩盖了一个非常复杂的有机体。如果我们剖开人体来看,我们马上会发现一个非常复杂而又完美的组合结构。"[67] 这部分地认可了隐匿复杂以后带来的简洁反倒可能具有某种生物学上的真实。

或许,这也是帕森的哲学。

然而,当建造的实在性以及真实性同时在建筑中缺席,我们禁不住一种疑惑:此时是否有了某种图像制造的嫌疑?

然而我们能够以此来指责帕森建筑的不真实吗?

如果说巴埃萨以其"精确"的思考而有了他作品中的"极少",那么,有着强烈的室内设计背景的帕森对于"极少"的追求则几乎完全是源自效果的驱动。因为如果我们把巴埃萨的作品的极少主义视作实质性的,那么在帕森的作品中我们发现的这种极少的质素,则更多是一种形式上的。当从建造的角度来思考这一问题时,帕森的极少更是在斯卡帕的建筑面前凸显其形式和效果的驱动。当然,这一区分并不一定意味着某种价值上的判断,也无关于任何对于所谓真实性的追求。换句话说,真实性——尤其是所谓建造或结构的真实性——不可以用来作为批判帕森作品的依据。事实上,在一个图像化时代,真实性已经如此地混沌不堪,以至于单纯的形式或是图像的制造或许已经成为这个时代最真实的"真实"——如果不是这个时代唯一的真实的话。

如果说,对于材料的显现可能成为一种图像化的表现,那么,对于材料的隐匿可能更易受到这种传染,只是它可能会比那种对于材料的表现来得更为隐蔽一些。这再一次要求我们看,并且只看那表面。抛却头脑中残存的对于深度的渴望,接受当代社会无处不在的平面化和浮表化现象。

注 释

1　本节曾以同名发表于《建筑师》第 124 期(2006 年第 6 期)。收入本书时有修改。

2　参见本书第三章第一节"路斯及其文化批判"。

3　例如弗兰姆普敦在论述巴塞罗那馆的天花,以及萨伏伊别墅的白墙时都使用了这一概念。见 Kenneth Frampton, *Studies in Tectonic Culture: The Poetics of Construction in Nineteenth and Twentieth Century Architecture* (Cambridge, Mass.: MIT Press, c1995), 177.

4　在早期现代建筑中,对于白墙的钟爱是一种普遍现象,并在 1927 年的魏森霍夫住宅博览会上集大成。当时,作为艺术总负责人的密斯对参展建筑师们提出了三条要求,其中之一便是"建筑外观需为白色"。这一特征也成为 5 年后被冠之以"国际式建筑"的主要特征。

5　Le Corbusier, *The Decorative Art of Today*, trans. James Dunnet (Cambridge: MIT Press, 1987), xix.

6　Le Corbusier, *The Decorative Art of Today*, trans. James Dunnet (Cambridge: MIT Press, 1987), 207.

7　Le Corbusier, *The Decorative Art of Today*, trans. James Dunnet (Cambridge: MIT Press, 1987), viii.

8　Stanislaus von Moos, "Le Corbusier and Loos," in Max Risselada, ed., *Raumplan versus Plan Libre: Adolf Loos and Le Corbusier, 1919–1930* (New York: Rizzoli, 1987), 17–26, 18.

9　Stanislaus von Moos, "Le Corbusier and Loos," in Max Risselada, ed., *Raumplan versus Plan Libre: Adolf Loos and Le Corbusier, 1919–1930* (New York: Rizzoli, 1987), 17–26, 17.

10　Le Corbusier, "A Coat of Whitewash: The Law of Ripolin," in Le Corbusier, *The Decorative Art of Today*, trans. James Dunnet (Cambridge: MIT Press, 1987), 188.

11　Mark Wigley, *White Walls, Designer Dresses: The Fashioning of Modern Architecture* (Cambridge, Mass.: MIT Press, c1995), 15.

12　陈平. 李格尔与艺术科学. 杭州: 中国美术学院出版社, 2002: 16, 121–131

13　这场运动的名字"纯粹主义"(Purism)正是从"清洁派教徒"(Cathares)翻译而

来，这是前人送给柯布西耶的朗克多祖先的称谓——Cathares 在希腊语中就是"纯粹"的意思。"清洁派教徒"被用来指称南方的法国人，14 世纪时，他们逃往瑞士的纽沙泰尔山区。像他的祖先一样，柯布西耶一生保持着乐观进取、反偶像崇拜和纯粹主义的观念。

14 Gottfried Semper,《技术与实用艺术中的风格问题》德文版第一卷，445 页，此处转引自 Mallgrave, "Gottfried Semper: Architecture and the Primitive Hut," *Reflections* 3, no.1 (Fall 1985): 60–71, 65.

15 Mark Wigley, *White Walls, Designer Dresses: The Fashioning of Modern Architecture* (Cambridge, Mass.: MIT Press, c1995), 14.

16 Mark Wigley, *White Walls, Designer Dresses: The Fashioning of Modern Architecture* (Cambridge, Mass.: MIT Press, c1995), 11.

17 Adolf Loos, "Ladies Fashion," in Adolf Loos, *Spoken into the Void: Collected Essays 1897–1900*, trans. Jane O. Newman and John H. Smith (Cambridge: The MIT Press, 1982), 102.

18 Mark Wigley, *White Walls, Designer Dresses: The Fashioning of Modern Architecture* (Cambridge, Mass.: MIT Press, c1995), 16.

19 [美]弗兰姆普敦著；张钦楠等译. 现代建筑——一部批判的历史. 北京：三联书店，2004: 276

20 John Winter, "Le Corbusier's Technological Dilemma," in Russel Walden, ed., *The Open Hand: Essays on Le Corbusier* (Cambridge: MIT Press, 1977), 322–349, 326.

21 Mark Wigley, *White Walls, Designer Dresses: The Fashioning of Modern Architecture* (Cambridge, Mass.: MIT Press, c1995), 22.

22 关于森佩尔的面饰（*Bekleidung*）概念，参见本书第二章第一节"材料观的核心地位及'彩饰法'研究"。

23 David Leatherbarrow, *The Roots of Architectural Invention: Site, Enclosure, Materials* (New York: Cambridge University Press, 1993), 211.

24 [英]彼得·柯林斯著；英若聪译. 现代建筑设计思想的演变. 第二版. 北京：中国建筑工业出版社，2003.158

25 [英]彼得·柯林斯著；英若聪译. 现代建筑设计思想的演变. 第二版. 北京：中国建筑工业出版社，2003.160

26 John Winter, "Le Corbusier's Technological Dilemma," in Russel Walden, ed., *The Open Hand: Essays on Le Corbusier* (Cambridge: MIT Press, 1977), 322–349, 326.

27 Nikolaus Pevsner, "Time and Le Corbusier," *Architectural Review*, 125, no. 746 (March 1959): 159–165, 160.

28 柏拉图事实上把形式分为内形式与外形式，内形式指"理式"，它规定艺术的本源和本质，是永恒的、绝对的纯形式；而外形式则指摹仿自然万物的外形，它是艺术的存在状态的规定。这样，形式就具有精神观念和感性形体两个层面。

29 Adrian Forty, *Words and Buildings: A Vocabulary of Modern Architecture* (New York: Thames & Hudson, 2000), 149.

30 此段所引皆出自：[法]勒-柯布西耶著；陈志华译. 走向新建筑. 西安：陕西师范大学出版社，2004: 24–35

31 但同时，他们又清楚最终目标仍在于建筑学的研究，因此，这种类比性研究的最终目的恰恰又在于发现建筑学中根本的知觉原则。对于绘画与建筑两者的差别，海杜克也有着清晰地认识。

32　Peter Eisenman, "Post−functionalism," in K. Michael Hays, ed., *Oppositions Reader: Selected Readings from A Journal for Ideas and Criticism in Architecture, 1973−1984* (New York: Princeton Architectural Press, c1998), 9–12.

33　功能一词描述的是一个物体一定数量的行为对于另一个物体的影响,联系到建筑,问题就出现了:什么影响什么? 最初,功能更多作为建筑结构技术方面的考虑。直到 20 世纪,功能才出现了新的用法,描述了建筑对于人或者是社会的影响。对于社会的影响决定了建筑的形式。参见Adrian Forty, *Words and Buildings: A Vocabulary of Modern Architecture* (New York: Thames & Hudson, 2000), 174.

34　[德]鲁道夫·阿恩海姆著; 滕守尧译. 视觉思维. 北京: 光明日报出版社, 1987

35　[美]卡洛琳.M.布鲁墨著; 张功钤译. 视觉原理. 北京: 北京大学出版社, 1987

36　Colin Rowe, Introduction to *Five architects: Eisenman, Graves, Gwathmey, Hejduk, Meier* (New York: Oxford University Press, 1975), 3–8.

37　乔姆斯基在其成名作《句法结构》中提出"生成转换句法理论",认为作为记号系统的语言具有表层和深层两个结构层次, 表层结构指句子的形式, 即语法, 深层结构指句法。语言的深层结构是人类心灵先验存在的一种天赋能力,它通过"转换规则"可以转换成表层结构。

38　Peter Eisenman, "From Object to Relationship II: Giuseppe Terragni's Casa Giuliani−Frigerio,"*Perspecta*, 13/14: 57.

39　Peter Eisenman, *Diagram Diaries* (New York: Universe, 1999), 48.

40　所谓"限定性"由剑桥学派哲学家 W.E.约翰逊(W. E. Johnson)提出。按照他的逻辑观点,"橡木是一种木材"断定的是"类−分子"的关系;而"黄色是一种颜色"所联结的不是一个"分子"与一个"类",而是一种"限定性"与"可限定性限定物"。红、绿、黄都是可限定"颜色"的限定性,就像方、圆和椭圆都是可限定"形状"的限定性一样。把一组限定性连在一起的不在于它们某一方面相同,就如同一个类的各个分子一样,相反,在于它们以某种特殊的方式相区别。同一可限定物的限定性是互相"排斥"的,不过排斥在这里具有特殊意义,即它们不能同时刻画同一区域:一个区域可以既红又圆,但不能既红又绿。约翰逊认为这种区别是"可比较的",而不同可限定物的限定性之间的差别则不能比较,人们在感官上就可以断定,红与绿之间的差别大于红与橘黄之间的差别,但是却不能肯定红与绿之间的差别是大于、等于或小于红和圆之间的差别。

41　Please refer to Peggy Diemer, "Structuring Surface: the legacy of the whites," *Perspecta* 32, (MIT Press, 04/2001).

42　Le Corbusier, *Modular 2 (Let the User Speak Next)*, trans. Anna Bostock and Peter de Francia, (London: Faber and Faber, 1958), 27.

43　[法]勒−柯布西耶著; 陈志华译. 走向新建筑. 西安: 陕西师范大学出版社, 2004.151

44　转引自 Stan Allen, *Practice: Architecture, Technique and Representation* (Amsterdam: G+B Arts International, c2000), 107.

45　转引自 Eduard S. Sekler and William Curtis, *Le Corbusier at Work* (Cambridge, MA.: Harvard University Press, 1978),242.

46 乔治·科普斯在他的《视觉语言》一书中这样来定义艺术含义上的透明性："当我们看到两个或更多的图形互相重合，并且其中的每一个图形都拥有属于自己而同时又是共同叠置的部分，此时我们就碰到一种空间维度上的矛盾。为了解决这一矛盾，我们必须设想一种新的视觉属性。这些图形被赋予透明性：即它们能够相互渗透而不在视觉上破坏任何一方。然而透明性所暗示的远不仅仅是一种视觉的特征，它暗示一种更为宽泛的空间秩序。透明性意味着同时感知不同的空间位置。在连续的运动中的空间不仅后退而且变化不定(fluctuate)。透明图形的位置具有某种双关的意义，看起来它一会儿在前面的位面上，一会儿又跑到后面的位面上。" 转引自 Colin Rowe and Robert Slutzky, *Transparency* (Basel: Birkhäuser, c1997), 22–23.

47 György Képes, *Language of Vision* (New York: Dover, 1995), 86.

48 以下对于斯坦因别墅的解读基本译自罗与斯拉茨基的《透明性》一文，根据本文的需要有删节与修改。

49 Colin Rowe and Robert Slutzky, *Transparency* (Basel: Birkhäuser, c1997), 36.

50 Colin Rowe and Robert Slutzky, *Transparency* (Basel: Birkhäuser, c1997), 41.

51 布莱特在其《不透明的透明性》一文中这么说明这一引用的错误所在："格式塔心理学所研究的根本就不是他们在文中所暗示的所谓的模棱两可的视知觉。格式塔心理学（不要与近来的格式塔治疗法相混淆）是普通心理学(normal psycology)的一个分支，因此，它包括了对于常规视知觉(ordinary perception)的研究。罗与斯拉茨基文中所引的用来说明视知觉的不确定性的花瓶/面孔的例子所显示的根本不是这一类的东西，相反，这一图形，就像其他一些类似的图形一样，被格式塔心理学家用来说明的恰恰是它的对立面：即人的大脑总是用尽一切办法来试图保持一个内在一致和统一的图像(coherent image)。因为人并不能同时既看见花瓶而又看见人脸，换句话说，在某一时刻看到的图案要么是花瓶要么是人脸。而即便在识别出两个图案之后，人对它们的视知觉仍旧是有时间先后而非同时性的。因此，格式塔心理学并不能用来解释柯布西耶建筑中的空间模糊性。"参见 Rosemarie Haag Bletter, "Opaque Transparency," in Todd Gannon ed., *The Light Construction Reader* (New York: The Monacelli Press, 2002), 115–120, 119.

52 Detlef Mertins, "Transparency: Autonomy and Relationality," in Todd Gannon, ed., *The Light Construction Reader* (New York: The Monacelli Press, 2002), 135–144, 135.

53 Detlef Mertins, "Transparency: Autonomy and Relationality," in Todd Gannon, ed., *The Light Construction Reader* (New York: The Monacelli Press, 2002), 135–144, 135.

54 Rosemarie Haag Bletter, "Opaque Transparency," in Todd Gannon, ed., *The Light Construction Reader* (New York: The Monacelli Press, 2002), 115–120, 119.

55 Rosemarie Haag Bletter, "Opaque Transparency," in Todd Gannon, ed., *The Light Construction Reader* (New York: The Monacelli Press, 2002), 115–120, 118.

56 Detlef Mertins, "Transparency: Autonomy and Relationality," in Todd Gannon, ed., *The Light Construction Reader* (New York: The Monacelli Press, 2002), 135–144, 135.

57 毋庸置疑，柯林·罗的空间透明性的提法有其非常明确的针对性。其时，格罗皮乌斯经由他在包豪斯的声誉以及在哈佛的地位牢牢地影响甚或控制了美国的建筑教育界（这从格罗皮乌斯竟然能够控制美国乃至欧洲的主要建筑期刊推迟发表《透明性》长达 8 年可见一斑），但正如后来有人挖苦的那样，"格罗皮乌斯带到美国的没有多少包豪斯的精华，相反大部分是包豪斯的糟粕。"因为，"从历史大框架中考察，顽固或者幼稚地相信和追求建筑中的量化的因果关系，可能是包豪斯对建筑设计的最有害的影响。"参见 Klaus Herdeg, *The Decorated Diagram* (Cambridge, Massachusetts: The Massachusetts Institute of Technology, 1983), 87.以柯林·罗为首的"得州骑警"小组对于这种教育现状极为不满。就这一点来说，他们选取格罗皮乌斯的包豪斯校舍来与柯布西耶的作品相对照，绝非偶然。

58 Tadao Ando, "Rokko Housing," in *Quaderini di Casabella*, 1986, 62. 转引自 Tom Heneghan, introduction to *Tadao Ando: The Colours of Light*, ed. Richard Pare (London: Phaidon, 1996), 20.

59 Mirko Zadini, 转引自 Richard Weston, *Materials, Form and Architecture* (New Haven, CT: Yale University Press, 2003), 193.

60 董豫赣. 极少主义：绘画·雕塑·文学·建筑. 北京：中国建筑工业出版社，2003: 58

61 转引自 Tom Heneghan, introduction to *Tadao Ando: The Colours of Light*, ed. Richard Pare, (London: Phaidon, 1996), 18.

62 阿尔伯托·坎波·巴埃萨，1946 年出生于西班牙西北小城巴利亚多里德（Valliadolid），并在南部地中海边上的卡迪兹（Cadiz）接受启蒙教育。1971 年他毕业于马德里高等建筑技术学院，1976 年开始在母校任教，并于 1986 年担任该校设计系主任。1989 年至 1990 年他在苏黎世高工任教。1986 年以来获得过许多洲际性和国际性奖项。近二十年来，西班牙建筑以其对于场地和材料的敏感在当代建筑版图中独树一帜，巴埃萨即是其中颇具代表性的人物。

63 见 http://www.campobaeza.com/ENGLISH/_total00.htm

64 John Pawson, *Minimum* (London: Phaidon, 1996), 7.

65 董豫赣. 极少主义：绘画·雕塑·文学·建筑. 北京：中国建筑工业出版社，2003: 66

66 John Pawson, *Minimum* (London: Phaidon, 1996), 18.

67 Maggie Toy, *Practically Minimal: Inspirational Ideas for Twenty-first Century Living* (London: Thames & Hudson, 2000), 21.

第五章 在隐匿中显现——
材料的透明性

如果说前面两章所谓的隐匿与显现都是通过不透明材料自身的表面特征及材料与材料之间的相互关系来呈现的话,那么,对于玻璃来说,隐匿与显现则是通过这一材料自身的光学特质来得以体现。这一意义上的隐匿则意味着材料在视觉上的不可见,意味着材料的透明性,透明性使得材料在消隐自身的时候恰恰获得了自身特质的显现。换句话说,它以其隐匿来达到显现,而隐匿的过程便是显现的状态[1]。

事实上,透明性对于空间有着第一位的影响,也最显著地决定了建筑实体结构在视觉上的直接可读性。虽然森佩尔始终没有论及材料的透明性,但是,在此后的一百多年中,它成为了材料研究和空间设计的重要方面。虽然对于它的探索所展示的潜质与矛盾常常溢出了材料透明性本身,但这并未减损它的重要性。就透明来说,无论是从建造角度来看的认知上的透明,还是从空间角度来看的现象上的透明,它们都不能替代材料自身视觉上的透明。这一点在与白墙的对比中或许可以得到明证。因为即便白色是一层几乎不可察觉其厚度的覆层,并且在多种含义上具有透明的内涵,但是,归根结底,它终究是不透明的。光滑的白墙隐匿了材料物质性的一面,却因其不透明性显现了建筑的形式和空间。在这一点上,玻璃则以其真正的透明性呈现出迥然不同的特点。白墙隐匿了结构,玻璃则呈现了结构;白墙意味着一种层叠式建造,玻璃则因其自身整个厚度上材质的一致——因为这种一致所具有的直接可读性——而天生地成为一种实体式建造。框架结构对于围护墙的解放使得整面的墙体皆可用玻璃来建造,从而取消了窗与墙的界限,在此基础上,玻璃以其光学上的这种特质在空间上发挥了巨大潜力,消除了室内室外之间的界限。莫霍利·纳吉在其1929年的文章《新视觉》中把这种美学特质称为"透明性"。它贯穿了整个现代主义阶段,只是在后现代主义时期被那种虚假的实体性立面打断,随后而来的向玻璃立面在另一高度上的回归正是标志着那种历史主义的后现代在建筑学中的终结。

虽然从化学构成和制造工艺来说,人类早在两千年前就已经知晓了玻璃,但是为了达到这一透明状态却一直是许多个世纪以来人们不懈努力的目标,直至近代方才得以实现,至于这种透明性在建筑上的大量应用则更是近一个半世纪的事情。因此,虽然今天来说,建筑中材料的透明性似乎已经天然地与玻璃联系在一起,然而,从历史的角度来看,这只不过是近两百年间的事。

在当代建筑学中,一方面继续着对于纯粹透明的极端追求,另一方面又有着对于半透明性玻璃及其空间特质的尝试、探索与表现。并且，新的透明材料的出现以及由工艺的不同带来的材料透明性的转换也再次打破了透明性与玻璃的单一对应，带来了对于空间、结构的多层次表现，为人们创造了丰富而细腻的感官体验，提供了前所未有的建筑学可能。它使我们有可能越来越远离那种风格化的形式，而转向知觉、感性、效果与体验的世界。如果说对于透明性的追求体现了现代主义理想和美学的追求，那么对于它的反动则恰恰暗合了"现代之后"的社会和文化的丰富、复杂与暧昧。

本章将首先简要考察玻璃进入建筑的历史进程，阐述透明性与玻璃的关系，接下来的两节则主要就玻璃这种材料来探讨在透明与半透明之间，亦即在视觉上的隐匿与显现之间，它们所蕴涵的多重含义，尤其是对于空间特质的影响。最后一节将再次回到材料本身，论述当代建筑学中透明性的材料转换及其带来的影响。

第一节　透明性与玻璃

对于透明性的追求几乎贯穿了整个西方建筑史。1914 年，德国诗人保罗·希尔巴特这样描述了透明的生活及其意义："人们更多地生活于封闭的房间中，它们构成了我们的环境，而我们的文化正是孕育于这一环境。从某种程度上来说，文化正是建筑的产物。要想我们的文化提升到一个新的水平，那么无论愿意与否，我们的建筑都必须改变。这一点只有在去除了作为生活居所的房间的封闭性特质时方才可能。引入玻璃建筑是做到这一点的唯一办法，因为玻璃建筑不是通过一个个独立的窗户，而是通过每一片可能的墙，一种完全由玻璃——彩色的玻璃——做成的墙，来引入阳光、月光和星光。经由这一方式创造的环境，必将给我们带来一种新的文化。"[2]

就这一点来说，它似乎与早期现代建筑中的白墙有着某种相似的意识形态追求。它们共同暗含了对于政治民主的渴望，对于专制体制的憎恶；对于真实与诚实的颂扬，和对于虚假与伪善的道德摒弃；对于清洁与透明的热爱，和对于肮脏与遮蔽的憎恶。路德维希·希尔伯施默在他 1929年的《玻璃建筑》中便认为，建筑中对于玻璃的使用进一步满足了对于卫生的需求。并且，材质的透明性也直接影响了人们对于建筑的"轻"与"重"的不同感受。现代建筑在结构技术的鼓舞下，常常勃发出一种克服重力的热望，柯布西耶的萨伏伊别墅在底层架空造成轻的效果以外，更是以纯白的外表进一步加强了这一幻象。在满足"轻"的意向这一目标上，可以说，材料的透明性扮演了和白墙类似的角色。

因此，无论是从意识形态的角度，还是从卫生生活追求以及对于建筑中"轻"的质素的实现，透明性与白墙这两种意义上材质的隐匿事实上起着类似的作用，反映着相似的文化和社会背景。而如果说白墙仅仅是以一

　　第五章　在隐匿中显现——材料的透明性

种隐喻的方式表达了这一理想，玻璃的透明性则以一种最为直接的方式传达了新社会嘹亮的诉求。

一、透明性与玻璃

透明性首先是作为一种由经验感知的材质的光学属性，然而在 20 世纪以前它一直没有真正进入建筑学的理论范畴。但是一个不争的事实是，在 19 世纪和 20 世纪之交，玻璃在建筑上的大量应用引发了人们对于这种属性的兴趣，及其在建筑学上的表现潜力。另一方面，视觉心理学和现代艺术的探索也逐渐发展了一种（空间）观念上的透明性，并展开深入研究。二者共同对建筑学产生了巨大影响。在接下来的时间里，它逐渐成为现代建筑的一个核心词汇和关键术语。

透明性与玻璃这种具体的材料密切相关，但是又并不具有必然的联系。事实上，漫漫几千年的历史中，在大部分的时间里，人们达成建筑中的透明性并不是依赖于玻璃，而是多种其他材料。把透明等同于玻璃，只是近两百年来的事情，而在当代建筑中伴随对于建筑的现象学特质的追求，透明度也更加呈现出它的多层次性，对于材料的选择也越发多样化。

玻璃虽然不具备普通字面意义的所谓肌理，却可以接受任何一种表面的处理。在光和形的感应方面，它更是无与伦比。它能够承受极端的抛光处理和精雕细琢，它洁净、耐久、坚实，还可以几乎不知不觉地从透明过渡到半透明再到不透明，从完美的反射过渡到漫射再到毫无光泽的表面。在这一意义上来说，它几乎与别的材料无异。然而，与其他材料相比，玻璃的独特之处，在于它不仅能够提供保护、贮存等实际用途，还具备了视觉上的通透性。这一属性使得它能够通过进一步的加工来延伸视觉这一最强大的人类知觉，和大脑这一威力无比的人类器官，这大大促进了人类文明的发展。而在建筑领域，则在继续保持空间的物质性围护之外，改变了建筑内外的空间关系及其知觉属性，并且突出了建筑的实体结构部分的清晰呈现。

由于这种特点，本章讨论的并不是玻璃这种材料的具体属性，而是材料的透明性这一主题——虽然在很长一段时间里它被与玻璃画上等号。具体地说，则是透明度这一材料属性所带来的建筑表现潜质。

二、玻璃中透明性的变迁

所谓的玻璃，在早期人们更为重视的是它的美丽，而较少关注它的实用性，并且，无一例外，所有今天成为玻璃的东西那时事实上都是不透明的。"玻璃最早是制造来满足人们的美感的，然后用于魔法巫术，再由于历史上一次最伟大的偶然性事件，它的折光性才使它成为人类认识自然世界之真谛的一个最重要途径。"[3] 玻璃的透明性满足了人们在视觉美以外对于真的渴求。

最早的可以被称作玻璃的东西出现在中东地区，这只是一个泛泛的说法,因为具体地点也许不止一处,其中包括埃及和美索不达米亚。至于时间,有人估计起源于公元前3000年至前2000年之间,另有人提出早在公元前8000年陶器上就出现了上釉的迹象。最初,各式玻璃都不透明,这可以从大量出土的公元前1500年左右的玻璃制品上看出来。这个时期,玻璃主要有三个用途:给陶器上釉面;制成首饰;制作主要用来盛装液体的小型容器。

对于玻璃透明性特质的认识大约起始于古罗马的鼎盛时期,而这与古罗马人对于酒的迷恋还甚有关系。因为酒具必须透明,五光十色的美酒佳酿方才能够显现,于是人们认识到透明玻璃既实用又美观,而这一认识上的进步,对于未来寓意无穷。在罗马文明以前的一切文明中,在欧亚大陆西部以外的一切文明中,玻璃的主要价值在于绚丽多彩的不透明外形,所以玻璃多用来模仿宝石。在建筑上,他们用桑纸、云母、雪花石膏和贝壳等来获取光亮。但是,虽然罗马人认识到玻璃的透明性特征,并且也有证据表明罗马人能够制造很不错的玻璃窗,而且偶一为之,但是这一方面的应用发展却是至为迟滞。

英国著名社会人类学家艾伦·麦克法兰在他的《玻璃的世界》一书中对于玻璃的发展和应用历程,以及它在世界不同地区的不同应用取向做出了详尽的论述,宏观地探讨了玻璃的历史进程对于世界文明进程的影响,及其与不同地区文明特征的可能关系,通过对与玻璃的考察而描绘了一幅独特的历史图景。在作为"镜子"和"透镜"以外,他以法语中的四个词汇来表明了玻璃的其他三个主要用途:

① 用"*verroterie*"指称玻璃珠子、玻璃砝码、玻璃玩具和玻璃首饰;

② 用"*verrerie*"指称玻璃器皿、玻璃花瓶和其他实用器具;

③ 用"*vitrail*"或者"*vitrage*"指称玻璃窗,前者主要意指彩色的半透明玻璃,后者指通常的透明玻璃。

艾伦·麦克法兰并且总结道,在这五种用途中,欧亚大陆由印度、中国和日本组成的超过半数的人口仅将玻璃用于五大用途之一,即作为一种用来模仿宝石的相对便宜和低贱的材料,一种服务于世俗和宗教目的的一种装饰手段而已。中间地带及俄罗斯和伊斯兰地区增加了一点玻璃器皿的用途。西欧就整体而言增加了镜子和透镜,所以利用了玻璃的四种功能,但只是从13世纪才开始。欧洲的西北部有增加了玻璃窗,充分利用了玻璃的全部五大功能。显然,在西北欧得到发展的这一功能和用途与建筑有着最为密切的联系[4]。

虽然就制作的技术而言,至公元500年的时候,玻璃吹制的革命性新方法已经广为人知,但是由于经济特征、生活习惯,以及文化、宗教、价值观等综合因素的影响,在欧洲以外的地区,玻璃的生产技术和实际应用一直非常有限,更别说像欧洲地区那样对于人类认识世界的方法产生重大影响,对科学实验的进行起到重要的辅助作用了。

三、透明性玻璃进入建筑学

这种透明性当然首先是为了对于光亮和温暖的同时获取，但是用于教堂的彩色玻璃窗则还更多了一层宗教色彩。基督教的本笃会修士发现玻璃可以用来荣耀上帝，他们注入大量的技术和金钱去开发玻璃，甚至亲自在隐修院从事玻璃的实际生产。到公元 1000 年，教会的纪录已经频繁的提及涂色玻璃，再过了大约一个世纪，玻璃的生产开始惊人地增长。但是，在 16 世纪以前，玻璃的开发和生产一直都以意大利和德国为两个中心，16 世纪以后，玻璃的历史是一部逐渐北移的历史，到 17 世纪末，英国已经成为世界上最先进的玻璃产地，并诞生了铅玻璃。英国玻璃生产的工业化，尤其因为采用了似乎取之不竭的煤作燃料，玻璃在建筑上的应用大大地普及了。而毋庸置疑的是，玻璃的最有效使用是在钢结构体系基本成熟以后，最典型的便是 19 世纪欧洲的花房（图 5-1），而 1851 年的伦敦世界博览会的水晶宫更是其名副其实的巅峰（图 5-2）。

图 5-1　19 世纪中期的棕榈屋（左）

图 5-2　1851 年的水晶宫（右）

在建筑领域，与西北欧地区不同，在世界的其他地区，要么是由于气候条件的原因（比如印度、中东地区以及意大利南部的炎热气候），要么是由于有了蒙住窗户的良好的替代产品（比如中国和日本充分发展的纸窗），玻璃作为一种有着良好透明性的建筑材料，在建筑上的应用一直没有得到充分发展。

因此，由于社会文化和生活习惯以及建筑原料的不同，玻璃的发展与应用在东西方有着截然不同的境遇。这种差异可能还在很大程度上决定了他们在知觉方式上的差异。在 13 世纪之前，西方与世界的其他地方一样，更依存于听觉和文本的文化，而根据艾伦·麦克法兰的研究，大约自 13 世纪起，由于玻璃透镜在西方的发展，使得他们转而更依赖于视觉的感知方式，形成一种视觉主导的文化。而东方则在很长一段时间里依旧更加依靠视觉以外的感官知觉方式，诸如嗅觉、听觉、触觉等，并在今后发展出了两种不同的文化取向[5]。这当然也大大地影响了各自建筑特征的发展，而今天，这种感知方式上的差异性更是进一步形成了当代建筑的一系列有趣而重要的命题。它并且跨越了地域性的局限，而变成了一个时代性的主题。

今天，玻璃已经成为我们日常建筑中不可或缺的材料。但是，玻璃建筑并非我们这个时代的独有现象。事实上，在犹太文化、阿拉伯文化和欧洲文学和神话中一直就有着对于玻璃建筑的热望和崇拜。正如建筑史学家伯雷特尔所展示的，"玻璃梦"有着久远的根基，可以一直追溯至《圣经》记载的所罗门王那光彩照人的金质地板，然后经由西班牙的摩沙拉比（Mozarabic）文化流传下来，但那时主要是以文学形式，当然也有少许小型的建成物，比如公园里的凉亭等等。由于真正的大型的玻璃或水晶宫殿在技术上无法达到，人们便以幻象来达到这种效果：水体和光线被共同用来消解实体的材料，使建筑变成虚幻而动感的熠熠生辉的影像。"在早期的神话故事里，水晶和水代替了玻璃来达成一种半透明的效果。而后来的寓言中，玻璃、水晶甚至是水都成为可以互换的材料了。"[6] 哥特时期，玻璃的梦想真正的在实际的建筑物中得到实现，教堂中由彩色玻璃构成的整片墙体塑造了一种如梦如幻的宗教气氛。文艺复兴时期文学家笔下的描述则带给人关于那些半透明雪花石膏墙体和磨光黑曜岩地板的无穷遐想。

启蒙时期虽然在光学研究上取得了重大进展，也是这种进展彻底改变了人们对于世界的认识。在艾伦·麦克法兰看来，玻璃仪器透明性的特质，以及对于其光学性能的研究，深刻地改变了人们认识世界的方式，"是玻璃改造了人类与自然世界的关系。它改变了人类对现实的感悟，将视觉的地位提升到记忆之上，提出了关于证明和证据的新概念，转变了人类关于自我和本体的认识"[7]。但是这一时期玻璃在建筑上的应用突破却是乏善可陈。"直到表现主义的早期宣言，水晶–玻璃的图像志才又一次与建筑相连。"[8] 可以想见，它首先出现在文学作品当中。准确地说，是出现在表现主义作家保罗·希尔巴特的诗作中。

在他早期那些有着某种科学性质的幻想小说中，常常以一位专事玻璃建筑的建筑师作为故事的主角，因此，当1914年保罗·希尔巴特把他的《玻璃建筑》这一长达一百一十一个小节的诗作题献给他的德国"兄弟"布鲁诺·陶特——一个怀有同样梦想的表现主义建筑师——时，便也就毫不奇怪了。

图 5-3　德意志制造联盟科隆展览会的玻璃展馆外观

图 5-4　德意志制造联盟科隆展览会的玻璃展馆室内

这一年，陶特在建筑上实践了这一梦想，他为德意志制造联盟科隆展览会设计的玻璃展馆上部的穹隆完全由玻璃建成，而下部的墙体则由玻璃砖砌筑，造成一种奇妙的效果（图5-3，图5-4）。或许作为回敬，这一玻璃展馆被题献给他的精神导师——伟大的预言家希尔巴特。而他1917年构思，次年绘制并于1920年出版的《阿尔卑斯山峰的建筑》（*Alpine Architecture*）更是一种通过玻璃建筑来表达的社会理想。

但是，真正对于建筑产生巨大而持久的影响的，还是由它视觉上的透明性引致的在建筑中的大量应用，以及由此导致的建筑空间上的革命性变化。就这一点来说，在20世纪前半叶，或许无人能出密斯其右。

第二节　透明性的多重建筑内涵

密斯这么问道："假如没有玻璃,混凝土将会是什么样子? 钢铁又将是什么样子?"

他的回答简单而明确："二者创造新的空间的能力将受到极大的限制,甚至于完全丧失,它们的承诺将永远止于虚幻,而不会成真。"[9]

那么,于建筑而言,透明性到底意味着什么呢?

19世纪的园艺工程师为了获得更多的阳光,技术上尽可能地减少传统的承重墙体要素及其装饰性,在铸铁结构上覆盖轻薄的玻璃"面纱",在阳光的穿透中,空间开始颤动。继彼得·贝伦斯实践了透平机厂房南立面的格网幕墙之后,格罗皮乌斯完善地确立了多层框架结构悬挑玻璃幕墙的基本原则。密斯进一步把它发展为"玻璃+钢"的皮包骨结构:这一结构一方面扩展了内部空间的匀质性,另一方面使建筑的结构体以彻底的线性形态服务于"柏拉图式框架"(the Platonic frame)的秩序表现。密斯早期提出的"玻璃摩天楼"方案中潜在的内质,只有在20世纪80年代以来,随着"点承式玻璃幕墙"和"双层皮立面"的技术发展,才真正逐渐成为现实。然而,多数建筑表现出来是"标准技术"的直接复制,一旦普遍,原本诗性的技术形式逐渐丧失了它的建构能力。因此,一部分建筑师和艺术家寻求进一步拓展玻璃的材质潜力和连接节点的表现力,并在标准技术的基础上,进一步通过这种技术的"层叠"运用,建立人与环境的特殊关联。

而对于建筑的许多方面来说,高层和大跨建筑牵涉复杂的结构和交通问题,难以把它们看作是小型建筑在水平和竖直方向的单纯扩展和叠加。但是从材料透明性的角度来看,在大型建筑中所呈现的特质一般却并未超出小型建筑中所展示的观念。这一特征使我们得以简化对于这一问题的案例讨论,而不损害对于这一问题的建筑学内涵的呈现。本节将集中从三个侧面来研究透明性在建筑中的多重建筑内涵,即:内外关系的彻底重塑;结构关系的清晰呈现;空间意向的本质阐释。而基于上述对于大型建筑和小型建筑的差异性和共通性的认知,本节将通过对于三个有代表性的案例的研讨,来具体展现上述三个方面的建筑内涵。

一、三座玻璃宅

本节选取了密斯的范斯沃斯宅(Fansworth House, Fox River, Chicago, 1950),日本建筑师坂茂的无墙宅(Wall-less House, Karuizawa, Nagano, 1997)以及西班牙建筑师坎波·巴埃萨的布拉斯宅(de Blas House, Madrid, 2000)来作为具体的考察对象。

范斯沃斯宅(Fansworth House)是密斯一生中设计的最后一栋私人住宅,也是他在美国建成的唯一一栋。这一住宅典型地反映了密斯的美国时期的两大特征：专注于结构形式的表现；专注于一统空间(universal space)的创造。在这两点上，与他欧洲时期的杰作巴塞罗那馆都极不相同。除此而外，在这一建筑中，对于材料透明性的空间和结构潜质，他也做出了一种极致性的展示。八根白色的工字钢柱架起了两块等厚的平板，在这两块平板之间则完全以通高而不加任何分割的透明玻璃来包裹。极简的结构和极致的透明使得它获得了这一时代某种建筑原型(archetype)的地位(图5-5)。

坂茂的"无墙宅"位于一个山坡上，在这里，建筑师希望避免密斯巴塞罗那馆中结构上的含糊不清，而探索柱与墙等建筑基本要素的独立意义。从围护结构上来说，他借鉴了日本传统建筑中的推拉屏风，从而使得玻璃的围护体不仅在视觉上没有阻碍，而且获得在建筑的内外穿行中身体上的完全自由(图5-6)。

布拉斯宅2000年刚刚建成，它位于马德里南部的一座小山之巅，马德里郊区的风景一览无余。建筑师坎波·巴埃萨有心要在这一建筑中把实体形式与建构形式所呈现的轻重关系发挥至极致。建筑便由两个盒子组成，下部是一个混凝土实体，容纳了日常起居的必备用房和设施，并以路易斯·康的"服侍"和"被服侍"的二元空间模式清晰地分割和组织。在这一矩形实体的长向两侧，根据室内采光的需求开设了大小不一的正方形洞口，但最终都不至于破坏它的实体感，使它犹如基座一般。在这一"基座"以上搁置着一个架有顶盖的白色钢框架，其内有一个通体透明的矩形玻璃盒子，它们共同组成一个轻盈的建筑静静地坐落于沉重的基座之上。由于所有的功能都被下面的基座所包容，除了观景，这个上部结构几乎没有任何实际的功用，它也因此避免了家具与卫生器物的尴尬而更显纯净与纯粹(图5-7)。

图 5-5　范斯沃斯宅(左)
图 5-6　无墙宅(中)
图 5-7　布拉斯宅(右)

二、内外空间关系的彻底重塑

建筑诞生于对广袤空间的限定，换言之，既是内部空间的独立，也是内外空间的分离。在一个以实墙为主的建筑中，洞口提供了唯一的内与外的联系，也是唯一的视觉与身体上的通道。当框架结构把墙体从重力的压迫下解放出来，使得墙体可以整个变成透明的时候，建筑内与外的关系——这种关系既是视觉上的也是身体上的——被完全重新界定。此时，内部从视觉上不再完全隔离于外部，并因而可以享受外部的自然景色。这

图 5-8 范斯沃斯宅内与外界限的消除

图 5-9 范斯沃斯宅室内

一点在密斯的范斯沃斯宅中得到了最为充分的体现。

范斯沃斯宅置身于完美的自然中——没有任何的公园建筑,没有小径,没有花坛,也没有鲜花。一棵高大的枫树默默守护着抬起的灰华石铺砌的露台。白色的钢结构和透明的玻璃墙使得这个房子几乎完全隐匿在自然之中,把它的敬意献给了自然。任何现实的因素都不再存在,这里只有神圣的自然,它并不需要通过景观美化来进行装饰。自然景致的无限变化就是最杰出的艺术作品。在室内与室外的交融之处,透明的玻璃外幕回应以它的沉静与冷峻之美(图 5-8)。

全透的界面不仅消除了内与外的差异,也提供了对于时间变幻的敏锐觉察。这种时间不仅仅是季节的变化,也甚至是一天之中不同时辰的推移。他的后来的主人伦敦地产开发商彼得·帕伦坡(Peter Palumbo),也是密斯的崇拜者(他 1962 年从范斯沃斯手中购得这一住宅),曾经这样描述他的体验:"一天的开始对我来说很重要,在范斯沃斯住宅里,可以从那放置于东北角的唯一的一张床上感受到清晨的到来。住宅的东立面多少有些表情漠然——似乎是清晨在问候它,而不是它在欢迎清晨的来临。太阳升起后不久,早晨的阳光经过树枝的过滤,最初是斑斑驳驳的,然后就会蚀刻过树叶的边缘,图像清晰地投射到窗帘上。没有什么比日本版画更能传神地描述这种场景了。"(图 5-9)而"如果一天的开始是重要的,那么它的结束也同样。住宅内的光影气氛和品质在黄昏的时候最迷人不过,它通过有层次的黄、绿、粉红与紫,最清晰地表现出来。在这种时候,常常能够惊喜地看到一种明净。坐在外面的平台上,感觉有如莲花一般飘在水中,但却不会被打湿。11 月,树列的后面慢慢展开收获的季节,好像是给予刚刚过去的日子以一记满意的封印。接下来,1 月,当冬天的雪花开始飘落,周围的景致开始变了模样,汽车在冰天雪地中安静地滑过这块基地,只有狗的吠声,或许还是 3 英里以外的狗吠声,才会打破这不可思议的宁静。"[10] 而对于外部的景色透过玻璃围幕对于建筑的影响,密斯曾经这么说道:"我相信范斯沃斯住宅从未被真正理解过。我自己曾经在这座住宅里从清晨一直呆到夜幕降临,也是直至那时,我方才意识到原来大自然可以是怎样的多彩! 建筑的内部必须谨慎地使用中性的色调,因为外部有着所有的色彩,而它们还时时在不断而彻底地变化着,那可真是一种绝妙的辉煌。"[11]

范斯沃斯宅通透的玻璃去除了它与自然之间一切视觉上的障碍,但是在建筑整体的形式上,却又似乎完全悬浮于自然之中而非立于大地。它的顶棚与底板构成了这一建筑中生活要素的本质,余下的一切便只有比例与外部的自然景致。而所有这些要素的显现,又都是经由建筑通透的界面得以完成。自然景致在各个季节的变化完成了它对于自身的展示,或者说成就了它对于自身的显现,也把居住者的内在生活引向自我实现。它的基本的关系、纯白的颜色和严格的精确所唤起的感情,用温克尔曼的"高贵的单纯和静穆的伟大"(noble simplicity, silent greatness)来表述也毫不为过。

在范斯沃斯宅中,密斯对于材料的透明性的表现潜力作出了某种极致性的探索,但内部与外部之间樊篱的消解还仅只是视觉上的(visually)。换句话说,范斯沃斯宅中的透明性仅只是视觉上的,而非身体上的(physically),因为即便视线可以穿越建筑的界面,身体却依旧不能自由跨越。

在坂茂的无墙宅中,这种消解已经不再局限于视觉,而是进一步扩展为一种身体性的经验。此时,密斯的玻璃墙被进一步约减的方式不是对玻璃的透明性进行改良, 而是利用日本传统的推拉门对密斯固定的玻璃扇进行置换。在所有的门被推开、重叠后,住宅与室外的界限被彻底抹去。不但视线可以贯通无碍,风可以流通无阻,在空间室内外的行走几乎获得无阻无碍的自由(图 5-10,图 5-11)。这样,坂茂就不仅清除了视觉上的障碍,他还进一步解放了身体的移动。因此,虽然“坂茂著名的极少主义住宅‘Wall-less House’的名称翻译让人为难,却显然充满了对密斯那句‘less is more’的崇敬。”[12]

图 5-10　无墙宅侧视

然而,在我们考察了坂茂的约减方式以后,对于“Wall-less House”的翻译似乎倒是一下子变得容易了。后缀“-less”只是如同任何英语单词中这一后缀一般表示“无,没有”的意思,意味着对于前面充当被修饰对象的“wall(墙)”的否定。此时,它似乎远离了传说中的密斯“少就是多”的格言,或者毋宁说是推进了密斯的格言而至于“无就是多”[13]。此时,“少墙宅”就变成了“无墙宅”,这种“无”也不仅仅是视线上的解放,还是身体在内外之间的穿行经验上物质性阻碍的清除。

只是,如果我们尚还不太健忘的话,这种更为彻底的内与外之间界限的清除似乎也算不上是坂茂的首创。在密斯紧接着巴塞罗那馆为年轻的土根哈特夫妇设计的住宅中, 他在客厅面向花园的一侧设计了一种特殊的装置,可以把那块当时欧洲最大尺寸的平板玻璃降到地下室中,从而获得室内与室外完全的同一[14](图 5-12,图 5-13)。甚至在更早两年的赫曼·朗格宅(Hermann Lange House)中已经应用[15]。即便是那时,视线上内外空间的连接也已经不能满足密斯,他不光要求这一界面在视觉上是隐匿的,还要求它在物质性的层面上也是可以隐匿的。

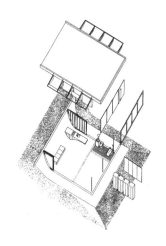

图 5-11　无墙宅轴测

唯有通过这样的双重隐匿,内外之间的界限才能被最大限度地消解,内部空间与外部空间之间的关系才能被彻底地重塑。

三、结构关系的清晰呈现

著名的密斯研究学者伍尔夫·塔基陶夫曾经这样表述密斯建筑中材料的透明性对于呈现结构关系所具有的重要意义,“唯有玻璃这种表皮方能揭示框架结构那种简洁的结构形式,并且实现它建筑表现上的潜力。而这不仅仅对于那些大型的实用性建筑是真实的。……我们会发现,在那些小型的居住建筑上它实现得更为完美。”因为,只有在这里,“建筑师方才能够获得更大的自由,而不再被那些僵死而狭隘的目标所束缚。也唯有在这里,那些构成新建筑基础的建筑要素方才能够被解放出来。它们赋予我们一种创造空间的自由,而不必以牺牲自我为代价。”[16]

图 5-12　自外部看土根哈特宅的起居室面

如果塔基陶夫的理解不是一种误读的话,那么,在密斯的观念中,材

图 5-13　土根哈特宅玻璃幕的位置和下沉装置的构造细部

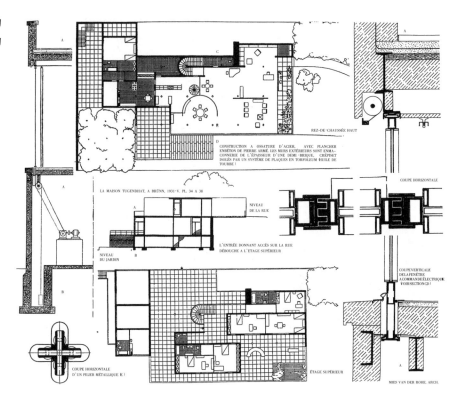

料的透明性就不仅仅具有一种引致内外空间关系变化的功用，他还把它和框架结构——这种现代建筑的标志性形式——的清晰表达紧密地联系在一起。他通过玻璃来取消墙体所造成的视线阻绝，从而凸显结构，或者更明确地说，"密斯选择钢与玻璃的目的是以玻璃的透明性来强调作为结构的钢。"[17] 而在密斯的密友希尔伯施默看来，"透明玻璃的形式潜质仅仅在于它使得建筑师能够更清晰地表现建筑的结构体系"[18]。

材料的透明所呈现的并不仅仅是承重的结构关系和力的传递方式，而且还是纯粹意义上的建筑元素的本质，以及它们的组合所呈现出来的含义，而这与空间的创造互为表里。"唯有此时，"密斯接着说，"我们方能为空间赋形，打开空间，并把它与景观相联系。墙是什么，洞口又是什么，地板与天花又意味着什么，所有这一切，直至此时方才变得显明。"[19]

由此看来，经由材料透明性的辅助，呈现出的正是"结构"一词在建筑学中的双重含义：一方面，它是物质性的抵抗重力的实体构件，以及通过它们之间的互相搭接，对于力的传递路径所作的清晰表现；另一方面，它也是非物质性的，是这些构件在总体上的相互关系和组合方式，它直接影响了建筑的总体形态构成和空间创造，并在一定程度上决定了建筑的基本品质。

范斯沃斯宅是密斯所有钢结构中，唯一将外露钢构件漆成白色的作品，这也绝非偶然。他以现代主义偏爱的颜色来否定了钢这一材料自身所象征的自然表情，从而将柱约减为抽象的重力结构。这种抽象约减的努力并进一步通过掩盖施工的工艺痕迹来加强——所有钢构件的焊接疤痕都被打磨平滑并以白色油漆涂层覆盖。板与柱的节点设计也是为着同一目标而来,这里,密斯采用了一种把支柱外部化的做法——他将 8 根钢柱紧贴板的外缘,并在顶部采用"旁交"而非"会合"的连接方法。(这种竖直构件与水平构件的连接方法,可以追溯至 20 年代风格派的影响,并且在密斯以后的建筑中不断出现。)钢柱托起两块等厚的板,而不是传统的柱对于板的直接支撑,更为清晰地表明了结构与围护的分离以及重力的传递,而板——作为重要的空间限定要素——自身则保持了最大限度的完整性。围护物的透明性保证了构件的完整性得以充分展现,并且使它们之间的相互关系得以清晰呈现(图 5-14,图 5-15)。

图 5-14 范斯沃斯宅中板与柱
　　 的节点细部(左)
图 5-15 板与柱的节点构造
　　 (右)

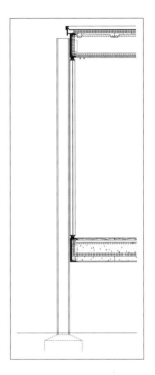

　　前述建筑中的"结构"一词具有双重含义,但事实上后一含义在建筑学的讨论中常被有意无意地忽略。对于这一点,密斯曾经表达过极度的不满:"……在英语中,你们把什么东西都称为结构,但在欧洲不同,我们把茅棚叫做茅棚而不是结构。结构在我们有着一种哲学内涵,它意味着从上到下乃至最微小的细节全部都服从于同样的概念。这才是我们所谓的结构。"[20] 在这一建筑中,这种关系具体来说便是实体形式(stereotomic)与建构形式(tectonic)的分离与结合。西班牙建筑师坎波·巴埃萨借鉴森佩尔的理论,把建筑分为实体形式(stereotomic form)和建构形式(tectonic form)两个部分。前者一般为建筑的基座(stereotomic podium),后者则一般为基座以上的构筑物。前者沉重,后者轻盈。针对范斯沃斯宅那架空悬浮的底板,他又提出建构式基座(tectonic platform)的概念,也是一种"虚"的基座,在它依旧保有基座的空间位置的同时,却由于构筑形式的不同使得建筑更加轻盈,与材质透明起到了类似的作用。在范斯沃斯宅中,这一"虚"

的基座的达成直接源自于地板的抬高，而把这一底板的高度设定在人眼的视线位置，使其在视觉上简化为一条线，则更是强化了"轻"的感觉（图5-16）。

图 5-16　玻璃的透明性对于结构的突显

密斯对于哲学意义上的结构含义的关注自然令他对于秩序、统一有着极端的渴求，这令他不能放过任何细节，而这种细部处理，不仅仅是建造上每个节点和工艺上的精致，也还表现在他的局部的建筑做法与总体概念上的一致。在范斯沃斯宅中，与这种总体形式的构成相配合，在进入的方式和踏步的做法上密斯的处理也独具匠心，不乏令人玩味之处。

首先，与悬浮的轻盈的底板相一致，踏步也做成一片片薄板搁置于两根斜向钢梁上，从而更为强化了建筑的"轻"的特质。其次，这一踏步突出于建筑的完整体量以外，这种"加法"的形式构成方式也避免了那种"减法"所形成的建筑体量的沉重感。此外，虽然只有十级踏步，升起 1.5 m 的高度，然而它们却分作两段，中间加入了一块宽大的平台。这一做法起到了两个作用：一方面，它与建筑底板的错动打破了建筑矩形体量的呆板，同时还呼应了置于建筑一端的入口敞廊，而建筑右下角那棵高大的枫树最终平衡了体量的错动，并为整栋建筑提供了荫蔽；另一方面，也更为重要的是，这一平台的设置有效地延缓了进入建筑的过程，提供了一个驻足欣赏和体会这一通透建筑的所在（图 5-17）。

这一置于正面的踏步经由平台的延缓而使进入的过程具有了某种仪式性，也使得范斯沃斯宅便有如一座漂浮于草地之上的现代神庙，在静默中熠熠生辉。

这样，在轻盈的主体建筑努力挣脱重力束缚的同时，另一个与底板错开的平台以及两组踏步却又把它与大地拴在一起，这种矛盾塑造了一种内在于建筑的张力。

图 5-17　踏步与平台

图 5-18　柏林新美术馆的踏步

与这种做法相反,在那些采用了实体式基座(stereotomic podium)的建筑中,密斯几乎在以上三个方面都采用了相反的处理方式:它不再是通透的薄板,而是砌体的累加形成一种实体性的元素;它也不再突出于建筑的基座以外,而似乎是从基座上挖去一块,仍旧试图保持它的完整性;并且,纵然踏步的级数再多,也不再中断,似乎是生怕人们会停留下来驻足观望,而事实上又看不到什么,因为人们此时行进的方向平行于建筑的边缘,而不似范斯沃斯宅中那么从始至终一直面对着建筑。这在巴塞罗那馆,土根哈特宅,直至最后的柏林新美术馆中都得到了最好的展现(图 5-18)。

这种不同建筑中踏步和基座的差异,雄辩地说明了密斯内心对于结构一词的哲学信念,也成就了密斯那超越于技术和工艺之上的细部。而在一个有着诸多实际功能要求的建筑物中对于这一切的清晰呈现,不能不说在很大程度上有赖于材料的透明性特质。

与范斯沃斯宅一样,"无墙宅"也以它通透的界面清晰呈现了建筑的结构。据坂茂自己说,巴塞罗那馆中的柱与墙令他困惑不已,因为它们紧紧地依偎在一起,因而从结构的角度来说,不知道这些柱或者墙是否多余。而根据他的计算,不论是现有的柱还是墙都足以负载屋顶的重量。在"无墙宅"中,建筑师便有意要探究一下那些最基本的建筑要素诸如柱或是墙的本质含义。因此,这一住宅便不仅是坂茂对于他的导师约翰·海杜克那从未建起的"墙宅"的回应,也是重新定义"墙"以及密斯的"开放空间"(universal space)的一种尝试和努力。

平面图

C-C 剖面图

图 5-19　无墙宅平剖面

墙的功用通常有两个,一是承重,因而通常垂直于地板而平行于重力方向;二是分隔,不透明的时候是视线与身体的双重分割,透明的时候是对于身体的单纯的限定。坂茂对于墙的重新定义便是从这两个方面来进行。在"无墙宅"中,即便那唯一的墙,其实也是地板顺着山势的卷曲与延伸,而屋顶从这一延伸出来的"墙"上悬挑而出,并在另一端为三根纤细的白色钢柱所承接(图 5-19)。这样,钢柱只在屋面板的悬挑端部承受部分竖向的负载,因而竟可以缩减到 5.5 cm 的直径!而这一点又进一步促进了内外界限的消失,使建筑更加轻盈(图 5-20)。

图 5-20　无墙宅侧视

晚于"无墙宅"三年完成的布拉斯宅,从"结构"上来说,似乎是对于建筑师钟情的"实体形式"和"建构形式"的一个图解。在这一建筑中,混凝土的基座(27 m × 9 m)、白色的钢框架(15 m × 6 m)、透明的玻璃盒子(9 m × 4.5 m),这三个矩形在平面尺寸上渐次缩小,并逐渐消隐而越发丧失实在感。基座西面的端头部分凹下形成一个水池。基座外表在拆模后不加处理,浑如生长在小山上的一块岩石,自由排下的雨水慢慢侵蚀混凝土的表面并留下痕迹,在时间的流逝中,它加速了基座表面的风化,使它最终将成为场地上一块真正的岩石(图 5-21)。

与白色钢构架所界定的边缘相比,玻璃体在两边分别退进 0.5 m 和 1 m,这样便遮蔽了阳光的直射,而与范斯沃斯宅玻璃紧贴着柱内侧的布置相比,更是多了几分希腊的神庙建筑周圈柱廊的联想。这种联想被另一个事实加强——与范斯沃斯宅总体形式上的错动不同,这一建筑完全是

图 5-21　布拉斯宅

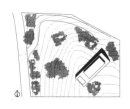

图 5-22　布拉斯宅平、剖面

中轴线的对称布置,为了强调这一点,建筑师在不事修饰的基座顶面刻画下了一根线,而它正是整个建筑的中线所在(图 5-22)。

几乎绝对的透明最深刻地阐述了实体形式与建构形式的对比,阐释了建筑与大地和天空之间的关系,阐释了建筑中第二种"结构"——非承重意义上的形式结构——的含义。

在森佩尔的理论中,实体形式(stereotomic)意味着人对于大地的界定,意味着人对于空间的第一次限定,也是对于穴居生活的延伸。然后便有了对于被遮庇(roofing)的需求,这时有了建构形式(tectonic)的生成,并且加上了围护而得以围合(enclosing)[21]。因此,实体形式意味着建筑与大地的联系,而建构形式意味着建筑与天空的联系;前者与重力相关,传递着一种"重"的意向,而后者则传递出"轻"的特质,表达着挣脱重力束缚的希望。从这一角度来说,布拉斯宅对于建筑本质的二重性做出了清晰的表达,并且因为围护界面极端的透明而使得这种表达具备了当代技术条件下的内涵。

就这一点来说,它同样具有一种原型的力量。

四、空间意向的本质阐释

开放空间(open space)就其字面意思来说,包含了两种含义,即内部与外部之间的开放以及内部各空间单元之间的开放。前者消弭了室内与室外之间的分明界限,后者则表达了一种理想的空间意向。这一意向在密斯的建筑中常被称作一统空间(universal space),也是密斯的美国时期最为突出的空间特征。这一点在与他欧洲时期的杰作巴塞罗那馆相对比时表现得更为突出。正如美国学者爱德华·福特所归纳的:"总是有着两个密斯,一个是欧洲的密斯,……一个是美国的密斯。……欧洲密斯的建筑不规则,不对称,片断化,深受表现主义和风格派艺术的影响;而美国密斯的建筑则规则,对称,完整,令人想起辛克尔的遗风。"[22]巴塞罗那馆与范斯沃斯宅正是两个密斯的集中体现。

如果说巴塞罗那馆由流动和暧昧带来了空间的丰富,那么范斯沃斯宅在内部的开放(open)形成的则是空间上的沉静与单纯。但是二者有一个共同点,那就是它们似乎都在致力于把建筑约减为二维的平面。而由于范斯沃斯宅以完全透明的界面取消了竖向的平面,只剩下平行等厚纯白的两块板,使得这一特征表现得更为突出。

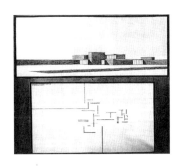

图 5-23　密斯 1923 年的砖住宅方案

这种认识很可能与蒙德里安的抽象理论有关。蒙德里安试图将他纯粹的平面造型运用到建筑上,以证明它的普遍性。他认为三度空间造型的概念意味着把建筑看作形的创造,因而是传统的看法,是过去时代透视法的视觉直观。新的建筑形式将处处有视野,由多重平面构成,并且没有空间的界限。这一特征在密斯 1923 年的砖住宅方案中展现(图 5-23),并进而于巴塞罗那馆中实践。但不论是砖住宅还是巴塞罗那馆,更多的是竖向平面(plane)的组合形成的空间区域的多重性,而在范斯沃斯宅中,正是这竖向平面被刻意地通过材料的透明性隐匿,从而凸显了水平向的二维平面。

在 1923 年的砖住宅方案中,虽然密斯把建筑拆解为二维平面的组织,并以一种片断式的组合取代了传统封闭空间的构筑方式,但他仍旧沿用了传统的不透明界面,这在很大程度上限制了空间与空间的相互关系的多样性。而六年后的巴塞罗那馆他在保留了竖向平面的片断性组织之外,则加入了对于材料透明性的研究。不透明的大理石贴面的墙体,半透明的绿色、乳白色、烟灰色的玻璃,营造了各个空间的独特氛围,也创造了不同空间之间的多种关系。类似的手法也在同一时期设计的土根哈特住宅中展现。透过竖直平面的透明属性的变化,空间构成被处理为相互间暧昧、不确定和不断变化的空间关系。人对空间产生了运动和视觉上的全新体验,这也就是所谓的"流动空间"。事实上,"'流动空间'的本质在于空间与空间相互关系的模糊性"[23],这种模糊性通常通过不连续且多方向墙体的不彻底的限定来形成,而竖向介质透明性的变化则更是增加了这种由墙体空间位置引致的模糊性。

但是在范斯沃斯宅中,密斯放弃了对于流动空间的研究,放弃了对于空间与空间关系的可能性的研究,而回归到了对于单个空间形式的研究上来。内部的竖向构件被最大限度地清除,只剩下完全透明的四面围护。而通常被视作与流动空间相对的所谓"开放空间",所指的也应该不仅仅是内部空间向着外部自然的开放,而是也包含了内部空间没有遮挡、不再暧昧的"开放"。

对于这种单一空间的追求,事实上在密斯抵达美国后的第一个住宅方案里瑟住宅(Resor House)中已经成形。密斯把住宅设计成一个独立的长方形盒子,横跨在一条小河上,两个长向面大部分以玻璃围起,它们被置于两个端头呈 U 形的竖直木板墙夹起。在范斯沃斯中,竖向界面已经变得完全透明,密斯意识到,界面属性的改变,即用透明界面去替换传统的不透明界面,才能从根本上颠覆传统,从而得到全新的空间形式。这在他于 1951 年完成的 50 英尺 × 50 英尺(15.24 m × 15.24 m)住宅方案中更进一步,这里,建筑形式比范斯沃斯宅更结构化,正方形的平面取代了早前的矩形从而清除了空间的轴向性。角柱的去除使玻璃的透明更好地外露,从而使建筑的非物质化特征变得更为强烈(图 5-24)。虽然考虑到功能性因素这一方案更像是个概念性的研究,但是它却在事实上成为柏林新美术馆的原型。在纪念性尺度的基座上,八根钢柱支撑起令人震撼的黑色大屋顶,使得四面透明的围护更显隐退,黑沉沉的屋顶静静地漂浮在巨大的基座上,空旷而静寂(图 5-25)。

图 5-24　50 英尺 × 50 英尺住宅模型

图 5-25　柏林新美术馆

同样是以玻璃围合四面,柏林美术馆与范斯沃斯宅由于尺度、功能、基地的不同而产生许多截然相反的做法,一个对称,一个错动;一个是没有轴向的方形,一个是面向河流的矩形;一个除了透明的玻璃把所有构件都涂成黑色,一个却是通体洁白;一个以八根巨柱沉重地"撑"起屋顶,一个却以同样数量的钢柱轻轻把它"托"起;一个把巨大却轻盈的建筑稳稳地放置在厚实的基座之上, 一个却把基座给掏空而只剩下一块悬浮在草地上的白板……

但是,由玻璃的透明性和室内的空旷所造就的"虚"却一以贯之,透着一股曾在早年对密斯产生过强烈影响的苏俄先锋艺术家马列维奇那至上主义的气息。而这种气息曾经被赖特在密斯的巴塞罗那馆中捕捉并罕见地不吝赞美之词 24,但是,直至借着透明介质的帮助,在范斯沃斯宅和柏林新美术馆中方才真正地并且完美地呈现。

可以说,竖直界面的透明化不仅凸显了空间的二维平面,也进一步表现了空间的"虚"的特质。

为了创造这种"虚"的效果,密斯把室内的家具压缩到极少,但最终毕竟还受制于卫生器具的包裹的需要,也是在这一点上,坂茂超越了密斯而表现出他的独到之处。这终究还要归功于他的日本文化背景。范斯沃斯中的家具都是有高度的,立于地面之上,密斯事实上有意以家具尤其是厨房区域的直升到顶的家具(墙体)来分割空间。而在坂茂的"无墙宅"中,席地而坐的日本风俗将密斯原本已经精简的家具约减近无。但是,即便减少了密斯的家具陈列而成就了坂茂空间的空旷,也还存在着将密斯封闭在盒子中的卫生器物裸露在空间当中的尴尬。这种尴尬使得这种器物不得不成为一种展示。如果范斯沃斯女士因为私密性的缺乏而抱怨的话,那么,面对坂茂的"无墙宅",她恐怕只能恐惧和战栗了(图5-26)。

"无墙",而不是"少墙",强调的是一种对于身体行动的解放,家具的约减只是增强了"无墙"——在"无"的双重含义上——的表现力。

与范斯沃斯宅和"无墙宅"皆是作为度假别墅的用途不同,巴埃萨的布拉斯宅则为家庭的日常使用服务。作为度假别墅,虽然尚不能完全摒弃最基本的器物,但建筑的功能毕竟已经可以被约减至极少。而为了家庭的日常使用,则必须在功能上考虑周全。布拉斯宅巧妙地把功能分装进两个盒子,从而在功能上几乎彻底解放了这一上部的玻璃建筑(参见图5-22)。密斯在美国时期的建筑中应用过同样的功能移植手段:克朗楼将建筑系的功能复杂部分置于地下获得地面空间无柱的空旷;德国柏林新美术馆将永久性展室沉入地下,并作为其上部空间的基座。谁能保证,把密斯奉若神明的巴埃萨不是从这些建筑中得到了某种启示呢?

与混凝土的基座相对立,上部结构似乎完全是一个非时间性的建筑。似乎它会永远那么洁白,也会永远那么通透,永远那么轻盈。共27 m周长的玻璃取消了任何可见的分划,无框的层叠玻璃(laminated glass,由两层6 mm厚透明玻璃中间夹透明PVB而成)保证了最大限度的透明性,使得内部完全浸润在自然的光辉之中,而远近的风景与观者间的距离也被彻底抹杀。这里,人与自然实现了完全的交融。

缺少了范斯沃斯宅中的家具,也没有了"无墙宅"中的卫生器物,布拉斯宅的玻璃建筑最终实现了密斯的空间之"空"的理想(图5-27)。在对于功能的驱除中它最大限度地表现了透明材质的特征与魅力。

图5-26 无墙宅对家具的约减及对于卫生器具的暴露(左)

图5-27 布拉斯宅的空与透(右)

然而，恰恰是在对于透明性的特征与魅力的极致表现中，也暴露了它的限度。在对于通透性的追求中，恰恰又失却了层次的丰富性；在对于明晰性的追求中，恰恰又失却了要素的暧昧性；在对于一统性的追求中，恰恰又失却了空间的具体性。

如果说，对于透明性的追求体现了现代主义理想和美学的追求，对于它的反动则恰恰暗合了一种现代之后的社会和文化的丰富、复杂与暧昧。在这种文化中，半透明性得到了越来越多的关注。

第三节　有质感的透明——半透明材料

路易斯·康说：结构便是光的造物主(Structure is the maker of light)。从一个极端甚或片面的角度来审视的话，康的作品便是在实体与虚空的交汇处撕开洞口的艺术。

而在这个洞口之中，由于遮风避雨之需求，玻璃不再可有可无。然而在实体与虚空的对比中，窗框却成为多余而显累赘。因此，瑞典建筑师希格尔德·勒弗伦茨在他的圣马克和圣彼得两座教堂中都把整个窗户固定于外墙上，并且窗扇不加分割(图 5-28)。从而自内部望去，几无一物(图 5-29)。

图 5-28　墙外的"窗"

这种明亮与黑暗的截然两分，便在墙体与洞口的互动中演绎。

然而，假若玻璃不再完全透明，墙体不再完全遮蔽光亮，则又将如何？

事实上，所谓的透明(Transparency)从来就是相对而言，它从来就包含着那种一丝尘埃所能达成的对于光线的过滤。因此，在英文中，它才可以同时又有"幻灯片"的含义——没有人能说幻灯片是"透明"的。而在绘画艺术中，更是几乎不用"半透明"(Translucency)一词，因为，既然没有绝对的透明，则在透明与半透明之间来纠缠便毫无必要了。

虽然如此，半透明的现象在建筑学中却有着重要的意义。它赋予了透明性以某种质感。

木材是有质感的，石材是有质感的，砖也是有质感的，一切的不透明材质——甚至白色粉刷——也是有质感的。然而玻璃因其透明，丧失了视觉上的可感知性，也丧失了这一意义上的质感。处于透明与不透明之间某种暧昧状态的材料则有趣地兼具了两者的特质，呈现一种有质感的透明，并以这一特质改变了建筑的空间和形式，也改变了建筑与人交流的方式。

一、玻璃砖与玻璃屋

现代建筑的发展史中，玻璃砖是一种非常独特的材料。外部的光线经由半透明的材料进入室内再漫漫弥散开去，从而创造了一种特别的空间氛围，与那种通常的透明玻璃窗所产生的效果大为不同。简而言之，它引入了光，却没有形状。它引入了光，却拒绝了景。外部的具象世界此时被转化成这一半透明材质上一块块氤氲的光斑，而一团团色彩仍旧在玻璃的

图 5-29　空的"窗"

表面上得以留存。它保有了材料的透明质感的残痕，创造了一个纯粹的内部空间，而经由光的透射，又暗示了外部世界的状况。

法国人维克多·吉马尔德可能是首位把玻璃砖应用于建筑中的建筑师。他 19 世纪末设计建造的住宅把玻璃砖与彩色玻璃组合，从而创造出某种奇妙的氛围。几年以后，奥古斯特·贝瑞也把这一材料应用在他的著名的弗兰克林公寓的楼梯间，贝瑞在他的混凝土建筑中希望尽可能大地开窗，而半透明材料满足了他的这一愿望但又不至于采光过度。一次大战后，半透明材料在那些现代建筑的倡导者那里得到了更多的应用，佩雷继续在一系列建筑中使用这一材料，而他的学生柯布西耶则在 30 年代初也加入这一行列。不过，在这一点上，影响或说启发柯布西耶的似乎并不是他先前的老师，而是他的同时代人皮耶·夏洛。夏洛与伯纳德·比耶沃特 1932 年在巴黎建成了一个立面几乎完全由玻璃砖砌成的达尔萨斯住宅（Dalsace House），即后世称作玻璃屋（Maison der Verre）的建筑。在对于半透明材料的使用和表现上，这一耗时四年之久花费 400 万法郎（今天约合 70 000 人民币/平方米）的住宅堪称一个划时代的建筑作品（图 5-30）。

图 5-30　玻璃屋外观

虽然玻璃屋具有某种划时代的意义，却在很长一段时间里被遗忘，沦落为一个优秀但却普通的现代主义建筑。直到 1969 年弗兰姆普敦拭去覆在它身上的历史尘埃，恢复了它本来的光辉，再现了它作为"典范"的历史价值。这一价值固然体现在多重方面，诸如自由平面，功能分层，精致细部，施工标准化等 [25]，但最为显著的价值还是在于夏洛通过展现新材料（钢、玻璃）的可能性逼问古典建筑传统的真正本质，尤其是他对于半透明材料的探索与表现。似乎是在这里，西方建筑史对于透明性的不懈追求拐了一个弯,转而发现半透明的多重价值——功能上的透光而不透视,观感上的朦胧与暧昧,空间上的暗示与层次……

这一切首先得益于生产和制作技术的长足进步,具体来说便是玻璃砖制作技术的日臻成熟。这也解释了为何自布鲁诺·陶特1914年的科隆玻璃馆直至夏洛1932年的玻璃屋之间再没有完全用玻璃做围护体的建筑。虽然玻璃的结构性使用在19世纪末的法国即已出现(但仅限于小片的玻璃嵌在混凝土墙体之中),并且后来德国人的技术使得它可以垂直砌筑,但是直到1928年,法国的圣戈班(Saint Gobain)公司才开始在市场上推广它的应用。圣戈班的这种玻璃砖尺寸是200 mm×200 mm×40 mm,四周并设有凹槽。夏洛最早的设想是将它从地面一直砌到屋顶,但因为是新产品,厂家不敢保证在这种高度下墙体不会失稳而拒绝提供担保。为了这个原因,夏洛不得不在玻璃砖后面做了暗藏的钢架,将玻璃砖组织成4块×6块的面板。在后来的设计中,这些面板成为了玻璃屋中最基本的元素。

尽管有技术的进步和由此带来的理论变化,以及对于后世的深远影响,但夏洛选择玻璃砖似乎是一个不得已的决定。玻璃屋位于巴黎一个稠密的高级居住区里,种种现实的限制使建筑师要先用柱子撑起原有建筑的三楼,而后才能开始把这个两层建筑(内部上有一夹层作卧室)像抽屉一般塞进去。这个18世纪的狭长院子的底层极其阴暗,按照传统的开窗方式即便白天也要点灯。因此新建筑中如何获得充足的光线成为首先要考虑的问题。但是,玻璃屋又必须与三楼的原住户共用入口的前院,因此保留私密性也成为至关重要的设计目标。要解决这两个看似互相矛盾的要求,只能使用一种大面积的半透明材料,让光线通过而阻隔视线。平板玻璃因为保温不足而被排除,玻璃砖最终入选,因为它不仅具有良好的热工性能,而且符合夏洛的美学要求——这一材料能够创造一种"无止境的表面"。

图5-31　玻璃屋室内(一)

此时,公共与私密的界限被打破了。室外的人从一面墙上捕捉到室内的活动,室内的人却在这面墙上看到了日月的变迁。公共与私密的区分不再那么绝对。夏洛还特意在室外加了两盏大灯,以在晚上感受到"阳光"。玻璃砖墙就像一层细胞膜那般双向选择——穿透或是反射。它一边凸显着自己,一边捕捉着两边的光与活动。无论在哪边它都像是个银幕,上演着不同的故事(图5-31,图5-32)。

这座建筑中的半透明效果不仅仅通过玻璃砖来获得,夏洛以他家具设计师的背景和对于材料的敏感,也以一些别的材料来达到空间和视觉上的半透明性。在一楼通往二楼的主楼梯被封闭在一处弧形可以移动的围护中,这一围护不仅可以通过其开关的不同状态来改变空间范围,还因为它的制作材料——穿孔金属板——使得知觉在透明和半透明之间转换。光线的细微变化产生了丰富的视觉效果和身体经验。这种细微变化带来了始料未及的视觉与知觉变化,玻璃屋也因此超越了最基本的功能需求,变换到诗意的微妙体验。

图5-32　玻璃屋室内(二)

二、由玻璃的"延滞"到建筑的"延滞"

在弗兰姆普敦对于玻璃屋的解读中,他把这一建筑与杜尚的作品《大玻璃》(或者叫《新娘,甚至被光棍们剥光了衣服》)作了并列陈述和比较,指出二者都与当时主流的现代主义美学理念背道而驰。

从 1915 年就开始创作的《大玻璃》,是一张类似机械制图的抽象画(图 5-33)。他用玻璃来代替画布,用铅线作边框,再把颜料填进框内,最后用铅膜覆盖。以玻璃代替传统画布的做法一方面颠覆了传统绘画的观念和方式——这种观念要求人们"看"画(look upon)而不是"看穿"画(look through)。同时这一对于画布材料的改变也要求人们改变对于玻璃的传统看法,——此时,视觉不再是被要求"看穿"(look through)玻璃,而是要停留于其表面,玻璃的表面成了一个被看(look upon)的对象。这种前所未有的做法使得这一作品很难被归入某一艺术门类。而夏洛的玻璃屋在面向前庭与后院的两面皆以半透明的玻璃砖和少量的透明玻璃来围护,它们的共同作用既揭示了又模糊了景象的次序。"这种模棱两可的特性,"弗兰姆普敦写道,"无疑是与现代主义运动主流对于卫生的崇拜以及对新鲜空气的渴求不容的。"[26] 在这一点上,玻璃屋事实上与杜尚的《大玻璃》一样,都是难于轻易归类的。

图 5-33　杜尚的《大玻璃》

图 5-34　苏黎世东正教教堂方案

图 5-35　ACOM 办公楼改造

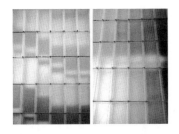

图 5-36　布列根兹博物馆玻璃
　　　　　的变化

图 5-37　布列根兹博物馆表面
　　　　　的半透明性

杜尚把他作品中的新娘称为"玻璃的延滞(the delay in glass)"。在晚年的一次访谈中,杜尚这样解释他使用"延滞"一词的用意:"我想给'延滞'这个词一种我甚至无法解释的诗意,这样就可以避免去说'一张玻璃画'、'玻璃素描'或'画在玻璃上的东西'。"[27]

这一意义上的延滞也体现于当代建筑之中,赫尔佐格和德莫隆 1989 年为苏黎世一个东正教教堂所作的方案以及本–冯·贝克尔的 ACOM 办公楼改造可能会很好地说明这一现象。半透明的雪花石膏墙围起教堂的圣坛,外面再以玻璃和半透明的大理石包裹。雪花石膏上面蚀刻着鬼魅一般的古代圣像,它们也同时成为自然光的过滤器,介入到信仰、历史和记忆当中,"延滞"了视觉向着内部的匆促穿透(图 5-34)。而 ACOM 办公楼的新立面也提供了一个类似的视觉门槛,解释了建筑物先前的某种"记忆",贝克尔使用了半透明玻璃与穿孔板材来阻碍视觉上的通透性,从而在内部与外部之间制造了最大限度的"延滞"(图 5-35)。

从更广泛的意义上来看,"延滞"甚至不仅仅是针对视觉而言,它也是对于理解力的"延滞"。法国建筑师多米尼克·佩罗设计的阿普里克斯工厂是一个巨大的盒子形建筑,针对建筑内容的不确定性,以连续开放的空间适应不同使用者的需要。其外表则直接反映环境光线的变化,立面强化不同时间所具有的动态效果,和背后室内现实的模糊性对应。建筑的形体隐藏在表面上瞬间影像的后面,它像是一层穿不透的"皮",只反射光、环境和观察者自己,而不过多透露建筑内部的状况,造成观者对于建筑理解力上的一种"延滞"。

类似的情况也发生在彼得·卒姆托的布列根兹博物馆(Bregenz Museum, 1990—1997)。这里,卒姆托以 3 片混凝土承重墙和 3 个 2/3 层高的混凝土板盒组合,形成极限跨度的实体结构,极简的结构撑起了极简的形体,使得建筑的双层表皮获得了构造上的自由。建筑师采用一种蚀刻的半透明玻璃作为建筑外表皮,蚀刻玻璃没有穿孔,而是以类似"鳞片"的方式固定在钢挂件上,从而保证了玻璃自身形态的完整性以及受力的匀质性。在这半透明的表皮上,建筑的内部依稀可辨,却又随着天气、光线,以及人的观察视角的变幻而呈现出不同的面貌。设置于边界墙体的楼梯,使运动中的人能连续体验内部的凝素与外部的自然气息。白天,毛玻璃表皮映射天光湖景的微妙变化;夜晚,这幢建筑则成为一个模糊梦幻的"皮影装置"(图 5-36)。"鬼魅一般不断变换的形象使建筑呈现出几分神秘,成为一个瞬息万变的光的雕塑,也成为对于内部世界的一个半遮半掩的呈现。"[28](图 5-37)

这些通常被单一表皮包裹的简单形体难免会勾起人们对于历史上各种"独石建筑"(Monolithic Architecture)的联想,也会在那些(新)古典建筑,现代建筑,(新)理性建筑中寻找渊源。固然,它们共同执著于基本几何形式的力量,然而,在这些建筑中,那些显而易见的形式和意识形态上的差异,再加上它们与建筑先例的不同,使人们不可能勾画出一种线性发展的路径。例如,这些建筑不再依循古典准则的要求根据总体的关系来连接各个局部,也不再努力避免建筑的内部与外部性格和形式上的断裂。恰恰相反,这些建筑常常"坚持这么一种断裂与分离,并且,与大部分的 20 世纪建筑不同,它们不再强迫自身去通过一些特殊的平面化形象和体积化构件来把内部功能的复杂性在外部加以表达"[29]。如果说这些做法与 20 世纪初路斯建筑中的内外分裂有些相像的话,在世纪末的十年里,这一层外皮的半透明化更是加剧了内与外的复杂性。既不是希尔伯施默所梦想的通过透明玻璃所达到的内与外的完全一致,也不是路斯通过不透明的白墙所达到的内与外的完全断裂与分离,而是处于某种复杂的中间状态,是一种视觉与智力上的双重"延滞"。

所有这些"延滞",表面上看来是源于视觉上的阻碍,但是根本上来说是源于主体与客体之间的距离,以及穿透它们所遭遇的难度。瑞士文学批评家让·斯塔罗宾斯基在他的名作《波佩的面纱》(Poppaea's Veil)一文中讨论了这一主题,并触及了当代有关透明性讨论的诸多方面,对于理解和把握当代建筑中的半透明现象有着重要意义。

三、波佩的面纱

波佩·萨皮纳(Poppaea Sabina)是古罗马的美女,尼禄大帝(Nero Claudius Caesar Augustus Germanicus, 37—68)的众多情人之一。在与其他情人的竞逐中,她戴上面纱,半掩住自己的美丽,来撩拨尼禄的爱欲。文章的主旨在于说明"面纱"成为观者与被观视的物体之间的一道屏障,并在主观上建立起一种特殊的关系,一种有距离的关系。与这种关系不同,经典现代主义的玻璃建筑则暗示了一种完全客观化的视觉穿透,认为在观者与世界之间是一个连续的,不间断且无遮挡的空间。

斯塔罗宾斯基这么开始他的论述:"被隐藏的东西令人着迷。"(The hidden fascinates.)这似乎借鉴了蒙田的观点,在他的随笔《困难者增人欲望》(The Difficulty Increases Desire)一文中,对于波佩与她的崇拜者之间的复杂关系,蒙田这么问道:"波佩为何要把她脸庞的美丽隐藏在面纱之后,如果不是为了让她的情人们觉得她更美?"[30]斯塔罗宾斯基分析了面纱的作用,作为横亘两者之间的"障碍和标记,波佩的面纱产生出一种隐秘的完美,这种完美因其逃避本身而要求我们的欲望重新将其抓住"[31]。为了描述这一情况下观者的行为,斯塔罗宾斯基拒绝使用"观看(vision)"一词——它暗示了一种可以立即获得的确信,而是使用了"凝视(gaze)"。因为,与那种绝对的透明性不同,"波佩的面纱"是一种不完全的透明性,它意味着一种全新的视觉关系。这一关系在法语中被更准确地表述为"凝视(regarder)"。而考其词源,法语使用 Le regard 来表示定向的视觉,其词根最初并不表示看的动作,而表示等待、关心、注意、监护、拯救等,再加上表示重复或反转的前缀 re–所表达的一种坚持。凝视很难局限于对表象的纯粹确认,提出更多的要求乃是它的本性。

斯塔罗宾斯基的隐喻是文学性的,但也非常精当地阐明了一种建筑现象:建筑表面的半透明性成为了一种横亘两者之间的障碍和标记,通过

图 5-38　约翰逊的"鬼屋"外观

在外在于建筑的观者与内在于建筑的空间或形式之间，或者在内在于建筑的观者和外部世界之间制造一种距离，来创造一种主观性的复杂关系。而这么一种关系在当代建筑中正在得到越来越微妙的演绎。

菲利普·约翰逊的"鬼屋（Ghost House）"是一个对于建筑原型的极少主义演绎。它以一种围墙的铁丝网做成，用作庄园里的小花房（图 5-38）。铁丝网的半透明性不仅赋予了小屋及其室内一种鬼魅的气氛，还防止庄园里的不速之客侵入小屋里的花床：这成为波佩的面纱喻示的那种有距离完美（distanced perfection）的一个极端简洁的说明，也是那种关心与监护并存的"凝视"的真实写照。

在一些较大型的建筑中，也可以见到类似的现象，即观者与建筑内部空间之间被调节的关系。1991 年建成的再春馆制药女子宿舍（Saishunkan Seiyaku Women's Dormitory）是日本建筑师妹岛和世首次赢得国际声誉的作品，它被一层网状表面所包裹，细密的穿孔使它看上去有如一层筛眼，对于内部空间的关系几乎没有任何暗示，从而最大限度地阻挡了人们从表面对于建筑内部的阅读，制造了一种视觉的距离（图 5-39）。但是在内部，空间则是自由而多变，多个同样规格的房间坐落在一个矩形盒状空间的上层，房间的日常生活的几种基本功能——睡、洗、浴、厕等——被裂解并重组。居住单元被最小化并组合成两条，它们夹起一个巨大的共用空间，其内马桶、盥洗盆、全身镜和厨房设施被零散随机置放，看起来像一个个错落的小岛。光线从侧面的半透明材料和顶上缓缓泻入，这里，各种各样半透明的材料再一次从物质上阻碍了视觉的穿透（图 5-40）。

图 5-39　再春馆制药女子宿舍
　　　　外观（左）

图 5-40　再春馆制药女子宿舍
　　　　室内（右）

以上这些建筑在不同程度上都被看作具有透明的特质，这也表现了透明性在当代建筑中所具有的复杂性，而这一点在早期现代建筑中几乎是不存在的。一些当代建筑把表面作为一层"波佩的面纱"来制造视觉上的阻隔，它暗示了观者与对象之间由距离所引发的张力。这种张力则喻示了与以往态度的分离，也喻示了对建筑中的透明性进行重新认识的必要

　材料呈现

性。赫尔佐格和德莫隆的戈兹美术馆（Goetz Collection）以及努维尔的卡蒂亚当代艺术基金会大楼典型地说明了这种新的态度。戈兹美术馆的结构被包裹在两层半透明的雾化玻璃之间，从而与密斯那种清晰表现了结构的玻璃盒子恰恰相反（图5-41，图5-42）。

图 5-41　戈兹美术馆外观

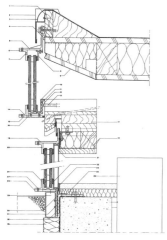

图 5-42　戈兹美术馆外墙剖面
　　　　大样

卡蒂亚大厦比戈兹美术馆更多地使用了透明玻璃，因此从一层独立于主体结构之外的金属构架看过去，它的结构关系也相对清晰一些。即便如此，经由视觉关系的多重层叠和多重光影的透射与反射，这一建筑还是获得了视觉上不可思议的复杂性。用建筑师本人的话来说则是"薄雾一般的缥缈，各种效果犹如昙花一般稍纵即逝"（图5-43）。

以上这些当代建筑实践都在不同程度上背离了希尔伯施默关于透明性的理想——也就是柯林·罗所谓的"字面的透明性"，柯林·罗以他所谓的"现象的透明性"来对此作出抵抗，强调一种空间和立面上多重解读的可能性。而在阿德里安·福特的《词语与建筑》一书中，他还归纳了第三种透明性，也就是"意义的透明性"。并指出这一概念的最好阐释由美国批评家苏珊·桑塔格在其《反对阐释》一书中作出，意指现代艺术中形式与内容间的完全一致，从而无需阐释的理想状态。然而在建筑中，这一意义上的透明性更多地以它的对立面出现，即意义的半透明性或不透明性。美国学者，现任库伯联盟建筑学院院长安东尼·维德勒敏锐地发现了一种新的趋向，即在那种抽空了后现代主义文化精髓的后现代主义建筑潮流之后，它接受了现代主义的技术和意识形态遗产，但拒绝了它的前提或使之问题化。

维德勒以库哈斯1989年的法国国家图书馆方案来说明这一趋向。在这一建筑中，库哈斯设计了一个由不同透明度的玻璃包裹起来的立方体，

图 5-43　卡蒂亚当代艺术基金会大楼

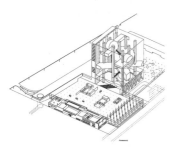

图 5-44　法国国家图书馆方案图解

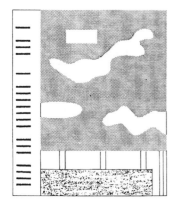

图 5-45　法国国家图书馆方案表面蚀刻的云

里面悬挂着几个无定形的体块（图 5-44）。这一建筑可以被视为"既是对于透明性的肯定，同时又是对它作出的一种复杂的批判。"[32]建筑的外表面取决于天气和光线，时而透明时而半透明或不透明，因此从外部根本不能肯定里面那些体块到底是什么。这使得观者陷入一种焦虑和疏离的状态。在这个建筑中，透明性被理解成"一个实体，而不再是一个虚空"，那些不定型的体块像是飘浮于玻璃体块中一般，并在建筑的外表若隐若现。三向度的体积变得扁平化，它们的相互关系也变得模棱两可，一个叠加于另一个之上。在对于当代建筑的新方向的理解上，维德勒把我们引向了更深一步，"在知识与阻隔（blockage）之间，主体被悬置于一种困难的境地"[33]。库哈斯这么描述了想象中建成的效果："它是透明的，有时半透明，有时又是不透明的；它有一种神秘的效果，有一种启示的力量，在静默中呈现……几乎是完全自然的——就像夜晚飘着云彩的天空，有如日蚀和月蚀所带来的万千变换。"[34]

无论是库哈斯法国国家图书馆中的"神秘"，还是努维尔卡蒂亚基金会大楼的昙花一现的无穷景象，都是源自于柯林·罗与斯拉茨基所不屑的"由光线在半透明的或抛光表面上的不经意反射所形成的偶然叠加"[35]。库哈斯的立面不仅隐约透视出建筑内部的形式，而且也映现了外部环境的变动不羁——尤其是云彩反射于其中所形成的效果。库哈斯把"云"的图案蚀刻在这一建筑的立面上，就这一点来说，库哈斯的立面与杜尚的《大玻璃》倒是有着某种亲缘关系——杜尚这一作品的上部正是被一块云彩所控制（图 5-45）。

云，或许可以成为透明性的新定义的一个最合适的象征：虽然是半透明的但是却有着密度，虽然是物质性的但是却没有固定的形状，执拗地永远横亘于观者与遥远的地平线之间。不仅如此，它也正是对于那种固定的永恒形式的否定，而转向一种动态现象的表达，它随不同的气候、季节、时间而变化，建筑也呈现出不同的面貌。它喻示着一种由形式向感性（sensibility）的转向，而在这种转向中，材料的多重透明性正发挥着一种无可替代的作用。

第四节　透明性的材料转换

透明总是也只有在光的穿透时才能显现，材料也只有在光的照耀下方能被人知觉。我们对于材料的感知——无论是视觉的还是触觉的——都依赖于光的存在。

如果不去考虑柯林·罗所谓的空间透明性以及维德勒所谓的意义的透明性，透明首先是指材料的物理属性。石头是不透明的，玻璃是透明的。但是，从人的感知的角度来看，透明却并没有这么简单：巴塞罗那馆的石材竟可以光亮如明鉴，在对于其他物体的反射中，它隐隐透出一种视觉上的透明来（图 5-46）；而范斯沃斯宅的玻璃虽然是完全透明的，然而从某些角度看去,却完全不知里面是什么(图 5-47)。于是,感知上的透明性与材料的物理属性常常又并不一致。无论透明材料还是不透明材料,在一定的加工工艺下和合适的观察视角,都有反光的性能。在特定入射角的光线下和一定的视角,它们的透明性也会有某种转换,虽然这种转换有着一定的虚幻性(illusion)(图 5-48)。

如果说近二十年来建筑师们对于材料的兴趣与日俱增,它当然也包括了对于材料透明性的发掘。在新的技术工艺下和施工方式中,透明性的转换不再仅仅是一种视幻觉现象,它在事实上成为材料新的物理属性而具有一定的恒久性。建筑师们的兴趣由不同种类间材料的差异,转向了同一材料的不同加工方法及使用方法所带来的不同——这也正是 materiality 逐渐侵占 material 在建筑言论中的地位的缘由。

透明与不透明的区隔由于这种相互转换而变得越发模糊,但是共同趋向于一种半透明的状态,这既源于一种文化转向,也带来了一系列显著的建筑效果。在有些情况下,它甚至是颠覆了人们对于材料的某些通常印象与认识。

一、由不透明到半透明

几乎从来没有人去质疑石材的不透明性,然而当它被切得足够薄的时候,光线便会偷偷地溜入,而在光的透视中,石材的纹理也更为清晰可见。同样的效果也出现在砌筑方式的改变上,以及材料自身元素组成的改变上。

1. 加工工艺的改进

在传统工艺中,石材都是被切成块材,以砌筑的方式来应用。文艺复兴时期块材可以切得很薄,它附着于墙体之上,形成其表面一层薄薄的面层,在威尼斯总督府的墙面上,甚至像是阿拉伯建筑中的面砖一般拼成美丽的图案。到了 19 世纪,工业化技术的进一步发展使得这种方式越发普遍,以至于饰面成为一个突出的建筑学课题,因此才有了路斯的"饰面的律令"中的道德诉求,也才有了奥托·瓦格纳从技术角度对于这一薄薄面层的建造真实性的不遗余力的表达。

直至此时，无论石材如何的薄，它始终没有改变其不透明的物理特质。

然而，当加工工艺的进步使得石材可以被切得足够薄的时候，一种奇怪的现象出现了：不透明的石材竟然可以隐隐透出了些许光线！加工的工艺与方式由此彻底地改变了材料的透明属性。这一技术立即在建筑上得到应用，并且解决了一些特殊的建筑问题。

耶鲁大学贝内克珍本图书馆（Beinecke Rare Book Library, 1963）收集储存了贝内克兄弟三人捐赠的约 80 万册珍本图书。它既要求获得一定的自然采光以便阅览，但又不能过于强烈以保护善本图书。建筑师戈登·本沙夫特在外立面的框架中选用了维芒特大理石（Vermont Montclair Danby Marble）作填充材料，约 2.5 m × 2.5 m 的大小保持了外观上的纯净。而得益于现代加工技术，这样尺寸的大理石却可以切出不足 3 cm 的厚度，从而使其呈现一种半透明的光学属性，取得了独特的空间效果。这一材料起初因为它的黑色纹理与整体呈现的黄色质地的对比过于强烈而被排除，但事实证明，它恰恰成为了室内最为华彩的乐章（图 5-49）。而从外部看去，由于结构部分采用了来自同一产地的一种白色大理石贴面，使建筑获得了强烈的整体感。薄薄的大理石的纹理在自然天光下若隐若现，为这个立方体建筑又添上了些许迷离（图 5-50）。

图 5-49　贝内克珍本图书馆室
　　　　　内（左）
图 5-50　贝内克珍本图书馆外
　　　　　观（右）

如果说在这一建筑中大理石本身或许还有某种透光性的话，那么在日本建筑师隈研吾的石头博物馆（Stone Museum, Tochigi, 1996—2000）中它的半透明性则完全来自厚度上的减少。白色卡拉拉大理石条竟然被加工成 6 mm 薄的石片，从中透进柔和的光线（图 5-51）。它开始让我们对于物的了解达到前所未有的细致程度：大理石竟可以变成半透明材料，竟可以媲美于毛玻璃。在阳光的照耀下，这大理石的纹理在石头的砌缝间变得如此清晰，证明自己不同于半透明玻璃的均质表面。并且，作为一种不透明的材料，这纹理也反衬了它周围材料半透明的程度，并在阳光透过这6 mm 的薄片时，在地面留下肯定的投影痕迹。

就这一建筑来说，在材料的切割和加工以外，其独特的砌筑方式对于

图 5-51　石头博物馆的"窗"

整体效果的达成也起到了重要而关键的作用。

2. 砌筑方式的变更

限研吾质疑 19 世纪的传统粮仓的石墙的厚重性与封闭性,期望赋之以"透明"的知觉感受(图 5–52)。石头博物馆的建造实践展示了砌筑方式的变更带来的透明上的可能性。

博物馆的业主拥有一个采石工场,他以丰富的经验为这一建筑概念提供了技术上的支持。建筑采用的安山岩(当地称作"芦野石"),是一种灰绿色的、纹理细密的火山岩,具有极高的受压强度和抗弯强度,因此开采的形态主要是长条石。设计过程中所做的试验样品表明:断面为 40 mm × 15 mm 的石条长度做到 1.5 m 长度受撞击也不会折断,并且对于"分解"砌筑的石墙,如果空隙率控制在墙面的 1/3 左右,将不会破坏墙体结构所必需的构造强度。通过实验,限研吾最终构筑了两种不同形态的石墙。一种是服务办公区的走廊"百叶墙":将长条石嵌入工字钢柱(175 mm × 175 mm),在长条石柱上开凿凹槽,以此固定石"百叶"(40mm × 120mm × 1 500 mm @ 80 mm)。一种是展示区承重的"类织物墙":分解砌筑形态,编织"孔隙",部分孔隙填充白色卡拉拉大理石条,其中一部分大理石条被加工成 6 mm 薄的石片,柔和的光线便从这里渗入(图 5–53)。

图 5–52　石头博物馆外观

图 5–53　石头博物馆的墙体形
　　　　　态和构造细部

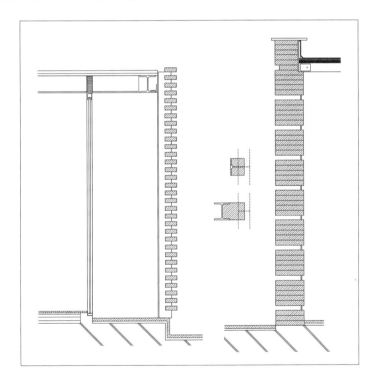

建筑场所最终被赋予全新的整体系统:三个石头粮仓之间,穿插了数个"百叶墙"与"类织物墙"形成的展示空间和办公服务用房,它们延伸至水面,并以放射性道路相联系。石墙展现为三种形态的并置——传统的厚重封闭墙、现代的透明"百叶"墙以及介于两者之间半透明的"类织物墙",在水面的透明映衬下,形成具象与抽象之间的空间形态。这一方式超越了石头的平常使用,已知的知觉经验于是被重新抒写。石材的非物质化、光的迷惑、细节空间的现象显微,共同营造了空间的迷离与颤动(图5-54,图5-55)。

图5-54　石头博物馆室内(左)
图5-55　石头博物馆外墙细部
　　　　(右)

这种对于"材料技术–建造概念"的革新以及对其实施程序的探讨,体现了建筑形态、空间经验和客体认知的新的可能性。与隈研吾对于石材独特的加工和砌筑方式的探索不同,赫尔佐格与德莫隆则在多米勒斯葡萄酒厂(Dominus Cellar, California, 1997)中以一种洞察与思辨,以其对于石材几乎不经加工的使用,把材料还原至其原初状态。而就光的效果而言,墙作为整体此时呈现出了一种半透明的效果。

多米勒斯葡萄酒厂的外墙由两种材料构成,自然状态的石头以及盛装石头用的金属筐。金属框架实际成为外墙真正的支撑结构,其间覆满了单一尺寸次一级框架——900 mm × 450 mm × 450 mm的镀锌钢筐。在这些次级金属框架内使用了三种尺度的金属网格,最大的网眼是75 mm³,中等尺度的金属网用在外墙底部,防止葡萄园中的响尾蛇从填充的石缝间爬入,最小的5 mm见方的格网被当作栏板或是悬挂的天花来使用。相应的,三种等级的石块对应于三种格网,从而最终形成了石墙的三种密度。它们分别对位于办公区域、酿造车间与仓库的功能性使用(图5-56)。

图5-56　多米勒斯葡萄酒厂
　　　　外观

在大酒桶房间,通过将惯常的外墙隔热层移植给大酒桶本身,空间可与它所连接的那些带顶的室外空间具有相同性格:墙壁仅仅与屋顶一样充当着雨罩,一种最大的石头在此处最大的金属网眼中得到密度最小的填充,粗粝的石间缝隙过滤着充足的阳光并引入煦暖的和风。在白天,它们成为内向的光与风的石屏,夜间,室内的灯光向外滑过石缝闪烁着一种金烬般的微光(图5-57)。在石头包裹的内部,用玻璃再次围合办公区域,形成梦幻的廊道空间。在实体和层叠之间,"石屏"的物质性被光线分解,任凭风雨的渗入,绿色的侵蚀。

图5-57　多米勒斯葡萄酒厂
　　　　过道

3. 材料中新的合成性

赫尔佐格与德莫隆的策略同时也可以理解为对于钢筋混凝土在制作上的反动,因为通常说来钢筋混凝土中总是钢筋被混凝土(石材的颗粒是主要的骨料)包裹在内,而在多米勒斯葡萄酒厂中,钢筋被暴露于外,骨料则被"包裹"其中。这一策略雄辩地证明了工艺上的颠倒可以多么显著地改变合成材料的属性和性能。那么,对于合成材料,改变其配比的材料,或者是加入新的材料,也同样甚至是更为显著地达成类似的目的。

哥伦比亚大学建筑学院的材料工作室试验了一种新的"钢筋混凝土"的配方,他们以半透明的橡胶来代替了混凝土,而以其他纤维物质取代了钢筋。这一新的配合不仅使得"钢筋混凝土"呈现出一种半透明的效果,而且,"钢筋"也不再在视觉上被隐匿——这个曾经使路易斯·康更青睐钢结构而放弃钢筋混凝土的理由,如今终于获得了其在视觉上的诚实。

如果说这一实验室中的产品更多的还处于概念阶段的话,那么另一种被称作 LiTraCon 的新型混凝土产品则已逐渐成形。匈牙利建筑师阿龙·洛桑济在传统的钢筋混凝土中加入了导光的光纤束,破除了混凝土阴暗的表面和它实体的面貌,却使其犹如一片薄薄的面纱,甚至似乎可以在风中飞舞。既透且重似乎自相矛盾,然而这也正是它的魅力所在(图 5-58)。

图 5-58　LiTraCon 的背光效果

通过对于光纤的粗细以及分布密度的调节,混凝土表现出不同的透明性,星星点点的亮光与背景的黑暗形成强烈的对比,而投射下来的光与影也呈现出不同的比例(图 5-59)。

二、由透明到半透明

在玻璃上千年的制作和使用过程中,透明性一直是其追求的目标,因为人们无法去除其中含有的杂质。这样看来,哥特教堂对于彩色玻璃的巧妙应用又何尝不是一种权宜之举?! 这一问题最终大约在 15 世纪被克服,并在早期现代建筑中其表现力得到挖掘。但是近年来,玻璃的半透明效果却吸引了越来越多的建筑师, 与以往半透明的获取及其程度在制作过程中已被决定不同, 新的制作工艺以化学的和物理的方法在透明玻璃上进

图 5-59　LiTraCon 组图

行二次加工，从而获得更为多样且更高质量的表面效果。

蚀刻法便是其中最具代表性的一种，它通过酸对于玻璃表面的腐蚀来降低玻璃的透明度，腐蚀的时间长短则决定了表面的粗糙程度以及它的透光度。

卒姆托的布列根兹美术馆的表面便是被这种玻璃整个地包覆，均匀的表面上光影流动，材质的单一强化了建筑的形体和冷峻。透过蚀刻玻璃，柔和的光线能传达至 24 m 的深度，而其"鳞片"式的固定方法则允许湖风的气息自由渗入展厅内部，各种知觉作用使空间呈现"现象般的透明"质量。

而更有当代意义的是图像对于透明性的意义，以及它对于材料的挑战。

1. 图像的材料化

建筑中，图像一直是作为材料的反面来出现。而从字面意义上来看，当代建筑中对于材料的复归，甚至正是出于对抗建筑图像化的需要。但是，图像从来也一直没有离开过建筑，而在一个越来越图像化的社会中，对于图像的抵抗却甚至往往被图像所同化。从这一认识出发，赫尔佐格与德莫隆对于图像采取了一种更为积极的态度，发掘图像在建筑中的多重应用方式。丝网印刷技术的规模化应用则提供了把图像材料化的技术可能，这大大地改变了人们对于材料的感知，包括对于玻璃透明性的感知。

图 5-60　埃伯斯沃德理工学院
　　　　　图书馆外观

在德国埃伯斯沃德理工学院图书馆（Eberswalde Polytechnic Library, 1996）中，赫尔佐格与德莫隆通过波普图像的概念性阵列复制，用"影像砌块"实现了表皮材料的透明性转换（图 5-60）。这种"影像砌块"使用了两种材料：1 500 mm × 715 mm 的预制混凝土板和 1 500 mm × 1 190 mm 的玻璃窗板。两种材料使用同一种表面处理方式，以丝网印刷的方法蚀印不同的黑色点阵图像。这一技术措施既使得混凝土失去其原本的物质性，也使玻璃丧失其原本的非物质性。两种材料构成的"X 光画"的图像结构是透明的，这种透明又展现了图像之间的结构，同时暗示了物质内外的两个方面。应用策略一旦确立，建筑师在完成表皮的几何分格之后，把图像题材的选择交给艺术家托马斯·鲁夫。鲁夫从自己的"视觉日记"中抽取图像，题材包括具体的历史事件、战争、人体与情欲、技术和生物自然，图像沿水平方向阵列复制，垂直方向则在内容上相互衔接。混凝土因为图像不再沉重，而玻璃则因为图像不再轻盈。建筑在图像的作用下消解了轻与重的严格对立，共同融入一种关于透明的中间状态。

早于这一建筑几年完成的瑞科拉欧洲厂房（Ricola Factory, 1993）中，建筑的两个长立面和挑出 8 m 的屋檐底面采用了聚碳酸酯板材，它的透明性能为内部提供经过一定过滤的自然光。但是，这种透明性再一次遭到了图像的"干扰"：聚碳酸酯板材被印上了卡尔·波罗斯菲尔（Karl Blossfeldt）在 1900 年拍摄的植物叶子的图片，并将它作为母题在板材表面进行重复。由外向内与由内向外来观看时呈现出巨大的差异（图 5-61，图 5-62）。

　　材料呈现

图 5-61　瑞科拉欧洲厂房由外
　　　　　向内视(左)

图 5-62　瑞科拉欧洲厂房由内
　　　　　向外视(右)

之所以选择树叶作为图像的母题要素，是为了与外部自然环境建立一定的联系,但是又不能太过具象,波罗斯菲尔对树叶形式的提炼呈现出一定的抽象性,恰恰满足了这种要求。并且在客观上改变了塑料板材的透明性,把图像化身为另一意义上的材料。

赫尔佐格与德莫隆的这一批图像化表皮的作品成熟于 20 世纪 90 年代,它们质疑了后现代建筑图像所提出的意义和意指作用,而回归材料本身的感性特征。赫尔佐格与德莫隆反复强调图像的非再现性,"我们希望建筑能打动人,但并不表现这样那样的观念。我们使用的图像不是叙述性的,不像哥特教堂的玻璃窗讲述(圣经故事)。……这些图像都是非再现性的。"[36]在瑞科拉欧洲厂房中,采用植物图案没有任何象征意义,图案的重复是建筑设计的关键:单一图像有着可辨认的形象,重复使图像成为完全不同的新东西,构造了一种新的肌理和质感,极端的重复将平凡而熟悉的事物转变成新的形式。而在埃伯斯沃德理工学院图书馆中,图像的水平和垂直序列则造成某种微弱的视觉运动感,类似于电影胶片的运行,建筑师以这种非具象的方式对媒体化的现实做出了回应。

除了印刷技术外,复制图像的技术还包括各种电子技术,如各种广告灯光、电子显示屏等,或者把电子图像实时地投射到建筑的外墙上,使实体变透,让虚体变浊。但无论是印刷还是电子技术,从加工的过程来看,这些图像几乎都可以看作一个单独的"层",它附着于玻璃的表面之上,遮蔽了玻璃的透明性。从这一意义上来看,几乎可以把它理解成是一种层叠化的表皮。而真正的有距离的层叠化表皮的应用,则从另一个角度改变了材料——如果我们可以把层叠化表皮视作一种组合材料的话——的透明性。

2. 层叠化对于透明性的调节

单一的透明或者半透明的材料其透明度也是唯一的,当把它们组合在一起时,这种在厚度上的组合材料其透明度则是多重的。从这个角度来看,当代建筑中的多重表皮不妨看作是一种组合材料。当这一组合材料的层与层之间的关系变化时,便形成了多种不同的效果。从概念的解析上来看,赫尔佐格与德莫隆的舒曾马特街公寓（Apartment Building in Schutzenmattstrasse, 1993)或许可以被当作是最简单却最有力的说明。

图 5-63　舒曾马特街公寓

　　这一建筑位于巴塞尔老城区的边缘地带，沿街六层高的体量被通体覆以双层表皮，内表皮为玻璃，外表皮为用作隔音并可以开启的镂空铁板。铁板的镂空部分被设计成微微弯曲的长条形，虚与实的对比就像摇曳的水草带来动感。普通的铁板经过这种加工带来了一种迷人的矛盾性：它在开始的时候带给人一种沉重的感觉，但是很快就被轻盈和材料纹理所引发的共鸣所替代。白天，自然光线在室内投射下美丽的光影；夜晚，内部温暖的光线洒向街道，被隔栅切割成无数弯曲的光面（图 5-63）。在这一建筑中，双层表皮分解了围护构件的多重功能，最外面的铁格栅由于隐藏了通常的门、窗、墙的区分，其沿街形象被约减为一个单纯的面，以其简洁而细腻的冷峻突显于风格混杂的周围环境中。这里，几乎均质的铁格栅与其后均质的玻璃组成了"复合材料"，而它同样具有几乎均质的透明度。

　　与舒曾马特街公寓均质单一的表面不同，斯蒂文·霍尔在其位于阿姆斯特丹的萨夫特伊街办公楼（Sarphatistraat Offices, 1996—2000）中虽然仍旧使用了双层表皮，但其外层呈现一种不规则的非均质化形象。这一建筑有时被称为"多孔建筑"（porous architecture），之所以如此命名，一方面是因为这一建筑的内外表层的墙体材料都是用的穿孔板，使其在字面意义上成为一个"多孔"建筑；另一方面，从霍尔的设计概念来看，在空间和形体上有着一种多孔的处理手法，从而逐步消解这一建筑的体量。外层以多孔铝板包覆，内层则是多孔复合板。在叠置的墙层之间置入了发光体，并在内层的多孔复合板的内侧涂上一层白色荧光粉（图 5-64）。

图 5-64　萨夫特伊街办公楼外墙构造

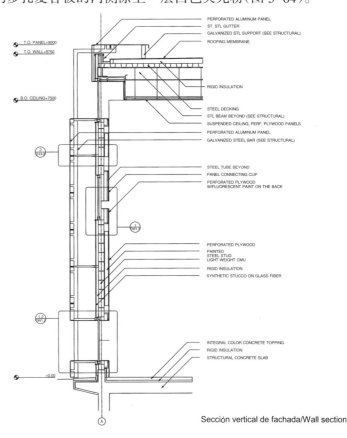

双层表皮的采用及其外层表皮的非均质化设计，并非在于建筑外观上的视觉趣味，而是与对光线效果的独特追求分不开的。它以双层表皮之间的错位带来了透明性的丰盈与多样，内外两层上不对位的开口营造出特殊的光线效果，使得外墙在多种透明度之间变换（图5-65），并在夜间也产生一种奇特的效果（图5-66）。Porous同时还有"浸透，渗透"的含义，而这显然体现在由以上做法带来的空间和光线的特质里。

图 5-65　萨夫特伊街办公楼
　　　　　室内（左）

图 5-66　黄昏时分的萨夫特
　　　　　伊街办公楼（右）

层叠表皮的技术基础在于各种功能构件的各司其职，采光、通风、隔热、隔声、遮阳等功能也便不再集于一身。构件的分离使表皮具有一定的厚度和间隙，加上多为有一定透明度的玻璃、金属和复合材料，多层表皮并没有因为厚度的增加而显得笨重，相反，由于层次的增加和光影的变幻使之显得更为轻盈。

三、透明性转换的建筑内涵

就材料的透光性能来说，那种完全的不透明以及那种纯粹的透明，如今似乎不再泾渭分明，而是正向着半透明状态靠拢。对于半透明材质的挖掘造就了一种新的建筑现象，它在客观上大大拓展了透明性的表现手段，但是更重要的是，它意味着一种文化的转向以及基于这一转向的新的趣味的诞生。

这一转向不仅反思了当代文化与20世纪早期现代主义机器美学的距离，也标志着建筑界的一种根本转向——远离近几十年来形式讨论所占据的核心地位。在一些技术和艺术上都有所创见的项目中，半透明性在建筑中的表现力往往成为建筑师们的一个探索焦点。这种关注不仅仅是这些材料的视觉和材质特点，而且涉及了这些特点所内含的文化和时代意义，并在这种关注中，重新思考建筑、视知觉以及结构之间的相互作用和关系。

1. "轻"与"重"的模糊化

"轻"的意向一直便是与光联系在一起，在英文中，它们根本就是同一个词——light。与此相对照，"重"的意象则常常与暗的传达相关联。这样也就不难理解，为何一直以来，石材意味着"重"，而玻璃则代表着"轻"。

石材之重甚至被以各种方式来表述和强化，中世纪的实体式砌筑自不必说，文艺复兴时期对于作为贴面石材加工的粗琢法（rustic）便以一种文学化的方式把石材的沉重感加以夸张。虽然现代工艺的发展使得石材贴面的方式得以盛行，而对于贴面的建造方式的表现也使其传达一定的轻的意向，但是另一种方式——以贴面来模仿实体式建造——也依然不绝，马里奥·博塔位于瑞士提契诺地区的圣塔玛丽亚教堂（Chapel of Santa Maria, 1996），通过对于传统的石材承重墙的惟妙惟肖的模仿，依旧让人感受到它不可忽视不可抗拒的"重"（图5-67，图5-68）。同样，玻璃的轻也是19世纪以来一直被追逐的效果，从19世纪中期帕克斯顿的水晶宫到上一世纪20年代密斯的摩天楼方案，从格罗皮乌斯的包豪斯校舍到屈米在荷兰的小展览馆，"轻"是一个不言而喻的目标与效果，而这种效果在很大程度上正是借助于玻璃的透明性来达成。

图5-67　博塔的圣塔玛丽亚教堂

图5-68　圣塔玛丽亚教堂表皮的砌筑方法

然而，当石材不再阻绝所有的光线，当玻璃也不再完全透明的时候，把"轻"与"重"的知觉特质与不同材料作固定联系的习惯便遭遇了前所未有的严峻挑战。"轻"与"重"的界限也越发模糊……

石材本是一种典型的硬质材料，以其深沉的阴影传达着无可争议的"重"，但是，隈研吾通过使用板状的片材来引进光线，获得一种模糊而轻柔的感觉。石头博物馆中那承重的"类织物墙"以微小的开洞和不同强度的采光，减弱了实墙的坚硬与沉重。在这样的处理下，边界变得模糊了，光线散射成无数细小的颗粒，原先的沉重渐渐消隐在光线的轻柔之中。这种对于石材的细致处理与原先传统的砌筑实墙形成强烈的对比，在这个新老掺杂的博物馆环境中获得了硬与软，轻与重的全新阐释与体验。而那个由条形玻璃覆盖的埃伯斯沃德理工学院图书馆，当玻璃因为图像的蚀印而融进整个表皮的平面性之中时，又由谁还能说玻璃与"轻"有着天生的联系？此时，难道它不是与那印上同样图像的混凝土板块一样的"重"——也是一样的"轻"——吗？

这种界限的模糊似乎暗合了那种对于中性化的时代性渴求，而视觉上的"透"与"隔"与知觉上的"轻"与"重"之间关系的复杂化带来了建筑上许多有趣的效果和丰富的表现力。

2. 光与影的对比的弱化

希尔伯施默在论述1851年的水晶宫时指出，"它消除了光与影之间的传统对立——而正是这种对立的存在，方才形成以往建筑的比例关系。相反，它创造了一种均匀分布的明亮，创造了一个房间——而这个房间充满了没有阴影的光线。"[37] 当代建筑中大量的对于半透明材质的使用——多种多样的玻璃、塑料制品，以及穿孔材料等等，创造出的空间迥异于希尔伯施默所谓的"充满了没有阴影的光线的房间"。事实上,许多建筑证明了"透明性"也可以表现出建筑的阴影效果。

只是这种阴影已经不再是那种犹如刀割斧切一般的锐利和边界分明,相反,在光与影之间却多了些许的婉转与和润。

在透明的状态下,建筑的窗户从光学上来说等同于空无一物的洞口,也因此才有密斯建筑中以玻璃的透明来凸显结构的框架,才有了康所谓的"结构是光的造物主"以及"光是形式的给予者"。而在半透明状态下,我们将不再能忽略窗的存在,因为它也在视觉上显示了自身,它也在地面上留下斑斑驳驳的阴影,这阴影不似实墙投下的那么浓重,而它所滤过的光线也不似玻璃透过的那么强烈与肯定。

光与影的对比的弱化也削弱了体量的重要性。

柯布西耶把"体量"放在"给建筑师先生们的三个备忘"的第一条,并且认为建筑是形体在阳光下科学、精确而精彩的表演。对此,赫尔佐格与德莫隆质疑道:"……如果建筑根本不是一场表演,尤其不是科学而精确的表演;并且如果气候经常是多云的,光线是漫射的,而不是像理想的南部地区那样光线强烈,那将又会怎样呢?"[38] 对于建筑的体量来说,半透明的材料犹如多云的天气,使得体量不再能尽情表演。

建筑的魅力由静态的体量和光影转向知觉性的瞬时而连续的现象学变幻。

3. 瞬时而连续的现象呈现

这种变幻早已经体现在卒姆托的布列根兹美术馆的陈列室中,体现在它蚀刻玻璃的表面上,体现在这一表面对于外界要素的反映以及白天与夜晚的不同呈现中。

固然,透明材料如范斯沃斯宅中的玻璃取消了内外的视觉上的界限,把室外的景物完全拉入室内,并且对于自然气候与景物的变化作出实时的反应,但那是一种即时式映现,也是一种"忠实"的映现。而在半透明材料的背后,一切都变得影影绰绰,任何外界的变化都以一种更为微妙的方式反映出来,建筑成为一种连续颤动的景象。

透明度的多重性带来了对于空间、结构的多层次表现,为人们创造了丰富而细腻的感官体验。建筑不再表现为理想的或不再理想的形式,在瞬时而连续的变幻中,建筑被经验为具体的现象,一种身体性的现象。它使我们有可能越来越远离那种风格化的形式,而转向知觉、感性、效果与体验的世界。

美国建筑理论家希区柯克曾经以一种非常审慎的方式写了一本现代建筑史,而现代艺术博物馆(MoMA)的第一任馆长阿尔弗雷德·巴尔为此写的书评虽然总体上给予很高评价,但是认为希区柯克应该更具批判性,要更坚定地排除一些人,并且再加进一些人,以使观点更为鲜明。他的评论结果使得希区柯克在 1932 年与约翰逊一道为配合 MoMA 的建筑展而推出了另一本书,这就是《国际式:1922 年以来的建筑》(*The International*

Style: Architecture since 1922），提出著名的国际式三特征——体量，规整，无装饰。

　　而现在，当柯布西耶那理想化的地中海阳光渐渐褪去，与它一起褪去的还有这一阳光下壮丽表演的形式。那些不再明确定义的形式在细腻且更为多变具体的光线下越发显现出其魅力。问题是：老一套的规则是就此被新的一套规则取代，还是新的一套所谓的规则也将犹如那些新的形式一样，不再肯定，不再明确，不再武断呢？

　　因此，对于透明性或者"轻"的讨论并不意味着一种新的什么主义——它常常以形式上的显著特征来界定——又要诞生了，也并非一种新的建筑理论的隐喻，而更多是对于一些新的方向的敏感的发现。并且，这种发现也并不是对于特定形式特征的归纳，而是对于那些感性特质（sensibility）的描述。

注　释：

1　就其视觉上的实在性来说，则只有在对于外来光线的反射或是折射的时候才能显示自身的存在。撤除透明材料一直以来尤其是在早期所具有的意识形态含义，这或许是它最为令人着迷的地方。

2　Paul Scheerbart, "Glass Architecture," in Todd Gannon, ed., *The Light Construction Reader* (New York: The Monacelli Press, 2002), 345–368, 345.

3　[英]艾伦·麦克法兰，格里·马丁著；管可秾译. 玻璃的世界. 北京：商务印书馆，2003: 6

4　[英]艾伦·麦克法兰，格里·马丁著；管可秾译. 玻璃的世界. 北京：商务印书馆，2003: 198–203

5　[英]艾伦·麦克法兰，格里·马丁著；管可秾译. 玻璃的世界. 北京：商务印书馆，2003: 205

6　Rosemarie Haag Bletter, "The Interpretation of Glass Dream: Expressionist Architecture and the History of the Crystal Metaphor," in Todd Gannon, ed., *The Light Construction Reader* (New York: The Monacelli Press, 2002), 311–335, 314.

7　[英]艾伦·麦克法兰，格里·马丁著；管可秾译. 玻璃的世界. 北京：商务印书馆，2003: 198

8　Rosemarie Haag Bletter, "The Interpretation of Glass Dream: Expressionist Architecture and the History of the Crystal Metaphor," in Todd Gannon, ed., *The Light Construction Reader* (New York: The Monacelli Press, 2002), 311–335, 323.

9　Wolf Tegethoff, *Mies Van Der Rohe: The Villas and Country Houses*, trans. Russell M. Stockman (New York: Museum of Modern Art, 1985), 66.

10　[瑞士]维尔纳·布鲁泽著；王又佳，金秋野译. 范斯沃斯住宅. 北京：中国建筑工业出版社，2006: 16–17

11　[瑞士]维尔纳·布鲁泽著；王又佳，金秋野译. 范斯沃斯住宅. 北京：中国建筑工业出版社，2006: 2

12　董豫赣. 极少主义：绘画·雕塑·文学·建筑. 北京：中国建筑工业出版社，2003: 65

13　对于后缀"–less"的理解得到了 Architectural Review (1998/11)的佐证，这一期里有一篇文章题目便是 "Without walls – architectural design of a house by Shigeru Ban"。

14　Kenneth Frampton, *Studies in Tectonic Culture: The Poetics of Construction in Nineteenth and Twentieth Century Architecture* (Cambridge, Mass.: MIT Press, c1995), 179. 更为详细的论述可参见 Franz Schulze, *Mies Van Der rohe: A*

材料呈现

Critical Biography (Chicago: the University of Chicago Press, 1985), 166–168.

15　Kenneth Frampton, *Studies in Tectonic Culture: The Poetics of Construction in Nineteenth and Twentieth Century Architecture* (Cambridge, Mass.: MIT Press, c1995), 179. 更为详细的论述可参见 Franz Schulze, *Mies Van Der Rohe: A Critical Biography* (Chicago: the University of Chicago Press, 1985), 167.

16　Wolf Tegethoff, *Mies Van Der Rohe: The Villas and Country Houses*, trans. Russell M. Stockman (New York: Museum of Modern Art, 1985), 66.

17　董豫赣. 极少主义: 绘画·雕塑·文学·建筑. 北京: 中国建筑工业出版社, 2003: 58

18　Terence Riley, "Light Construction," in Todd Gannon, ed., *The Light Construction Reader* (New York: The Monacelli Press, 2002), 23–41, 23.

19　Wolf Tegethoff, *Mies Van Der Rohe: The Villas and Country Houses*, trans. Russell M. Stockman (New York: Museum of Modern Art, 1985), 66.

20　Kenneth Frampton, *Modern Architecture: A Critical History* (New York: Thames and Hudson, 1992), 161.

21　参见本书第二章第二节"'建筑四要素'说"。

22　Edward R. Ford, *The d Details of Modern Architecture* (Cambridge, Mass.: MIT Press, c1990), 261.

23　张毓峰, 林挺. 重读密斯. 时代建筑, 2003(02): 110

24　刘先觉. 密斯·凡·德·罗. 北京: 中国建筑工业出版社, 1992: 39

25　虽然这种标准化其实是一种假象, 真正的施工更多地依赖于手工艺操作。夏洛在自己的记录中也承认了这一点: "这个房子是由匠人在标准化的借口下制作的模型。"事实上, 与其称为标准化还不如说是模度化, 是一种玻璃砖的模度化。这种尺寸模度化造成了一种施工标准化的表象。

26　Kenneth Frampton, "Pierre Chareau: An Eclectic Architect," in Todd Gannon, ed., *The Light Construction Reader* (New York: The Monacelli Press, 2002), 380.

27　[法]卡巴内著; 王瑞芸译. 杜尚访谈录. 桂林: 广西师范大学出版社, 2001: 35 (但是对于 delay 的翻译由"耽搁"改为"延滞"。)

28　Richard Weston, *Materials, Form and Architecture* (New Haven, CT : Yale University Press, 2003), 208.

29　Rodolfo Machado and Rodolphe el–Khoury, ed., *Monolithic Architecture* (Munich: Prestel, c1995), 12.

30　蒙田(Montaigne), 转引自 Jean Starobinski, "Poppaea's Veil," in Todd Gannon, ed., *The Light Construction Reader* (New York: The Monacelli Press, 2002), 231.

31　[瑞士]让·斯塔罗宾斯基著; 郭宏安译. 波佩的面纱. 见: [比]乔治·布莱著; 郭宏安译. 批评意识. 桂林: 广西师范大学出版社, 2002: 272

32　Anthony Vidler, "Transparency," in Anthony Vidler, *The Architectural Uncanny: Essays in the Modern Unhomely* (Cambridge, Mass.: MIT Press, 1992), 216–225, 221.

33　Anthony Vidler, "Transparency," in Anthony Vidler, *The Architectural Uncanny: Essays in the Modern Unhomely* (Cambridge, Mass.: MIT Press, 1992), 216–225, 221.

34　Rem Koolhaas and Bruce Mau, *S, M, L, XL* (New York: Monacelli Press, 1995), 654.

35　Colin Rowe and Robert Slutzky, *Transparency* (Basel: Birkhauser, c1997), 33.

36　Jeffery Kipnis, "A Conversation with Jacques Herzog," *EL Croquis* (109/110): 27–37.

37　转引自 Terence Riley, "Light Construction," in Todd Gannon, ed., *The Light Construction Reader* (New York: The Monacelli Press, 2002), 23–41, 23.

38　Herzog & de Meuron, "The Hidden Geometry of Nature," in Wilfried Wang ed., *Herzog & de Meuron* (Zurich, Munich, London: Artemis, 1992), 145.

第六章 建筑的抽象约减与材料回归

　　正如本书绪论中在解释论述的历史时段选取时所阐述的，早期现代主义建筑着重于探索新材料以其结构性能所带来的空间和形式潜力，对于它的表面属性并不重视，甚至是有意压抑的。白墙以其材质的抽象性以及玻璃以其视觉的透明性被大量地应用，共同服务于抽象空间的塑造。可以说，就材料的表面属性来看，这一时期是以隐匿为主要特征的。相对来说，当代建筑则再次回归到对于材料具体属性的重视，以及对于材料的感官性体验的挖掘，而半透明材料的应用则从多个层面上带来更为微妙的空间和形式体验。但是，这种向着材料的回归绝非对于某种新的形式主义的呼吁，也不是为那种基于手工艺的建构学所作的辩解，更非对于所谓"材料真实性"的怀旧迷恋。它的特征典型且集中地反映在当代建筑学由"材料"向着"材料性"的话语转换中。从这一意义上来看，当代建筑中材料的显现具有某种时代性的特征。

　　对于这两个时段的现代建筑 [1]，芬兰建筑师和建筑理论家尤哈尼·帕拉斯玛把它们称作两种现代主义，或是第一现代主义和第二现代主义，并指出它们的下述区别："第一现代主义渴望那种非物质的、轻的建筑形象的创造，而第二现代主义则频繁表达重力以及稳定性，表达建筑的物质性及其与大地的联系。这种作为建筑表现手段的对于重力和大地的回归，超越了其所具有的隐喻的含义。……在对于纯粹的造型表达的欲望中，第一现代主义去除了象征主义、暗示和隐喻，而今天这些已经成为了第二现代主义表达方式的基本组成部分。与第一阶段对于某种永恒性的追求与表达不同，新现代主义通过物质（材料）、记忆和隐喻来寻求一种对于时间性的体验。" [2]

　　两种现代主义之间的差异一方面反映了建筑中空间与材料的两难，即材料在塑造空间以外是否还有自身独立的意义；另一方面，它也反映了抽象与具体的悖论，即如何能够在空间的抽象性与材料的具体性之间达致一种平衡。早期现代建筑对于抽象空间的关注压抑了对于材料的表现，材料完全成为了实现空间的工具。在以空间为核心的叙述中，材料不再具有其独立的意义，这也导致了教育与实践中对于建筑的抽象约减。当代建筑中依稀可辨的向着材料的回归，则提供了远离抽象达致具体的可能手段。从这一意义来说，材料的隐匿与显现扮演着至关重要的角色。

　　在前面几章对于隐匿与显现的分项讨论之后，本章从"抽象约减"与"材料回归"两个方面对于前面几章的讨论进行了深化并做出总结，它围绕两个主题来进行：一是材料和空间的关系，即材料是自主的还是依附于空间的;二是对于隐匿与显现的讨论的教育和实践意义,关注如何能够在空间的抽象性与材料的具体性之间达致一种平衡。经由这两个方面的讨论,希望能从总体上来探讨材料的隐匿与显现之于建筑的意义,并展现这一讨论的实践意义与价值。

第一节　材料的空间性与材料的自主性

无疑,任何建筑都是物质(材料)与空间的一体化组成。物质是器,空间为用。

空间的重要性毋庸置疑, 但是否就此便成就了它在建筑中的首要性呢? 人们使用的固然是空间,但使用的痕迹则永远留存于实体之上。换句话说,建筑的历史性——甚至更进一步说人类的历史性——是留存在建筑的物质性而不是空间性上。即便仅从这一点来看,建筑中的材料也具有其独立于空间的自主性。

但是,建筑作为一个整体,其实体与虚空无异于一个硬币的两面,互为表里。这种物质(材料)与空间的一体化使得它们在建筑中的分离成为不可能。虽然如此,人们却可能以不同的方式来开始他们的建筑活动:是从空间开始,还是从材料开始,这也正是路斯在其《饰面的原则》开始部分所阐述的。而在空间的核心地位确立后,从空间开始更是进一步演变成为对于纯粹抽象空间的塑造。此时,路斯建筑中材料以其具体性来服务于空间特质与气氛的作用也就逐渐消失了, 唯一的意义在于以其物质性围护与包裹起一个虚空,一个抽象的笛卡儿虚空。

这样,不仅从开始建筑的方式上有着先后的差异,建筑中材料与空间的二分性还内在地包含了在对待空间和材料的态度上的不同等级:是空间优先还是材料优先?这一差异既是材料的隐匿与显现的原因,也是这种选择的结果。

一、空间优先与材料优先

1. 建筑 = 材料 + 建造——>空间?

现代建筑尤其是其早期阶段常常会以这一公式来描述建筑的本质属性。其中,空间居于绝对的核心位置,相对来说,材料及其建造则只具有工具性的价值。这也似乎得到了几乎所有关于建筑起源的论说的支持,也在关于人类基本建造活动的观察中得到证实。

香港中文大学教授巴尼阿萨德曾以两张照片记录了一种原始空间的形成过程:一个在田间劳作的农妇为了将孩子放在一个安全的地方,选择了田埂边一块凹地,再用几根树枝搭在上面,便给了孩子一个既安全又遮阳的栖身之处(图6-1)。但是,这一过程更多地是一种对于空间的区分(demarcation)而非对于空间的限定(definition)。一百多年前,施马索夫在他那篇关于空间的著名演讲《建筑创造的本质》(*Das Wesen der*

图6-1　对最基本的空间建造过程的观察

Archiecktonischen Schöpfung)中，更是认为那些沙滩上的脚印、树枝划出的浅浅的印痕便是人类为此(空间的区分)做出的努力，也是具体的物质围护的象征[3]。如果说巴尼阿萨德的这两张照片很好地诠释了原始空间的生成方式，它对于空间的物质性建造过程的呈现却略嫌乏力。与施马索夫从空间的纯粹知觉意义出发的方式不同，早他半个世纪的森佩尔则更多地从材料、技艺等物质性围合(enclosure)的角度来论述空间。从建筑设计的可操作角度来说，后者的介入方式更有意义，也是在这一方式下，建筑可以被便利地划分为实体与虚空这两个互相映照的部分。此时，对于建筑空间的设计事实上变成了对于物质性实体材料的操作，而这种操作的唯一目的便是在于空间的创造。

在以空间为核心的建筑里，材料只具有附属性和工具性的意义。凸显的是建筑的几何性，而非材料性。这一意义上的空间是抽象的，而不是具体的，可感可触的。它调动的是视觉性的对于尺度的感受和对于抽象几何关系的把握，而非全部的身体性的综合知觉。

施马索夫提出的这一论断看似确立了空间之于建筑的核心地位，但是历史地看，它并不足以就此确立空间与材料的等级关系。这一论断的提出有它特定的背景，即在新兴的工业化技术面前，建筑却仍旧执著于风格与形式的拼凑与折中，把空间界定为建筑的核心正是为了要清除那些风格的外衣。然而，这一核心一经建立便几乎霸占了整整一个世纪的时间。核心则暗示着边缘，目的便隐含着手段，而无论何者都暗示着空间与物质(材料)之间是一种分明的等级关系。

固然，就建筑的使用性而言，空间是其创造的核心。但是，我们是否因此就必然要在材料与空间这二者之间建立一种等级关系呢？作为任何建筑物互为观照的两个部分，材料和空间是一种平行关系还是等级关系？就材料来说，在它的依附于空间的角色以外，是否还有某种独立意义呢？换句话说，材料是否具备一定程度的自主性呢？

2. 材料的自主性

在建筑中来探讨材料的自主性有时难免显得可笑。因为，这就有如放弃绘画所表达的内容，而专注于它的物质性存在。——此时，所有的绘画都不外乎是一张油布还有上面一两千克不同颜色的化学矿物而已！而马列维奇的"白上加白"虽然最大限度地去除了画面的内容——不论是自然具象还是几何抽象，在几十年的收藏之后，上面的白色矿物却已经逐渐添上细细的裂纹——而这只是进一步证实了它的物质性。然而，对于这一事实的认识，确实是打开了一个新的方向，有可能使艺术回到自身物质性的根本构成，而不必再依赖于对其他非建筑内容的表达。

至于在建筑中，对于材料自主性的追问，其目的事实上在于探求它与空间及形式的等级关系。换句话说，在为创造空间服务的工具性意义以外，它是否有其独立的意义。

当路易斯·康以一种宗教性的虔诚去追问"砖想成为什么"时，很难想象首先驻足于他内心的是空间而不是材料。而如果说康的砖天生地带有太多的人工痕迹而不够纯然的话，那么石材则由于其在人类建造活动中的古老，又在当代建筑中的弥新，而成为探究这一可能性最为合适的材料。

在石器时代，石头的利用主要是工具性的——如石斧。对于这种存在，海德格尔认为作为物质（材料）的石头消失在石斧的有用性当中，"质料愈是优良愈是适宜，它也就愈无抵抗的消失在器具的器具存在中"[4]。这也类似于建筑中材料的自主性消失在它所创造的空间的有用性之中。那么，材料的自主性是否意味着它的意义的获得将不再依赖于它所制成的物件的使用性呢？对于海德格尔来说，似乎并非如此，因为紧接着他这样说道：恰恰是在神殿，建造的质料首次涌现出来，并出现在作品世界的敞开之境。岩石能够承载和持守，并因而才成其为岩石。神庙作品由于建立了一个世界，"它并没有使质料消失，倒是才使质料出现"[5]。此时，岩石才开始负载、停息，并第一次成为岩石之所是。

建筑中对于石的不同使用确实已经从石斧中夺回了对于石头本性的使用：负载并停息。与此同时，石头也渐次远离原初形态，并渐次消隐在具体的建造与意向之中。现代技术更是加剧了材料的这种疏间与异化的速度：矿物在冶炼过程中被煅炼成金属；石头在粉碎了物质性后被剂物添加成混凝；沙粒则在加工中成为无色的透明玻璃，……这样一种典型的观念，在赫尔佐格与德莫隆的石头之间，不但以其熟悉的原初状态唤起一种亲切，还唤起了某种石器时代遗存的对物的原始敬畏。

在他们的多米勒斯葡萄酒厂中，石头回复了它们原始自然材料的形态（见本书第五章图5-56、图5-57）。建筑师对于材料的态度并非出自哲学式的质疑，而是源自于雕刻家式的静观和科学家式的详析——对材料要素逐一进行试验，并静待它们以多种样态组合方式的结果展开。赫尔佐格与德莫隆通过颠倒钢筋混凝土的浇筑过程回到了它的材料起点：在混凝土中被粉碎的石块此时还原成未加工的初石模样，在梁、柱、板中被现浇的混合骨料所隐匿的钢筋抖落了尘埃，在阳光下熠熠生辉。他们并非是要将材料带回到所谓创生的初始状态，而是确定了个性化加工处置（石头）和标准化产品（金属框架）之间如何可以获得一种意味深长的既区别又有所联系的境况。通过对钢筋混凝土在其终端处的干预，他们就此确保了在建筑中石头与金属材料的光辉得以重现，而这种弥足珍贵的物性在物品中久已消失[6]。

帕拉斯玛则从更广泛的意义上道出了内在于材料的物性和意义："材料和表面有它们自己的语言。石头讲述着它遥远的地质起源，它的耐久力和永久性；砖使人想到泥土和火焰，重力和建造的永恒传统；青铜唤起人们对它制造过程中极度高温的联想，它的绿色铜锈度量着古老的浇铸程序和时间的流逝。木材讲述着它的两种存在状态和时间尺度：它作为一棵生长着的树木的第一次生命，以及在木匠手下成为人工制品的第二次生命。"[7]这种对于"物"的意义的认识脱离了风格化的象征以及文学化的附会，而只是专注于材料自身的地质历史与内在属性，这种意义的显现也可以使我们在承认材料自主性的权利时,却有可能避免对它的图像化理解。这一理解需要我们在感受材料的视觉属性以外,也深入到它的历史与生命。作为对于物质性和时间性体验的丧失的一种反应,需要建筑师们再次敏感于物质传达出的无声的信息,以及它的侵蚀与衰败。

这样,材料的自主性正是在于其脱离了空间附庸的角色,而在其建造属性中得以呈现。这一意义上的显现也是"材料的显现"最为深刻的含义。

但是,对于材料自主性的这种近乎抽象的讨论毕竟代替不了具体的操作。而与海德格尔在《艺术作品的本源》中对于艺术作品物性的讨论不同,建筑中的材料几乎无一例外地表现为某种几何形态,这一特征为我们提供了另一种进入材料的方式。此时,对于这些材料的具体的操作方式的选择,是从材料的具体物质属性开始还是从材料的抽象几何形态——点、线、面——开始来进入材料,便就尤显重要。

二、物质先行与形态先行

1. 对于"物"的两种介入方式

在论述空间时,著名的德国艺术理论家鲁道夫·阿恩海姆用了一个含混却又富有深意的词,他说空间是由"物"(thing)创造出来的。但是如何开始对于这个形成空间的"物"(材料)的具体操作呢?

香港中文大学的顾大庆教授归结为两种方式:一种是"直接考虑'物'的物质性,即各种不同的可以用来设计和建造的材料";另一种则是"先界定'物'的基本形态特征,归纳出几个基本的类型。……(譬如)块(体块)、板(平板)和杆(杆件)三种基本的建构要素(element)。要素是抽象的形式概念,块、板和杆在这个层面上的区别主要是相对的尺寸关系"[8]。由此他提供了进入建筑中材料问题的两种可能方式。

对于以上两种方式,不妨把它们分别称作物质先行与形态先行。前者源自具体,后者始于抽象。此时,问题是,这一操作是从材料的自身具体属性开始,还是从它被抽象化了的几何形态开始?

2. 物质先行与形态先行

由于建筑内在的几何性,它的基本构件——柱、墙、地板与天花——都表现为一定的几何形态,从这些几何形态出发开始对建筑的想象便成为最普遍的做法。这一途径固然便利,但是它与真正的材料之间毕竟隔了一层,没有触及材料的真正特性,也把材料的具体性置于建筑构件的几何性以下一个层级。换句话说,设计者首先构想了构件——柱、墙、地板与天花——的几何特征,然后才寻找合适的材料来满足这些构件的几何性。

与这一做法不同,斯蒂文·霍尔在哥伦比亚大学曾经主持过一个教学小组,从材料开始来达致最终的建筑空间。他这么解释这种方式所带来的变化:"(在这种设计方式中)你难以预期将会发生什么,但是学习正是在这一过程之中。这里,材料的物质性变成了某种工具性的东西。"[9]这一教学的实验性在于它无法预知结果,也正是在这种不确定性中可能达成某种空间上的创造性。为了达成这种创造性,我们不能再以一种抽象的方式来思考建筑,相反,我们要考虑那些更为具体的元素和材料 [10]。

从形态出发还是从具体的质料出发,事实上有着更为广泛的含义。法国哲学家和文学评论家加斯东·巴舍拉尔在他对于诗歌的意象进行的现象学研究中,便对"形式的想象力"和"材料的想象力"进行了区分。他认为,源自于物质的印象要比源自于形式的印象产生更深层和更深刻的体验。物质唤起无意识的印象和情感,但现代性首先是与形式有关。然而,物质性的想象力的加入似乎带有整个现代性的第二传统的特色。帕拉斯玛则与巴舍拉尔在这一点上心心相印,并把这种感悟用于描述他对于建筑的体验:"以前我总是对建筑的形式更感兴趣。但是这 20 年来,我对实体本身所具有的诗性的兴趣不断增加。我和加斯东·巴舍拉尔都把'形式的想象力'和'材料的想象力'作了区分。实体(matter),材料(material),直接向我的感觉、心灵和情绪陈述,而且它们唤起我们内心深处那种原始的感应。" [11]

可以看出,如果说第一种方式因为对于"物"的直接面对,通过其意义的显现获得了材料的某种自主性的话,那么,第二种方式则预示着对于物的操作事实上却脱离了具体的材料设定——不论是材料的结构性能还是知觉性能的设定,而开始于抽象化了的建筑要素,即便尚还没有抽象成纯粹几何性的线、面、体。这一起点使得这种方法在本质上将被归入立体构成和空间构成的范畴, 所不同的只是对于材料的考虑可能随后被加入——当然主要是对于材料的知觉属性的考虑。但是,这一方法——对于材料的某种贴图式的应用和考虑——似乎不可避免地只是一种对于材料的图像式(pictorial)应用,而没有真正揭示材料与空间之间的潜在关系,以及材料的具体性对于空间创造的独特意义。

虽然阿恩海姆所谓的形成空间的"物"可以由两个途径来切入,但是当我们从材料的角度来讨论建筑的时候,似乎并非任何一种方式都那么有效。或许后一种方式无论在教学还是设计操作中都更为方便,但是这种权宜之计恰恰限制了对于材料的独特潜力的挖掘。

物质先行意味着对于物的崇敬和对于知觉空间的关注,形态先行意味着构件形式的首要性,并在起点处便指向了抽象的空间与形式关系。物质先行意味着基于材料的具体属性来生成建筑的空间和形式,形态先行意味着对于形式的抽象关系的把握与玩味。就这一意义来看,我们甚至可以认为前者是对于材料的显现,后者则是对于材料的隐匿。

形态先行的极端是忽视了构件的建筑性,而把它们彻底抽象为纯粹的几何要素,在这一意义上,它甚至可以被看作是放大了的立体构成。与此相对立的做法则是从具体的材料出发, 不仅表现它在知觉意义上的独特性,而且使其结构性质与其所承担的构件特征相一致。不妨以"抽象形式"和"建构形式"来指谓这两种类型。

3. 抽象形式与建构形式 [12]

抽象形式根本上是一种抽象的形式要素的构成,在这一类型中,材料的物质性(Materiality)被极端压抑而至隐匿。施罗德住宅是这一形式的集中体现,它也是风格派的代表作,就形式特征而言,它表现了一种板的抽象构成。构件表面的涂料不仅掩盖了具体建造的材料,而且还模糊了它的结构体系和承重方式。就这一点而言,它与萨伏伊别墅、斯坦因别墅,甚至后来艾森曼的卡纸板住宅系列都有同样的形式属性。

与这一形式相对比,建构形式则不仅表达了材料的区分,并且还常常通过材料的运用清楚表达了结构体系和构件关系,通过节点的设计与表现使其建造方式在视觉上直接可读。如果说建构形式通过材料的运用清楚表达了结构体系关系,并且它的建造方式直接可读。其中"材料、结构体系、建造方式、直接可读"殊为关键,它们分别道出了建构形式的实施媒介、关注对象、形成手段以及对于最终形象的要求。

在这些从材料和建造的角度进行的辨识中,节点事实上有着重要的意义,两种形式对于建造和材料的不同态度,在节点的隐匿还是显现得到集中展现。抽象形式往往隐匿节点来达到对于材料的压抑,把建筑变成一个抽象的形式构成;而建构形式则表现节点,突出材料的关系以及建造的方法,使建筑对于重力的抵抗方式清晰可读。此外,抽象形式和建构形式在起点处便已显歧异,前者是从形式要素的抽象关系出发来进行组织,可以说是一种考虑了人体尺度的立体构成;后者则是从具体的建造材料和重力结构关系来组织构件要素。而从实现的方式来看,它们也是不同的,建构形式往往以一种"诚实"的方式忠实地表达建筑对于重力的抵抗方式,以及建筑的要素关系和联结方式,但是这些却并非抽象形式首要考虑的内容。

抽象形式伴随着风格派的诞生而在建筑中产生风行,它深刻影响了早期现代建筑的进程,并在 20 世纪 50 年代的"得州骑警"那里得到系统性的发展和研究,从而改变了包豪斯以来的教育方向。建构形式近年来则在后现代的废墟上重新提起,并在一定程度上被当作对抗那一时段建筑图像化的一剂解药。由于它带着较少的建筑物知性以外的追求,与人的建造活动的关系更为密切也更为直接,可以说它是人类建造活动的直接反映和结果。

从某种意义上来说,抽象形式和建构形式可以认为是建筑的抽象约减和材料回归的一个缩影。抽象形式与抽象空间在含义上几乎有着某种同构性,它们都与材料的具体性相对立。而建构形式则首先源自于材料的具体性。

第二节　空间的抽象性与材料的具体性

如果说 20 世纪的早期现代建筑无论在空间还是形式上都表现为一种抽象化的努力,恐怕不会有太多的异议。这也与那一时期的现代主义艺术中的抽象化努力相呼应,而就其观念而言,则在很大程度上根本就是源自于现代艺术的探索。如果进一步跟随帕拉斯玛的分类,把它称作第一现代主义的话,那么在第二现代主义中,则有着明显的向着"物性"的回归,重新找回材料的具体性。

在建筑中，抽象既是去除装饰的途径，也是这种去除的结果。在这一意义上，抽象与约减几乎是等义的。如果说单一材料可以省略掉选择与比较的麻烦，那么单一材料中的无质感的白色则还可以使材料达到最大限度的隐匿，也使空间获得最大限度的抽象。虽然从概念的严格性上来说，无论是对于材料的隐匿还是显现，都是立足于对材料的重视与认知，但在那些白色建筑中，材料却似乎是被放弃了——它不在考虑之列。然而建筑毕竟是物质性的实体，对于材料的态度便就不可回避，因此"放弃"也就只能是表面上的，而不会是真正意义上的放弃，这也在无论是艾森曼的住宅还是更早的柯布西耶的别墅中得到明证。对于材料的隐匿，如果说不是抽象约减的必要条件，至少也可以使建筑的抽象化更容易达成。

早期现代建筑对于白墙的迷恋应该可以视作抽象化的最典型的努力——如果不是最初的努力的话，这种典型性还表现在它在教育和实践双重领域的巨大而持久的影响。虽然我们无意于描画一种线性发展的路径而约减这一过程的复杂性，但是，由柯布西耶到特拉尼再到以艾森曼为代表的"纽约五"毕竟在抽象化的道路上越走越远。继承了维特科衣钵的柯林·罗不仅仅是艾森曼的精神导师，更是这一方向的理论基础，以他为核心的"得州骑警"所做的教学实验在后来的教育和实践中都产生了巨大的影响。

一、"九宫格"与空间抽象性

虽然从实践上来看，对于建筑的抽象约减在 20 世纪 20 年代的早期现代建筑中有着典型体现，但从教育上来说，则在 70 年代以后才变得普遍起来，至于这一方法的产生则得益于 50 年代初几位年轻人在得克萨斯的探索和试验，他们后来被并称为"得州骑警"。

材料的隐匿可以说是这种抽象化的必要前提。不仅如此，通过把设计问题的解决途径约减为抽象的形式要素，这一方法鼓励学生专注于形式、空间上的关系，而其他问题——诸如功能、象征、建造与形式之间的关系则被排除在外。它的经典实例则是约翰·海杜克于 50 年代中期在得克萨斯大学发展出的"九宫格"练习[13]。

1. 九宫格练习

所谓九宫格，就是一个预先设定的由九个方格组成的框架，在此基础上，加入其他建筑要素并进行重新组合(图 6-2)。实际上在海杜克之前，斯拉茨基和哈希尔已经用九个立方体在他们的艺术设计组作了相似的三维练习，他们用纸板来围合、分隔、定位和组合一系列的空间元素，然而这个练习与建筑关系不够。作为建筑师，海杜克将垂直和水平元素定义为柱和梁，从而形成框架结构，由此发展下去，平面变成地面、楼板和屋顶，竖向的限定构件则成为分隔墙。于是，九宫格练习的问题便基于两个部分：一是构架——它是接下来的设计操作的基础；二是可以被加入这一构架的要素——至于要素的特征则在任务书中加以规定。通过为练习设定精确的条件和规则，保证了一种抽象的建筑语言在应用上的有效性。其依据便是构架与附加要素之间的辩证关系，而优先需要考虑的当然是构架的"柱"（在平面上作为一个点）和附加的"墙"（作为一根线或一个面）之间的句法关系。由于在九宫格练习中所有进一步的深化设计皆基于这一中性的网格，平面图解作为一个对空间序列做出决定的工具的基础性地位便尤显重要。在练习中如何把这个九个方格的简单几何秩序转变为一个有着复杂空间的几何图解，也便成为问题的核心所在（图6-3）。

图6-2 九宫格

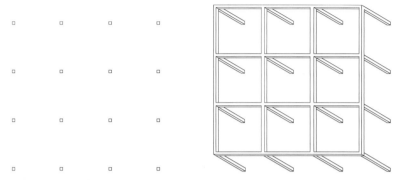

图6-3 九宫格练习

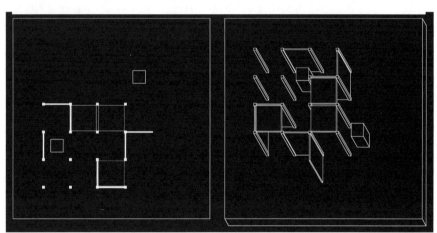

　　九宫格的建筑构成要素皆以一种抽象化的方式存在，因此设计便集中在对于空间图式（或暗示的空间图式）的研究上，具体的操作则是通过在九宫格的构架中置入墙体来达成。此时，空间并非由彻底的清晰的围合所界定，而是由构件的边缘来暗示。这种通过推测与联想来定义空间的方式鼓励以最少的手段来形成一种空间图式，并允许同时定义多个相互渗透的空间。于是，九宫格这一练习的设计便成了探索柯林·罗和斯拉茨基的透明性理论最为理想的工具。在他们的语境中，由于"现象透明"允许两个相隔一段距离的物体互相渗透，因而同时"占据"两个空间是可能的。

　　九宫格的专业用语的形成深受二战以后发展形成的艺术史和建筑史系谱的影响，其中的一个主角便是鲁道夫·维特科。他认为在帕拉第奥所有的别墅设计背后都有着一个相似的几何图解，他为这些别墅所作的图解显示，它们都是一些基于三间三进的变体——一个由九个方格组成的不同比例的框架。因此，维特科认为帕拉第奥的别墅可以看作是一个基于同一个理想平面图式的多重变化而做出的单一概念设计。而在维特科的学生柯林·罗发表于1947年的"理想别墅中的数学"一文中，建筑平面图自身也成了一个研究的主题。另一个对于九宫格的思想产生重要影响的人则是艺术史家鲁道夫·阿恩海姆。他比较了艺术史上的诸多实例以揭示特定的组合方法，并基于格式塔原则提出了一套形式心理学。假如在格式塔理论框架内来看，九宫格便会成为理解墙与柱之间相互关系的理想几何形式，因为这一中性形式本身便包括了"中心""边缘"和"角落"等多重关系。

2. 九宫格的影响

九宫格的方法不是以功能或者清晰表达的意图作为设计的起点，而是把形式构图和空间图解作为设计的根本目标。复杂的空间成为设计目的与评判标准，在建筑要素自身与其形成的空间之间建立起联系也便非常重要。

除了这种空间上的深化，九宫格练习也建立了一种把平面图解作为一个建筑作品的概念基础的认识。维特科和柯林·罗引入了一种形式分析的方法，它的目的便是把一个建筑作品约减为一种几何图解，而这种图解则典型地反映在平面之中。利用九宫格，海杜克发展出一种方法，它能以平面图解为出发点来达成种种罗和斯拉茨基所称道的空间特质。为了把这种新的教学焦点背后的理论支撑明晰化，海杜克作了一系列的住宅设计，它们皆探索了九宫格制约以内的空间关系的多样性。"得州住宅"从而呈现为一个理想图式的不同变体，这样，它们便与维特科关于帕拉第奥别墅的图解有了诸多相似性。

通过把平面图解视为重要因素，得州住宅与历史悠久的建筑原则建立了联系，更为重要的是，这个系列住宅设计倾向于采用密斯的建筑语法和构图技巧（而对于柯布西耶的借鉴则相形见少），在学术领域内第一次在课程中建立起一种基于自觉，而非偶然认知到的关于业已盛行的现代建筑的准则 [14]。这不但体现在它们的空间特质上，也见之于墙、柱和家具之间建立起来的精确关系中。它暗示了建筑可以作为一种语言来学习——而这种教育学强调的重点与格罗皮乌斯在哈佛发展出的基于问题解决的方法显然有很大的区别，这与历史上的建筑语言系统的再现以及得州大学课程中对历史先例的分析所扮演的角色是相一致的。

在柯林·罗、海杜克和斯拉茨基等于1956年辞职离开得克萨斯大学后，赫斯里仍然又坚持了三年。在任教八年之后他于1959年离开得克萨斯，回到母校瑞士苏黎世高工（ETH），并一直负责一年级的教学。或许是由于这所学校深厚的历史传统，他在美国的抽象教学此时已经加入了对于材料和建造的研究，虽然仍然是一种几乎纯粹技术意义上的考虑。

由于人员上的交流，东南大学在20世纪80年代中期开始的低年级教学改革，便因此与赫斯里在ETH的教学并进而与"得州骑警"的抽象化教学探索有了学理上的渊源关系。

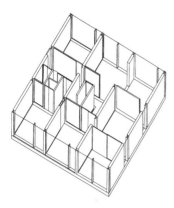

图6-4　海杜克的得州系列住
　　　宅之四,1954—1964

3. 九宫格的后果与评价

在对建筑的抽象约减中，平面图解的转化和空间的处理得到了空前强调，但是反过来它又不可避免地导致了对于建造和材料的忽视。就其起点来说，这一练习更偏向于密斯的方式，但最终却更倾向于不那么强调材料特征的柯布西耶的洛奇住宅、加歇别墅等。在海杜克的得州系列住宅之四中，柱子的具体形状——"工"字形——产生了一个细节性问题：如何决定墙的厚度以便实现两个构件——柱与墙——的完美连接(图6-4)？

在柯布西耶20世纪20年代的建筑语汇中，圆柱和墙体虽然常常非常接近但却极少直接连接在一起，这使他不必堕入这种构件交接的矛盾之中。对于建筑构件交接之类问题的解决与罗和斯拉茨基的理论背道而驰，结果那种可以在空间质量与建造节点的句法表达之间取得良好平衡的密斯式语言，最终被柯布西耶的自由平面取代。在这种构件语言里，墙和柱皆可更为纯粹地制造空间质量，从而更好地服务于抽象化练习的教学目标。于是对于抽象的空间和形式关系的强调，最终使得那些柯布西耶和特拉尼设计的白色建筑更受宠爱。

从积极一面来看，这些练习激发了一些先锋建筑实践，但是另一方面也因为它遗漏了建筑学的本质性要素而饱受批评。更重要的是，在这一类练习中，那种由复杂的句法操作而来的对于空间与形式的把玩和建筑的固有内容——不论功能还是材料——之间的关系变得更为严峻。因此，一方面对于建筑的抽象和约减重新把设计教育聚焦于抽象空间，另一方面，这一练习又从建筑的完整思考过程中取消了对于功能和材料方面的重视。

作为一种设计思维方法，它的风行也部分地导致了20世纪80年代设计重心的转移——即从基于材料表现和柏拉图几何学（比如在贝聿铭作品中的典型体现）转向一种基于基地环境和类型学先例而来的平面图解。建筑的材料和建造事实已经不在建筑学议题之内了。立面(facade)，不是由建造必要性的诗意表达来生成，相反，它成了对于建筑文脉的模仿与再现。"纽约五"成员之一的格雷夫斯脱离了"白"，而致力于"灰"的探究，成为后现代建筑的重要代表。这样看来，七八十年代的后现代建筑其实与这种抽象化教学有着千丝万缕的内在联系，只是因其深层而通常不为人注意而已。这似乎也映现了抽象性的脆弱，因为正是对于建筑的抽象约减才有了反其道而行之的图像化再现，并有了当时的"白""灰"之争，然而，它们的共同点却是无论何者都缺乏对于材料之物性的真切关注。

二、材料具体性的回归

20世纪60年代，当欧洲与北美关于抽象性的探索几近枯竭和陷入重复的时候，艺术家们开始探索其他的道路。在艺术领域，那一时期向物质性的回归也开始觉醒。意大利艺术批评家阿基利·伯尼图·奥利瓦在其80年代末出版的《超级艺术》一书中，便就剖析了欧美新崛起的一种物性艺术。而被他称为"超级艺术家"的戈尔德斯坦因则宣称"当前艺术向物质的回归是一个典型的观念性本质"[15]；同一派系的杰夫·昆斯则追根溯源：

"物体复兴的原因之一是人们在寻找某种看到自己反映于其中的东西,能有某种熟悉感的东西,或至少唤起一种亲切的东西。"在昆斯的追溯中,这种回归也与图像有了直接的联系:"我们社会中如此之多的东西都是转瞬即逝的图像,它们当中绝没有自给自足的意义,而物品静止不动却能给人以存在的感觉。它存在因而我存在。它存在于一个物质的领域,它是物质,你要正视它,它是控制的问题,是人类的问题。"[16]

在对建筑的抽象约减所进行的抵御中,有很多的尝试,也发展出很多的途径。"叙事性"的重新介入便就为抽象化的建筑方式提供了养分,然而,这一取向在隐喻和象征得到强调的同时,更为细致的设计思维却游离于建筑之外,并且它可能重新回到后现代建筑时期本体要素和附加要素的错位,这也是"叙事性"的一个潜在危险。这样,材料——作为建筑本体性要素的核心,事实上占据了核心位置。但是,当代建筑中向着材料的回归又绝非对于某种新的形式主义的呼吁,也不是为那种基于手工艺的建构学所作的辩解,更非对于所谓"材料真实性"的怀旧迷恋。它的特征典型且集中地反映在当代建筑学由"材料"向着"材料性"的话语转换中。

1. 材料(Material)与材料性(Materiality)

在当代建筑的讨论中,"材料性"的使用越来越多,它对于"材料"的使用范围的侵蚀,不应被看作一种可有可无的文字游戏,而是反映了当代建筑中材料问题研究的一个重要转向。简单说来,对于这两个概念的差异,可以从以下两个方面来加以把握:由对于"本性"的探究到对于人工的可能性的挖掘;由抽象的力学属性到具体的知觉属性。对于这种转向,或许以康对于砖的态度可以作出典型的说明。如果说,从材料的角度而言,康会设问"砖想要成为什么"的问题,如今从材料性的角度出发,这一问题则转化为"砖对于我来说意味着什么",或者说"于我而言,砖能够成为什么?"

显然,后现代时期的建筑思想并非排除了对于材料的思考,但是在实际应用上,却总难免"虚假"的指责。这样,对于材料"本性"和"真实性"的回归和强调成为诉求的一个重要方面。但是,正如在本文第一章的分析所展示的,无论"本性"和"真实性"都是一个需要具体阐释的概念,其内涵具有极大的模糊性。向着材料"本性"和"真实性"的回归固然可以暂时成为一剂针对后现代做法的解药,但是却常常陷入怀旧情绪而脱离当下的情状,并且导致一种新的形式主义。但是,对于材料本性的怀疑,并非是要去忽视石与木与砖之间的不同,而是希望突出加工方式对于材料所能产生的影响。因为,在一些新型材料中加工方式所导致的材料的不同表现甚至超过了材料本身差异的重要性,而对于传统材料来说,新的加工方式和工艺则可以发掘材料潜在的表现力。这也正是制作(making)在当代建筑中受到重视的原因,它固然受到当代艺术思潮的影响,但更是出于对于建筑学自身问题的认识。制作是材料性得以体现的重要手段,正是在制作中,材料方才表现出其巨大的潜在可能性,这也说明了在由材料向着材料性的转化中,制作为何占据着一个如此重要的位置。

需要指出的是,如果说制作的重要性在一定程度上已经体现在对于传统观念中材料"本性"的异化中,对于制作的强调却又并非那种对于传统工艺的简单回归。事实上,在新的条件下简单的回归已经既不可取也不现实。赫尔佐格通过对于材料的自然状态的挖掘和标准工业化建造的二律背反,瓦解了对传统手工艺的迷信。在《自然中隐匿的几何学》一文中,他认为,手工艺的社会基础的巨变使得那种执意于工匠传统技艺的苛求成为一种技术上的"荒唐",传统的工艺"图像"也成为一种"乌托邦"式的幻想。无论工业技术还是自然材料,它们都隐藏在后工业时代的"自然"的几何秩序之中 [17]。即便是与赫尔佐格有着许多共性但也有着许多差异的卒姆托——相较而言他更为重视材料的工艺特征和给人传达的意义,也拒绝那种对于手工艺传统简单的回归,而是在对它的演化和更新中赋予新的意义。

对于制作的强调,一方面是针对那种所谓的材料"本性"的观点,另一方面也是从宏观意义上对于构件连接方式的关注,此时,节点便被赋予了突出的意义。

从材料的角度来说,节点的重要性不仅仅是对于构件关系清晰性的呈现,以及建筑的建造感的表达(从而也反对了那种图面感),还是它所暗示的一种深层的内涵——它的传承的历史性以及浸润其中的人类的劳作。即如卒姆托所说:"我对于连接(joining)的艺术,对于工匠和技师们的这种能力,心怀一种敬畏。这种关于制作的知识虽然潜伏于人类技能的最深处,却令我铭记于心。"[18] 但是这种敬畏不是对于技艺的本身,任何精致的制作都必须要成为整体的一部分,为总体的效果增色的技艺才是建筑所需求的。我们付出的所有的努力,倾注的所有的技能,它们必须要成为最终建筑内在的一个部分。就这一点,他更清楚地表述道:"把不同物体连接在一起的那种直接的、易懂的方式令我感到甚是有趣。那些与物体的主旨并无关联的小部件不会打断它传达给人的整体印象。我们对于整体的把握并不会因为那些次要的细部而有所减损。每一个痕迹,每一个连接,每一个接缝,都会加强那种让作品静静呈现的概念。"[19] 也是在这种呈现中,建构的"意义"浸淫其中,并超越了它作为空间侍者的角色,也脱离了对于建构尤其是节点的那种纯粹技术化的考虑。

材料的具体性意味着对于综合性知觉体验的重视,这与抽象性以视觉性为绝对中心的做法大相径庭。因此,对于建筑中材料的隐匿与显现的思考,常常也是对于建筑的视觉性与触觉性体验的区分。

2. 视觉与触觉

建筑与生俱来就是一种感知的艺术,是一种身体和所有感官的艺术。而视觉形象的泛滥已经把建筑从与其他感官领域的联系中分离出来,成为单一的视觉艺术。

视觉拒斥时间的痕迹,它把我们禁锢于当下的时刻,而触觉上的体验则唤起我们对于时间的感知,它绵延不绝而又不断流逝,永远不会静止于某一瞬间。在这种一味追求崭新光鲜的现代主义观念中,那些老化、侵蚀和磨损的过程,虽然不可避免,却永远不可能被当作一种积极因素在设计中包容。这样,建筑便存在于一个失却了时间感的空间之中,成为一种从时间实当中分离出来的人工环境。现代建筑渴望唤起一种永远年轻,永远保持在现在这一时刻的气氛。对于完美与完整性的渴求,进一步让建筑从现实的时间和使用的痕迹中脱离出来。结果在时间的作用下,建筑变得十分脆弱,时间和使用都不再为建筑增色而是去破坏性地攻击它们。

对于视觉的偏爱使得现代建筑的主流似乎总是在寻求一种自主的人工制品,偏爱那些能够产生非物质的抽象性、平面化的效果,以及似乎永远不会老去的材料。在柯布西耶看来,"白色为能够明辨真理的眼睛服务"[20],并因而具有了某种道德价值。现代主义的表面被处理成一个抽象化了的表皮,包裹着建筑的体量,它的本质也是概念上的而非感官上的。由于外观和体量被赋予了某种优先权,这些表面更趋向于保持缄默。形式如歌,而材料静默无声。对几何上的纯粹性以及简化美学的追求,进一步弱化了建筑的物质性。抽象和完美让我们进入到思想的世界,而材料的物质性、气候的风化作用以及由此而来的侵蚀与衰败,则强化了我们对于时间、偶然性以及现实世界的体验。这种对于形式的追求使得我们这个时代的许多建筑成为某种布景一样的东西,它似乎产生于某一瞬间,并唤起人们对于暂时性的体验。

真正的建筑中,材料的表面属性是一个不断变更的过程,而非一个静止的状态。它既受到制作过程和工艺的影响,又在使用中留下人工的痕迹,而在建筑的整个生命过程中,它更是一直在经受着气候的风化作用。在它的作用下材料获得自身的具体特性,进而使建筑获得一种时间中的具体。瑞士的年轻建筑师组合吉贡–古耶(Gigon Guyer)在对于罗梅赫兹(Römerholz)这一小型博物馆的加建中,于预制混凝土墙板中加入了石灰石和铜的颗粒,从而在雨水的浸蚀下留下一道道非常自然的绿色印痕,也通过这种方式与原有建筑的铜皮屋顶取得了某种巧妙的呼应(图6–5)。

图6–5 罗梅赫兹博物馆扩建
项目的外墙

建筑中的材料从来就不是静态的，而是时间中的材料，风吹雨浸中的材料。也正是在时间中，在不断老去的变化中，材料方才获得了生命，并且使建筑获得了一种脱离了抽象但又并非回复到具象的方式，一种具体建筑。

三、多元与抉择

隐匿材料而有建筑的抽象，建筑的具体则部分源自于材料的显现。抽象与具体的并存意味着建筑在价值上的多元，此时，我们不可避免地面对着隐匿与显现之间的抉择。但是，这一抉择又并不局限于材料的问题，它事实上还牵涉到当代建筑的许多方面。诸如建筑的自治问题，以及几何与材料的矛盾，或者说何者才能够最终达致建筑的自治[21]。更具现实意义的是建筑的知性特征与知觉属性的矛盾——建筑的品质更多地取决于知性的追求还是在根本上依赖于人的身体性知觉？如果说在对于抽象性的拒斥中，建筑的知觉属性得到越来越多的关注，那么，知性追求在建筑学中又有着什么样的重要性？

在白色派的观念中，知性追求与建筑的物质（材料）性是矛盾的。因此，材料的隐匿成了这种追求的必要牺牲，也排斥了以材料与制作为核心的建构内涵，从而，单纯地通过形式来表现的知性追求也便具有了一种非建构表达的特质。然而，从历史上来考察建构的内在含义，我们发现其实它与所谓的知性有着一种更为复杂的关系，而非简单的对立。在古希腊人看来，任何受人控制的有目的的生成、维系、改良和促进活动都是包含 *tekhnè*（建构）的活动。并且，*tekhnè* 不仅仅是一种物质性的操作，它还是理性和"归纳"的产物。因此，"*tekhnè* 不仅是具某种性质和功用的行动，而且是指导行动的知识本身"[22]。这样，就历史向度上的建构含意来看，它绝不仅仅是一种纯粹技术上的考虑，而是在根本上指涉到人类的知识体系和生存状况，具有知性的特质。

弗兰姆普敦所发展的现代意义上的建构正是在某种意义上恢复了这一概念在古希腊时期的本质内涵，建构并非一种单纯的材料与技术表现，而是对于结构与建造的诗意表达，是一种制作的行为和对于基本价值的揭示。但是置于在当代条件下，这一内涵就难免遭到以对于建筑中的知性特质追求而闻名的艾森曼的嘲弄了，他就此评论道："虽然弗兰姆普敦梦想着建筑学与工程学的重新结合，然而正如哈尔·福斯特所注意到的，这种分裂已经不可挽回，只能通过对它的进一步探索来与后工业化社会建立某种更紧密的联系。事实上，这一对于建构的图像和它的物质性呈现之间分裂状况的探索，已经成为建筑学一种新的内在需求。"[23]但是，即便如此，也并不意味着在当代条件下，建筑的知性特质与建筑的物质性及其制作特性不能相得益彰而只能互相减损。事实上，如果说对于建筑的抽象约减往往伴随着对于建筑的知性特质和概念内涵的追求，那么，对于材料的回归也丝毫不意味着对于这一特质的放弃。对于制作的深度而完全的介入，非但不会使人陷入困窘或是意味着建筑师的反智倾向,相反,它是建筑师在概念上富足、丰盈、生机和力度的表征。任何一个严肃的设计总是把概念和物质性同时融合进去,而不是把它们看作完全相反的两极。

无论是几何与材料的矛盾,还是知性与知觉的差异,归根结底,它们源自建筑学自身内在的矛盾性。在这种内在的矛盾性以外,时代性的价值多元更使得抉择越发困难。

当现代主义英雄们的灵光渐渐消逝于当代文化的暮霭之中,当代建筑作为当代文化的一部分,呈现出其价值的多重性和标准的多样性。于是,在对于具体性的呼唤之中也仍旧无法舍弃抽象的特有魅力,在对于深度文化的渴望之中却还是经受不了浮表的诱惑。这在关于极少主义的双重认识中有着极为典型的体现。

帕拉斯玛指出极少主义建筑有两种类型:"一种是风格上的极少主义,它不顾及技术和经济上的因素,而一味追求视觉上有表现力的形象;另一种则是实质上的极少主义,它直接源自现实生活中营造的限制条件。"[24] 从材料和建造的角度来看,前者往往隐匿了真实的材料及其建造过程,侧重于建筑表面的效果;后者则追求过程上的极少和建筑总体上的有机性,为此,它并不避讳材料和节点的显现与暴露。如果说前者仅仅是审美意义上的,则后者在此之外,还是合乎道德的,它与近年来通常把极少主义当作建筑的一种风格与时尚的做法恰恰相反。在这一点上,卒姆托以他为数不多但令人印象深刻的作品作出了当代条件下的精确阐释。与那些时髦的极少主义者通过(对于实际问题的)拒绝与排除来达到那种效果不同,他的建筑虽然也给人以一种极少主义的震撼,但其力量恰恰源自于对问题的综合的理解和完善的解决。通过他的建筑,卒姆托说明了概念如何才可能被倾注到建筑中去,而又能避免它与意识形态的合谋。他证明了经由一个多重性和多层次的过程,建筑学仍旧可以有所意向而不必陷入肤浅的修辞,仍旧可以有所追求而不必落入教条。

这么一种建筑带给我们的不是视觉上的刺激,而是需要我们仔细地倾听与体会。它调动了我们全部的身体性知觉,对抗了这个非本质社会的图像饕餮。它拒斥那种无形的、非物质化的速度,纯粹的速度,而是呼唤一种缓慢的节奏。

米兰·昆德拉曾以反面的诘问来称道当代社会中"缓慢"的重要:"慢的乐趣怎么失传了呢?古时候闲荡的人到哪儿去啦?民间小调中的游手好闲的英雄,这些漫游各地磨坊,在露天过夜的流浪汉,都到哪儿去啦?他们随着乡间小道、草原、林间空地和大自然一起消失了吗?"[25] 而今天,我们在伟大的 19 世纪的俄国、德国和法国小说中体验到时间缓慢地抚平伤口的过程,当我们看到过去辉煌文明的建筑遗迹时,也体验到同样的令人愉悦的怀旧和依恋之情。

缓慢,虽然不再是这个速度时代的宠儿,但是它让我们感受到自己的体重、年纪,比任何时候都更认识到自身与岁月,再次拥有自己的身体和身体性知觉,真切地意识到自身的存在。它让我们能够去聆听建筑的声音，重新找回潜藏于我们内心——然而长久以来一直被压抑着的——精微的分辨力。

缓慢与静默是一对无法分离的联体。静默并非仅仅是缺乏声音，而是一种感觉和精神都不受约束的状态，一种沉迷于体察、聆听和辨别的状态，伟大的建筑便是转化为物质的静默。那是一种被"石化"了的静默，建筑的任务便是去创造、保持和守护这种静默。伟大的建筑使时间凝固，伟大的建筑舒缓我们的心灵，并且体会那种独特的静默。静默常常与幽暗相伴行，而不以光明为唯一的追求。在幽暗中，时间的流逝也变得缓慢，它所带来的忧郁更具有生命的真实。

在今天的建筑中，我们可能会因为轻的蔓延而追求重的感觉，因为速度的晕眩而追求缓慢的乐趣，因为光明的骚动而渴望幽暗的宁静，因为喧嚣的无处不在而渴望静默的重现，因为图像的虚幻而回归材料的实在，因为抽象的纯粹而热望具体的出现，因为隐匿的暧昧而希冀显现的明晰，……但是，归根结底，在一个多元标准的时代和社会，所有的轻与重、迅疾与缓慢、光明与幽暗、喧哗与静默、材料与图像、抽象与具体、隐匿与显现……所有这些对立的标准与追求，在特定的时代征候下，既是挑战也是机遇，而一切取决于我们对于时代的"主流"是顺从还是抵抗。

此时，问题已经不再是建筑的具体性，而是立场和价值的具体性了。

如果说当代文化因其失去了神性的依托而有了价值的多元，那么恰恰是它们造就了当代建筑的羸弱。但是，我们却绝对无法为了力度的获取而重回那一元价值的英雄时代，而是注定要在这种羸弱中作出自己艰难的抉择。

注　释：

1　当然，对于 20 世纪 60 年代以后的建筑有着多种称谓，但是客观地说所有这些思潮与实践都仍然在现代建筑所提供的基础上前行。从这一意义上来说，当代建筑仍然是现代建筑的延续而不是断裂。

2　[芬]迈克尔·魏尼-艾利斯著；焦怡雪译. 感官性极少主义. 北京: 中国建筑工业出版社, 2002: 49

3　转引自 Tonkao Panin, *Space-Art: The Dialectic between the Concepts of Raum and Bekleidung* (PhD diss., University of Pennsylvania, 2003), 40.

4　[德]马丁·海德格尔著；孙周兴译. 艺术作品的本源. 见: 马丁·海德格尔著；孙周兴译. 林中路. 上海: 上海译文出版社, 2004: 32

5　[德]马丁·海德格尔著；孙周兴译. 艺术作品的本源. 见: 马丁·海德格尔著；孙周兴译. 林中路. 上海: 上海译文出版社, 2004: 32

6　此处关于石材的论述参照了董豫赣. 材料的光辉. 见: 建筑师, 总第 97 期 2003 (03): 78-81

7　Juhani Pallasmaa, "Hapticity and Time: Notes on Fragile Architecture," *Architectural Review*, 2000(05): 78-84, 79.

8　顾大庆. 空间、建构与设计——建构作为一种设计的工作方法. 建筑师, 总第 119期, 2006(01): 13-21,16

9　Bernard Tschumi and Matthew Berman, ed., *Index Architecture: A Columbia Architecture Book* (Cambridge, Mass.: MIT Press, 2003), 130.

10　不知这一方法是否意味着从建筑的构件(component)——梁、柱、墙——来出发,而非从要素(element)——块、板、杆——来出发。不过由于资料缺乏,难以知道这一方法到底是如何进行。

11　[芬]迈克尔·魏尼-艾利斯著;焦怡雪译. 感官性极少主义. 北京: 中国建筑工业出版社, 2002: 47

12　这一部分的论述受到顾大庆教授观点的极大启发。在《空间、建构与设计——建构作为一种设计的工作方法》(载《建筑师》总第 119 期,2006(01): 13-21)一文中,他归纳了三种类型的建筑形式:即形象和象征的(figurative and symbolic)、抽象和塑型的(abstract and plastic)、和建构的(tectonic)。在 2006 年 4 月 10 日顾老师与作者的交谈中,他把"建构形式"与"形象和象征的形式"相并列,而在建构形式中进一步划分出三种形式,即抽象形式、材料形式与建造形式。因此,顾老师的前述归纳划分的核心在于与那种象征性形式形成对比。与顾老师不同的是,本书此处对于抽象形式和建构形式的划分是为了讨论材料的隐匿与显现的问题。因此,这一意义上的建构形式包括材料形式与建造形式,前者不牵涉材料的受力状况,而后者以材料结构上的受力传递的视觉可读性为其核心。

13　详细情况可进一步参看 Alexander Caragonne, *The Texas Rangers: Notes from an Architectural Underground* (Cambridge, MA.: The MIT Press, 1995).

14　这么看来,密斯对于海杜克的影响与他对于伊利诺工学院教学法的更为直接的影响,便也就有着很大的不同。

15　[意]阿其烈·伯尼托·奥利瓦著;毛健雄, 艾红华译. 超级艺术. 长沙: 湖南美术出版社, 1998: 104

16　[意]阿其烈·伯尼托·奥利瓦著;毛健雄, 艾红华译. 超级艺术. 长沙: 湖南美术出版社, 1998: 112

17　Herzog & de Meuron, "The Hidden Geometry of Nature," in Wilfried Wang ed., *Herzog & de Meuron*(Zurich, Munich, London: Artemis, 1992), 207.

18　Peter Zumthor, *Thinking Architecture* (Baden, Switzerlands: Lars Müller, c1998), 12.

19　Peter Zumthor, *Thinking Architecture* (Baden, Switzerlands: Lars Müller, c1998), 14.

20　转引自 Mohsen Mostafavi and David Leatherbarrow, *On Weathering: The Life of Buildings in Time* (Cambridge, Mass.: MIT Press, c1993), 76.

21　建筑自治的问题事关建筑学科性的建立,即如何建立自己的学科对象和研究范式,而不去依附他学科既有的描述语言,从而也不去成为他学科的诠释和映射。几何与材料成为两个对立而又在一定程度上来说并行的发展路线——几何意味着对于建筑之物质性的克服与超越,而材料则意味着对于这种物质性的固守。前者自布雷与勒杜而至迪朗、柯布西耶,直至艾森曼的努力,后者则直接有关于建筑学的材料与建造的本体性。南京大学建筑研究所丁沃沃教授于 2006 年 11 月 3 日在东南大学所作关于建筑自治性的报告对作者有所启发。

22　亚里士多德《诗学》的中译者陈中梅先生以附录的形式对于古希腊时代的建构(Tekhne)概念作了专门论述。首先从词源学的角度来说,他指出:"希腊词 tekhnè 来自印欧语词干 tekhn-,后者表示'木制品'或'木工'。比较梵语词 taksan ('木工'、'建造者'),赫梯语词 takkss-('连合'、'建造'),拉丁语词 texere('编织'、'制造')。"从这些来源可以明显看出节点在建构中的重要性。在此之外,他着重论述了这一概念在古希腊时期的丰富内涵和深厚含意。古希腊人知道 tekhnai(Tekhnè 的复数形式)是方便和充实生活的"工具",但是,他们没有用不同的词汇严格区分我们今天所说的"技术"和"艺术"。"Tekhnè (建构)是个笼统的术语,既指技术和技艺,亦指工艺和艺术,……作为技艺,tekhnè 的目的是生产有实用价值的器具;作为艺术,tekhnè 的目的是生产供人欣赏的作品。"Tekhnè 不仅仅是一种物质性的操作,它还是理性和"归纳"

的产物。它在具有某种功用的行动的同时，还是指导行动的知识本身。但是，作为一种知识形态，Tekhnè 只是经验的总结。从这个意义上来说，tekhnè 还不是经过哲学纯化的知识，较为可靠的知识是 epistèmè（"系统知识"、"科学知识"）。"tekhnè 和 epistèmè 都高于一般的经验(empeiria)。尽管 tekhnè 的实施过程可能包含了对于经验的运用，但经验没有 tekhnè 的精度(akribeia)。经验倾向于排斥技艺(atekhnos)。"并且，"epistèmè 明显地高于 tekhnè，前者是关于原则或原理的知识，后者是关于生产或制作的知识，前者针对永恒的存在，后者针对变动中的存在，前者制约着人的哲学思考，后者制约着人的制作和生产。作为低层次上的知识的概括者，tekhnè 站在 empeiria 的肩上，眺望着 epistèmè 的光彩。"总之，"tekhnè 是一种审核的原则，一种尺度和标准。盲目的、不受规则和规范制约的行动是没有 tekhnè 可言的。Tekhnè 是一种摆脱了盲目和蛮干的力量。"（以上为这些概念辨析的主要观点，具体论述参见陈中梅，"Tekhnè"，载[古希腊]亚里士多德著;陈中梅译.诗学.北京:商务印书馆，2003: 234-245

23　Peter Eisenman, "Mies and the Figuring of Absence", in Phyllis Lambert, ed., *Mies in America* (Montréal: Canadian Centre for Architecture; New York: Harry N. Abrams, 2001), 713-714.

24　[芬]迈克尔·魏尼-艾利斯著;焦怡雪译.感官性极少主义.北京:中国建筑工业出版社，2002: 45

25　[法]米兰·昆德拉著;马振骋译.慢.上海:上海译文出版社，2003: 3

结论：隐匿与显现

材料是建筑学的一个基本问题。

就其传统意义而言，建筑固守材料，建筑学则要超越材料，后者趋向于建筑中由超越物质羁绊而来的精神内涵和形式质素。但在今天的扩展意义上来说，材料已日渐成为建筑学讨论的核心议题，有关研究也成为建立建筑学学科自主性的一个重要途径。在面向建成作品的实践中，这种固守与超越便形成了两种基本态度：一种是要压抑甚至是去除建筑中的材料因素，把建筑的创造视作一个纯粹的形式和空间过程；另一种则是突出材料之于建筑的根本意义，并要在建筑的整个过程——从设计、建造直至使用——中表现材料之于建筑整体品质创造的价值。如果说前者可以称为对于材料的隐匿，那么后者便是对于材料的显现。这样的两种态度不再是对于建筑任务的被动因应，而是基于思考和认知而来的主动选择。

19世纪新材料（水泥与钢）的发明和应用突显了近现代意义上的材料问题。其后，对于材料的研究大多关注于其结构属性，并把它作为材料的"本性"所在。正是在这一意义上，以维奥莱·勒−迪克为代表的结构理性主义思想具有了非同一般的影响和意义，它以材料理性突破了文艺复兴的绝对比例，去除了巴洛克的夸张形式，奠定了现代主义建筑材料观的思想基础。但是，与勒−迪克同一时代的德国建筑师和建筑理论家戈特弗里德·森佩尔却并不是很认同结构理性主义对待材料的态度，而强调人的核心性。他对于"面饰"（dressing, *Bekleidung*）的关注，避免了结构理性主义对待材料的机械态度，更重要的是，他的相关论述在材料与空间之间建立了一种直接的关系。这种结构与表面的分野在20世纪进一步延伸，早期现代主义建筑着重于探索新材料以其结构性能所带来的空间和形式潜力，相对而言，材料的知觉属性则远没有那么重要，而在一些先锋建筑师的实践中，这甚至是要被有意压抑的，对于白墙的迷恋便是最好的明证。

与那种延续一个世纪之久的结构理性主义态度相反，自20世纪60年代后期开始的"后现代主义"建筑思想在材料问题上则更多地采用了历史主义态度。在对于思想领域的后现代性的图像化移植中，把建筑简化为视觉符号的拼贴，轻易地放弃了建筑的真实性和实在性，从而也便背离了后现代建筑现象学回归的初衷。在当代条件下的重提材料问题就不仅仅是由于它在建筑学中的基础性，还往往与对图像的抵抗相联系在一起。但是，单纯的对于材料与建造的表现并不可能有效地对抗建筑的图像化，而离开空间的材料研究也难免再次落入视觉化的窠臼。相反，在材料研究中必须加入空间因素，探究材料表面的空间限定之功能和意义，并呈现二者之间的互文关系。也正是因为这种联系，我们方才可以从"隐匿"与"显现"的角度来考察材料的建造与空间双重属性。此时，"隐匿"与"显现"将不再仅仅是对于材料的表现或压抑，而是与空间的创造有着紧密的联系。

　　对于空间的知觉感受而言，材料的意义首先在于它透明性的不同程度，这一属性直接决定了空间的明暗及其限定性的强弱；其次，它的意义还体现于不透明材料的表面属性，其质感的强弱以及材料的多重与单一构成影响空间质量的主要因素。而归纳了以上诸点的"隐匿"与"显现"，事实上便同时包含了设计主体对于材料的主动态度和客体（材料）自身的视觉属性这样两种基本含义。这样，"隐匿"与"显现"的含义就并非确定不变：不仅有两个角度的介入方式，而且每一个角度内部又都有含义的转化。从透明性来说，从来就没有绝对的透明性，并且透明与半透明的界限也越发模糊；而就不透明材料来看，从结构材料的显现与否，表面材料质感的显现与否，不同空间或部件的材料区分与否，这三种状况都可以作为言说隐匿与显现的标准和划分的依据，而它们之间正是常常相互转换的。从一个角度来看是显现的做法和态度，从另一个角度来说却是隐匿的。

　　就不透明材料而言，其"显现"以多种方式表现在不同的层面，并且在空间内涵上也有着诸多差异，并在这些材料显现方式与空间内涵之间呈现出微妙的交叉关系。路斯以其对结构的工具性从属地位的认定，突出了表面材料的重要性，并因此得以把建筑的焦点放在围合意义上的空间品质的塑造。这样，纯粹客体性的结构的明晰性以及结构的理性化做法相对而言便退居次要地位，而与感知主体密切相关的材料的非力学性能及其加工和制作工艺则得到了强调。就这一点来说，他继承了森佩尔的有关观点，但是又弱化了森佩尔对材料和饰面的象征性层面的强调，而恢复了其知觉属性和空间内涵，并在"饰面的原则"、"饰面的律令"以及他的"容积规划"之间建立了内在的联系。在路斯以外，其他几位不同时代的建筑师——杜斯伯格、密斯、康以及卒姆托也都具有各自独立的方法和取向。风格派的探索打开了盒子空间的四壁，但是其依赖颜色所进行的抽象区分在显现材质的同时，却也以表面材料的非物质性而意味着另一意义上的隐匿；密斯的早期实践对于物质性材料的层叠化使用在解决了风格派的隐匿/显现之悖论的同时，却又暴露了材料与结构之间的暧昧性；路易斯·康对于结构与空间之间的匹配关系的强调获得了一种要素式的纯粹，可以看作是从空间和材料两个方面对于密斯的回应；卒姆托的建筑对于康的结构-空间的"匹配"与"契合"是一种强化，并拓展了（非结构）材料的表现，从而在给人一种理解上的明晰性的同时，更是以其知觉性特征，弥漫出一种独特的氛围，在对于"物"的敬畏和崇拜中，完成其现象学的呈现。

　　与不透明材料的显现的三种内涵相对应，隐匿这一态度也具有其自身的复杂性和多样性：它既可能是饰面材料对于结构材料的遮蔽，也可能是非物质化材料相对于物质化材料所表现出的差异，还可能是相对于材料的区分而来的材料的均质与单一。但是无论从哪一个意义来讲，白色的粉刷都可认为是隐匿的极端状态。这也使得"白墙"建筑成为考察"隐匿"

的中心对象,通过对它的研究,来发现材料的隐匿在建造、形式和空间乃至意识形态等多重层面上的内在价值。早期现代建筑中对于白墙的迷恋,在很大程度上反映了建筑师们意识形态上的乐观态度,对于内外之间新的和谐与统一的热望和对于再次达致"透明"生活的憧憬。萨伏伊别墅通体的洁白去除了装饰,剥离了具体的多重感官性而只剩下视觉的澄明。在建造层面上,内外一致没有区分的白色实现了现代建筑对于建造诚实性的追求,虽然这显然只是一种表象,而非真实。在以艾森曼为代表的新先锋派那里,白墙则成为去除意识形态含义,追求建筑自治的工具。而就建筑学自身而言,这一时期勃发的对于抽象空间与抽象形式的追求,也内在地要求对于视觉性的颂扬和对于感官性的贬抑。从空间上来说,这种对于材料的隐匿则最为纯粹地表现了动观和静观角度的空间所能具有的抽象品质。

如果说以上所谓的隐匿与显现都是通过不透明材料自身的表面特征及材料与材料之间的相互关系来呈现的话,那么,对于透明材料来说,隐匿与显现则是通过其自身的光学特质来得以体现。

透明材料因其视觉上的不可见,在消隐自身的时候恰恰获得了自身特质的显现。它以其视觉上的隐匿来显现其材料的特质,隐匿的过程便是显现的状态。材料的透明性彻底重塑了建筑的内外关系,也最显著地决定了建筑的实体结构在视觉上的直接可读性,清晰呈现了它的结构关系,并对建筑的空间意向作出了本质阐释。但是,在对透明性的追求中,恰恰又失却了层次的丰富性;在对明晰性的追求中,恰恰又失却了要素的暧昧性;在对一统性的追求中,恰恰又失却了空间的具体性。与这种透明性不同,处于透明与不透明之间某种暧昧状态的材料则兼具了两者的特质,呈现一种有质感的透明——半透明,并以这一特质改变了建筑的空间和形式,也改变了建筑与人交流的方式。一方面,视觉不再是被要求"看穿"(look through)玻璃,而是要停留于其表面,玻璃的表面成为了一个被看(look upon)的对象。另一方面,恰恰因为对于视觉的有限而可控制的阻隔,建筑的内与外不再也不必完全对应,外部以一种暗示的方式来表达内部,这引起了观者进一步探究的欲望。如果说对于透明性的追求体现了现代主义理想和美学的追求,那么对于它的反动则恰恰暗合了"现代之后"的社会和文化的丰富、复杂与暧昧。

透明性一方面是材料的固有属性,另一方面也与人的观视方式有关,因此,巴塞罗那馆的石材可以变得透明,而范思沃斯宅的玻璃却可以阻隔视线。在当代建筑学中,新的透明材料的出现以及由工艺的不同带来的材料透明性的转换,又再次打破了透明性与玻璃的单一对应,石材甚至是混凝土都可以变得透明起来,这也提供了前所未有的建筑学可能。这一透明度的转换带来了对空间、结构的多层次表现,为人们创造了丰富而细腻的感官体验。使我们有可能渐渐远离那种风格化的形式,而进入知觉、感性、效果与体验的世界。

无论是透明还是不透明的材料，隐匿都突显了形式与空间的抽象性质量，使其可以脱离材料的因素而有某种自主性的呈现。对于抽象空间的关注压抑了对于材料的表现，材料完全成为了实现空间的工具。在以空间为核心的叙述中，材料不再具有其独立的意义。此时，路斯建筑中材料以其具体性来服务于空间特质与气氛的作用也就逐渐消失了，材料唯一的意义便在于以其物质性围护与包裹起一个虚空，一个抽象的可以被几何完全度量的笛卡儿虚空。然而，于建筑学而言，任何一个创造空间的过程都不是抽象的或概念的，而是物质的和具体的，这也是它区别于其他诸如物理空间的创造的关键所在。就这一点来说，路斯、密斯、康的实践无不强调了空间的物质化特质。与这种对于建筑的抽象约减相反，当代建筑中依稀可辨的向着材料的回归，则不仅赋予建筑以历史感，还提供了远离抽象达致具体的可能手段。但是，这种回归绝非对于某种新的形式主义的呼吁，也不是为那种基于手工艺的建构学所作的辩解，更非对于所谓"材料真实性"的怀旧迷恋。它的特征典型且集中地反映在当代建筑学由"材料"向着"材料性"的话语转换中。在材料的"本性"以外，更为注重人工作用下材料在建筑——处于时间和自然风化之中的具体性建筑——中的可能表现，和未被发掘的潜质。同时，这一回归也更为注重材料的空间意义和空间的材料特征，或许，这也正是当代建筑学空间话语由 Space（空间）向着Atmosphere（气氛）和 Ambience（氛围）转换的动因和内涵所在。总之，材料有其空间性，但不必因此就隐匿自身的具体性而变得抽象。材料也有其自主性，但不必因此就集中于其纯粹的视觉快感。要达到这一点，正视材料的空间性恰恰起着关键性的作用。也唯有如此，才能在空间的抽象性与材料的具体性之间达致一种真正的平衡。

　　材料的隐匿抑或显现都具有其独特的空间魅力，它们并非某种确定的评价标准，具体情境对于隐匿与显现具有特别的重要性。

　　从整体的社会文化层面来看，隐匿与显现还在更广泛的意义上与轻逸/沉重、迅捷/缓慢、喧哗/静默……相联系，而对于这些对立面的评判和选择却不可能从其自身来找到答案。对于当代文化及其主流价值，是顺从还是抵抗，已经是一种价值和立场的宣示。此时，问题已经不再是建筑的具体性，而是立场和价值的具体性。从这一意义上来说，任何研究都是只有结论，而不可能有终极的答案。

　　当我们把这些思考与中国的现代建筑实践与教育相联系的时候，这一点便尤其显明。

　　由于整体上缺乏现代建筑的健全发育以及对于现代建筑的风格化理解，建筑的图像化现象在教育和实践中一直甚为严重。就现代建筑设计方法的教育而言，从创始之初被抽离了空间和建造内核的"布扎"形式构图，到后来抽象的"泡泡图"功能类型分析至 20 世纪 80 年代初期引进的抽象形式构成系统，直至最近十年伴随着传统媒介和电子媒体的双重发达而来的对国外建筑设计界探索的一种"图像化"引入，材料与建造始终处于一种相对缺席的状态。现代建筑的空间观念也始终没有得到充分的发展，而对于材料的态度，也一直集中于技术性层面，至于其他层面上的研究则缺乏深入的探索，这种状况也几乎实时地映现于建筑实践之中。最近十多年来，在教育和实践领域都有回归建筑基本要素的努力，其中，空间与材料常常被视作最为基本而不可约减的要素，并在近二十年来受到越来越多的重视。只是二者之间那种互为依托的关系却常常被忽视，因而常常处于一种分离的状态——即由前十年的抽象空间构成而转向后十年的材料和技术关注，但是都忽略了它们——尤其是表面(*Bekleidung*)与空间——在源头上的互文关系。

如果说西方当代建筑中的材料关注有着双重目的——一来反对图像化，二来扭转空间霸权——的话，我们则面临着另一种双重任务：既要对抗图像化的不良影响，又要敏感于材料的当代思考与实践。而对于空间——如果说它不再是绝对的主角的话——则须秉持一种相对审慎的态度，不能以牺牲空间的重要性来获得对于材料的认知。相反，应该在对于材料与空间之关系做出研究的基础上，以材料来丰富空间的创造，并在二者之间达成一种真正的平衡。这一平衡将有助于破除我们对于现代建筑的某些方面——材料、建造以及空间等——所持有的简单化理解，并在概念与具体(精妙的感受)之间取得平衡，也在确定与不确定之间，在忠诚与怀疑之间，在空间的魅力与物质的深沉之间，在形式的理念与材料的感性之间，进一步寻求一种丰富的含混与暧昧。

如此，对于当下的建筑实践与教育来说，材料的建造与空间属性的同时性显现便就成为一种必然的选择。

后 记

　　本书基于我的博士论文修改而成。在正文以外,这里希望交代一下这一课题的个人兴趣来源、研究主题的演变过程以及这种演变背后的缘由,是为后记。如果说篇首的致谢是一种感恩,这里的后记更多的则是对自我的反省,是为自己准备的一份记录与梳理。当然,在对研究过程的回溯与反思中,也难免不抱着为正文提供某种参照的希冀。

　　有那么一阵子,"极少主义"建筑一下子受到学界的追捧,执业的建筑师尤其是院校里的学生一下子非常热衷于"极少"。撇除其宗教缘起和内涵,我看到建筑中两种对立的达致"极少"的途径:一些建筑极力表现材料,而另一些建筑则极力压抑材料的表现。而所谓材料,这里当然是包括了材料的肌理与节点,也就是材料本身——独立于建筑——的特质以及它们在建筑中的连接。在这两种倾向中,前者忠实于材料的使用、建造的过程,并使其在视觉上直接可读;后者则与这些并无必然的关系,有时甚至正是通过对于真正的建造材料和过程的隐匿才达致"极少",它们唯一关注的是创造一种极为简单简洁的形象,从而给人在效果上——更直接的说是在视觉上——以"极少"的印象。两种迥异的途径反映了建造与图像之间的矛盾,也可以说是有关于材料和建造的隐匿与显现。有趣的是,看似相反的两种类型都有着令人难以抗拒的魅力。

　　这引起了我的好奇。书中隐匿与显现的原初含义也便由此而来。

　　但是进一步的思考却发现,这种隐匿与显现的关系远非自今日始,并且也远非上述一种表现形式。本来,这一意义上的隐匿其实是说表面材料掩盖了结构材料,或是某些材料的颜色和肌理不够丰富(比如说白色粉刷),因而相对于其他材料如砖、木、混凝土等等好像是隐匿了"材料"。但这显然只能是"好像",因为,对于结构材料的隐匿正是暗示了表面材料的显现,而这种不够丰富的颜色和肌理不又正是这种材料自身的真实显现吗?

　　问题显然复杂得多。而所有这些都有关于建筑的本体与再现,其核心在于对待材料与建造的态度。对于材料这么一个几乎完全是实践性的话题,便也由此打开了一个缺口,可以开始进行理论层面的思考与讨论。

1. 建构

　　对于材料问题的兴趣,源自 2000 年后的几年间我国内地建筑院系中"建构"话题的兴起。王骏阳(王群)教授认为,引介和展开这一话题的讨论有着明确的针对性和目的性,即它可以成为"国内'形式主义'倾向的一剂解药"。所谓"形式主义"倾向,在我的理解中,它主要指的是建筑的视觉形象与它的建造方式和结构体系的分离甚或相悖。如果我们把后者称作建筑的本体性要素的话,则在很多情况下,这一倾向具体表现为建筑的本体形式湮没在那些非本体形式——隐喻的、象形的、文化的形式——之中。广义的来看，这种形式主义倾向可以看作是更大范围内对于建筑的图像化消解的一种，如果说形式主义倾向有其地域性，那么后者则表现了某种时代性特征。在这种情况下，以对于建筑本体性建构特质的追求，来对抗建筑的图像化消解，便成为直接的选择。这一论断或假设初看起来完全合情合理，但是随着文献阅读的增多和自己思索的深入，又觉得似乎也不尽然吧。

任何建筑都是一个物质性的实在，于观察者而言，又都不可避免地表现为一种图像化的存在。"物"与"像"是如此紧密以至不可分离，那么，"物"又如何可以作为对抗"像"的手段？由此看来，所谓对于图像化的抵抗应该不是否定视觉感知方式的重要性。准确地说，它是反对建筑创作中视觉的首要性甚至是唯一性。这是就建筑与观者的关系而言，从建筑自身来看，如果说建构的方式内在地需要材料、结构与建造具有视觉上的直接可读性的话，这一可读性因其对于视觉的强调便恰恰是可以独立于建筑的真实构筑状况的。换句话说，可能会有一种所谓的"建构形式"或者"建构风格"的存在，正如同其他的风格与形式一样。就以往的经验来看，这种风格化的转换因其容易而常常发生，即所谓的图像化引入，这也是中国建筑教育中从巴黎美院到现代建筑常常为人诟病的地方。

基于以上认识，2003 年 5 月草拟了一个题目"物像之间——建筑的建构特质与图像表征"，希望能够从上述两个层面，展开对于建筑"物""像"关系的探讨。

但是，对于"物"与"像"的探讨几乎不可避免的会成为一篇纯理论性的论文，也必然涉及复杂深奥的哲学、美学，以及更进一层次的图像学、符号学等等学科知识，更是要放在现代性、后现代性的总体文化中来进行。然而，与实践拉开较大距离的纯理论探讨实非我兴趣所在。于是思考是否能够有一个相对比较实在的立足点。此时，王群（王骏阳）教授对于弗兰姆普敦《建构文化研究》一书的评介对我有着重要的启发。他指出"对于建构来说其重要性绝不在'结构形式'之下的材料的使用在'绪论'中只在对散普尔理论论述中略有涉及而未能成为一个重要的'反思'主题。"[1] 我想，在"建构"与生俱来的含糊性以外，"材料"或许可以成为一个更为实在和具体的研究对象。

2. 材料

材料固然具体，言说起来却甚为困难，这种困难可能也正源自其实在性以及由此而来的实践性。作为建筑学的一个基本问题，如何切入它成为思考的首要问题。

这里首先需要明确的是，这种材料不是抽象的孤立的材料，而是建筑中的材料，是与建筑发生关系的材料。这种认识意味着这一研究不同于材料学科所进行的实验性研究，因此就不可能从纯粹技术性能的角度去切入。研究的重点应该是材料问题之于建筑学的影响，具体可以从两个方面来看：一是材料的不同种类；二是同一材料在不同时代的变化，具体来说便是传统材料的时代性差异。依循这一思路,拟列的提纲就种类上来说包括了木、石等 19 世纪以前的自然材料,混凝土、铸铁、钢等 19 世纪以后的合成材料,玻璃因其时间、性质上的特殊性以及与现当代建筑的密切关系而单独论述。就同一材料的时代性殊异来看,则突出了当代条件下对于木、石等传统材料的新的使用方式,突出了技术、工艺与观念的重要性。最后,则打算把材料与技艺放在地区性视域中来观照,从而可以更好地从理论上探讨这一研究的针对性与适用性。

然而,这种分门别类如何能够严密?在侧重于"物"的研究中,"人"又如何能够介入?于是,2004 年 4 月 22 日拟列的提纲以"材料与观念——近代以来建筑设计中的材料应用及其观念演变"为题。也是从这时开始,论文脱离了具体材料种类的局限,而真正着重于材料之于建筑学发展的影响。显著特点在于突出了 19 世纪的重要性,把铸铁与水泥(混凝土)的广泛应用视作材料问题的开始[2]。正是它们,挑战了先前的诸多建筑观念,突显了材料之于建筑观念转化的意义。对于当代部分,则是突出了材料的知觉性在建筑中重要性的凸显,这在很大程度上涉及当代建筑学中的现象学讨论,以及西班牙建筑理论家莫拉雷斯所谓的"弱建筑学"。至于夹在两个历史时期中间的则是雷纳·班汉姆所谓的"第一机器时代"。通过这种划分与整合,这一研究视角便以历史性的考察来展现材料问题之于建筑观念的重要影响。只是,在脱离了材料的类型划分的同时,它却又打上了单向和线性时间的印记,相较而言,有关材料的设计内涵便很薄弱。毕竟,这非我所愿。况且,在如此宏观的历史向度中,也很难让人对于材料问题的细察抱有足够的信心。

但是,这一稿中注意到的当代建筑中对于材料知觉属性的重新关注,对于后面的研究构成了某种启发。它让人不能不把材料与"表面"联系起来。因为,所谓材料的知觉属性恰恰正是在其表面。这种不同也提示了材料视角与建构视角的差异所在,回答了之前的疑问。而在当代建筑文化中,"表面"具有非同一般的丰富含义:从广义的文化转型来看,浅文化内在地与"表面"相关联;从建筑来看,构件的表面才是与人真正接触被人感知的部分,可称作"表面材料",由此,可以区分建筑的结构与饰面;更进一步来看,即便是表面材料,其最终与人接触的也并非材料的整个厚度,而仅是材料的表面,并由此可以区分材料的结构属性与表面属性。据此,在2004 年的 5 月底,曾经草拟过一个"表面材料与材料表面(*Material Surface and Surface Material*)",体现了上述思考。此时,对于材料的讨论与具体的建筑构件——墙——发生了密切关系,并且已经与建造问题不可分离。这一特点在一个月后的第七稿中体现得更为明显。

在这段时间,已经阅读过一些森佩尔的原著以及关于他的研究文献,也初步研读了戴维·莱瑟巴罗的《建筑发明之根》,还有他的《表皮建筑》,冯烨关于墙体研究的硕士论文也让我受到很大的震撼并带来很重要的启发。2004 年 6 月 27 日草拟的第七稿以"材料–建造–再现"为题,它以从几个侧面对于材料本性的探讨来开始,因为此时我认为对于本性的思考可以被视作材料研究的基础,这该是受到莱瑟巴罗的影响。所谓建造与再现则是又回到了最开始时对于"物""像"关系的兴趣,但是大大压缩了哲学层面的思索,而是集中于对建筑本体问题的探讨。它自阿尔伯蒂"设计"与"建造"的分离开始,而至现代建筑中表皮的独立性,并自然转到对于墙体的两种建造方式——实体建造与层叠建造(monolithic and layered construction)——的探讨。就墙体而言,两种建造方式的区分可以视作前述两种极少主义的特例。前者更为忠实而直接地显露它的材料与建造,后者则是隐匿甚或伪装了它的实际构成。也因此,前者更多的具有"物"的特质,后者则表现出"像"的征候。由于墙体在(西方现代)建筑中的重要性,以上差异成为两种极少主义的典型体现。此时,材料主题中的隐匿与显现第一次获得了相对明确的含义,并且因为墙的要素的凸显而隐约出现对于空间的关注。

但是,作为材料研究而言,"隐匿"与"显现"几乎不具备成为主题的条件。因为,实在而具体的物质性材料如何能够隐匿呢?——在建筑学中讨论这一问题,多少有点荒唐。以它为主题意味着有必要更准确地来设问:这是一种什么意义上的隐匿/显现?它甚至可以更准确地转化为:如何来设定这一隐匿/显现的含义方才能够使得研究富有成效并有针对性?

2004 年 7 月 24 日拟定的提纲以"隐匿与显现——材料-建造视角下当代建筑设计研究"为题,也是首次采用了"隐匿与显现"作为言说材料的一个路向。同年 12 月 9 日的开题报告是基于这一稿所作的修改,它首先从几个侧面展开对于材料本性的探讨,从而在回顾既有理论研究的基础上建立研究的基本概念体系并力图使之向当代延伸;然后考察材料之隐匿与显现的来源或基础——现代建筑的表皮分离的特质,并延伸至当代的建筑实践;接下来分别从建造与再现、耐久性与瞬时性、对于材质的表现与压抑、轻与重这四组对立的概念来呈现当代建筑设计中材料的隐匿与显现的不同侧面。这一提纲综合了先前的诸多思考与论题,但是各主题之间仍旧缺乏内在的逻辑联系。

次年 2 月 16 日完成的提纲虽然沿用了先前的名称,但试图完全围绕"隐匿与显现"这一线索来组织材料,在各部分内容之间建立起内在秩序。从内容涵盖上来说,则包括两个部分,一是对于材料的一些基本思考,主要是对于所谓材料本性的阐释;二是对于身处建筑构件中的材料特性及其建造方式的具体论述。从时间上来说,则有 19 世纪以前(主要是对于材料本性的讨论),早期现代主义(二三十年代的白色时期),以及当代的一些建筑现象。但是,这又并非一种类似编年史的历史线索,而是隐藏于一个个具体的话题之中。至于具体话题,则基于观念的转变选择了如下五个:从材料与材料之间的相互关系来讨论材料的模仿与自明问题;从建造方式的角度来论述结构与饰面的关系;从材质表现的角度讨论现代建筑中的白色粉刷(它也是上述对于饰面原则的讨论的一个特例)及其所带来的形式和空间影响;从材料自身视觉属性的角度选取玻璃来考察隐匿与显现,因为正是这一材料通过隐匿其自身来达到其材质的显现;从物质化与非物质化的角度考察图像和电子媒介时代的这一主题。在对以上五种形式的考察之前有对于隐匿与显现的多重内涵的综述，之后则有对当代建筑设计中的材料表现的归纳并挖掘其背后原因。

问题是这五种现象的选取标准何在？在看似谨严的形式结构之下，隐匿与显现是否已经失却了其建筑学含义而蜕变为纯粹语词上的名号？对五种现象的讨论固然不再拘泥于孤立的材料，但又是否流于现象的罗列？

3. 材料–空间

接下来的一年中对于19世纪建筑理论的学习，其中尤其是对森佩尔和路斯所作的专题研究，改变了以上单纯从建造角度出发的研究取向，而加入了对空间要素的考虑。

有关材料的论述占据了森佩尔理论体系的核心地位，其论述范围则涵盖了从人类的原始动机到材料、工艺、形式等诸多层面。与森佩尔的宏大理论体系不同，路斯的兴趣主要在于以材料自身内在的品质来取代建筑中的附加性装饰，并以材料的区分来表达和强化空间的具体性。两人对于饰面问题都有着重要论述，他们虽无直接的师承关系，但是在这一主题上却胜似师生。饰面对于他们有着显而易见的重要意义，在我看来，这一意义不是体现在单纯的建造方式上，而是因为它把材料与空间联系在了一起。宾夕法尼亚大学唐考·潘宁的博士论文《空间艺术：空间与饰面概念之间的辩证性》（*Space-Art: The Dialectic between the Concepts of Raum and Bekleidung*, 2003）专注于饰面与空间在概念形成上的互相影响。她认为："空间被当作一个建筑学概念，是在对于饰面问题的讨论的名义下进行的，两个相互关联的概念——围护和饰面——开了建筑学意义上空间概念的先河。"[3] 这样，我们甚至可以说，假如没有森佩尔的饰面概念，也就不可能有建筑学意义上空间概念的诞生。饰面与空间的关系在森佩尔那里奠定了理论基础，在路斯那里则得到了更为明确而肯定的阐释。

在森佩尔和路斯那里，"饰面"是一个复杂的概念，具体内涵也有所转换。它有时指空间围护体的整个厚度，有时又进一步被局限于空间围护要素的表层，从而概念本身表现出一定程度的含混。然而，从另一角度来看，这种含混事实上也意味着其内涵上的丰富，它并且把我之前思考的"表面的材料"与"材料的表面"联系在一起，而产生这种联系作用的正是建筑的空间要素。饰面概念天生地与材料的表面属性而非结构属性相联系，这种表面属性的凸显也区分了材料视角与建构视角的差异，对于王骏阳教授所指出《建构文化研究》绪论中材料论述的缺憾来说，它甚至是一个可能的拓展与延伸。

当焦点集中于材料的表面属性和空间属性，问题就清晰了许多。对于表面属性的选择也有了依托，即对于空间效果有着重要影响的方面：首先是透明性，其次是不透明材料的材质问题。这些特质的论述都可以从隐匿与显现的角度来进行，粗略说来，前者是材料自身的视觉特性，后者则是设计者对于材料选用的主观态度。

这样的研究虽然主旨是从空间属性来研究材料，但是材料的建造属性也不可回避,必然触及。在很多情况下,对材料空间属性的关注是与墙体这一建筑要素相联系的,具体的探讨则会涉及墙体的建造方式,结构与非结构,实体与层叠,具体与抽象,物体与图像,面的首要性还是节点的首要性等等问题。此时,之前一些这方面的思考又变了个面庞呈现出来。而对于是否要同时涉及所谓建造与空间的双重属性事实上令人颇为为难:顾大庆教授便曾经建议完全集中于建造性的讨论而忽略空间要素,而东南大学朱雷老师在看完论文一稿后,则建议以"从空间角度出发的材料研究"为副标题。2005 年戴维·莱瑟巴罗教授在南京期间,也曾为论文拟过一个难以准确翻译的副标题,叫做 "Materializing space in 20th century western architecture and case studies in tactile and optical finishing"(20 世纪西方建筑中空间的物质化及从材料的触觉与视觉属性进行的案例研究)。三个标题看起来仅仅是对于论文定位的具体建议,但事实上也反映了材料研究的三个可能方向。

最终坚持材料的建造–空间双重性的研究定位,事实上也与这一研究的针对性密切相关。回到材料问题在当代兴起的根本用意,其主旨在于对图像化的反对。而在西方,它还应和了对于一个世纪以来的空间霸权的扭转。但是,单纯对于材料与建造的讨论能够抵抗建筑的图像化吗?而就本土情形而言,是要进一步强调空间的重要性还是也要扭转抽象空间的泛滥呢?事实上,近现代以来现代建筑空间观念在中国并未得到充分发展,而纵观近二十年来的教育,由前十年的抽象空间到近十年的材料偏执,正是忽视了空间与材料在源头上的互文关系。建造–空间双重性的研究定位,可以认为正是针对中国当前的教育现状而提出。

材料问题纷繁复杂,从理论角度作出思考也非国内学界所习惯,对于一个建筑设计背景的研究者而言其难度不言而喻,有些地方阐述不够清晰也便在所难免。聊以安慰的是即便如森佩尔这样的大学者,其著作也被贡布里奇爵士批评为"故弄玄虚,使人昏昏欲睡",而其生平最重要著作《技术和建构艺术中的风格问题》则更是"不知讲些什么"[4]。而在专攻 19 世纪德语区建筑理论的美国学者马尔格雷夫为弗兰姆普敦《建构文化研究》所作的序言中,也论及当代建筑教育中理论所处的尴尬境地,甚至是其可能带来的可怕后果。

马尔格雷夫首先讲了一个小故事:说是有一本小说里的主人公便是一位研究森佩尔的博士生,可是结局很不幸,他绕在里头出不来了,把自己弄得神经出了问题!先是还能去卖卖波斯地毯糊口,后来竟至于连简单的判断也无法做出,更别说和人进行正常的交流了!与这位博士生相比,我实在是应该庆幸自己现在仍旧能够清晰地整理一下自己的历程,而没有去做个小买卖什么的。

史永高

2008 年 2 月

注　释：

1　王群.解读弗兰普顿的《建构文化研究》. A+D, 雷尼国际出版有限公司, 南京大学建筑研究所主办, 2001(1): 77

2　这也是童寯先生在其《近百年西方建筑史》一书中予以特别强调的, 见该书1986 年版 146 页。

3　"The dissertation argues that space (*Raum*) came to be regarded as an architectural concept under the pretext of the discourse on cladding (*Bekleidung*). The interrelated concepts of enclosure and cladding are the antecedents of architectural space. " in Tonkao Panin, *Space–Art: The Dialectic between the Concepts of Raum and Bekleidung* (PhD diss., University of Pennsylvania, 2003), v.

4　[英]E H 贡布里奇著; 范景中, 杨思梁, 徐一维译. 秩序感——装饰艺术的心理学研究. 长沙: 湖南科学技术出版社, 2003: 54

　　　　材料呈现

再版后记

即如本书后记所言，2005年戴维·莱瑟巴罗教授在南京期间，曾为论文拟过一个难以准确翻译的副标题：Materializing Space in 20th Century Western Architecture and Case Studies in Tactile and Optical Finishing，大意应该是"20世纪西方建筑中空间的物质化及从材料的触觉与视觉属性进行的案例研究"。前一半是主旨，后一半说的大约是方法和内容。"空间的物质化"，尤其是那种物质化的过程，使这一空间区别于我们所熟悉的现代建筑以来的抽象空间以及常常由此而来的形式主导，它以物质（材料）而化空间于具体。在具体展开的时候，这一标题提示了两个方向：一是触觉，二是视觉，并且是那种能够穿透的视觉。虽然那时我意识到这种分别，但却没有在同一个论题中综合处理这样两种属性的明确方式。

这反映在最后的文字中。

正如顾大庆老师在为本书所作的序中所言："关于材料的表达的研究把'显现'与'隐匿'作为问题的两个方面来讨论似乎是不言而喻的。而'透明'问题在这个理论架构中的出现还是有点周折的。作者用了一个颇具辩证意味的'在隐匿中显现'的题目很聪明地把三个问题联系在了一起。不过我还是可以看出在前两个问题和后一个问题之间可以划一条虚线……这里作者似乎遇到了和我们在设计教学面对的相同的问题，即玻璃的透明所引出的空间问题好像属于一个不同的讨论语境。"

"隐匿与显现"的命名方式利用了中文的某种便利，因为它既可以被理解为材料本身的某种属性（穿透意义上的视觉属性），也可以被诠释为设计者对待材料的不同态度。两种含义的英文表述大相径庭，但在中文语境下却可以被"聪明地"合二为一。这一语言表述上的技巧虽然取得了形式上的关联，其实掩盖了背后的实质问题：在处理材料的空间性时，触觉与视觉（optical，不是visual）两种属性可以有共同指向？还是根本就不可通约？

或许单就其一来展开讨论是一个不错的选择。

但我发自内心地认为，材料的透明性是考察材料的空间性时不可或缺的向度，事实上它对空间的影响首先会被人意识到。我同时也认为，不透明材料的更为纷繁而多层次的属性更是赋予了空间以具体特质，甚至根本就是因为那些微妙的差异而定义了不同的空间。对于材料的空间性讨论而言，缺失任何一个视角，根本就是不可想象的。但是，如何把它们放在一起来进行讨论？它们是and前后的并列吗？我难以满足于这样的分类（categorize），并且抗拒由分类导致的那种绝对化（categorical）。我试图去发现它们之间的内在联系："透明性使得材料在消隐自身的时候恰恰获得了自身特质的显现。换句话说，它以其隐匿来达到显现，而隐匿的过程便是显现的状态。"

10年以后,如果我重新来做这一工作,会有什么别的可能?

我不是非常肯定,但是应该会更仔细地分辨材料的 tactile 和 optical 两种不同属性对空间的具体影响,以及这些影响彼此在性质上的差异。另一方面,我应该会更多地考察光的作用,因为,是光揭示了这些属性。更进一步说,如果我重新来做,应该是更多地强调环境的作用,光只是诸多环境要素之一。

环境是重要的,甚至重于材料自身。

认识到这一点,是因为本书完成以后一直盘旋在脑海中的一个问题:隐匿与显现,表现或是不表现,知晓它们各自的特质与差异以后,又能如何?我们将如何做出选择?判断的依据何在?

一种狡黠一点的回应是,这里讨论的只是理论层面的问题,选择与判断需要留待面对实践中的具体条件时才能做出。这固然不无道理,因为我们从来不能寄望理论思考可以代替实践去解决那些困难,它们有着各自的任务,并且二者之间有着不可忽视的距离。但是,前述追问或许意味着另一向度上的理论思考呢,果若如此,那个狡黠的回答就是十足的逃避了。

大约是2008年的初夏时分,和刘东洋先生漫步在苏州街巷,聊起类似的问题,他问我"西扎在葡萄牙为何喜欢用白墙"? 稍停片刻,他便说了自己的体验:在那种强烈的阳光下,沿着墙边一条窄窄的小径行走,你的身体强烈地感受到温度、色彩、光,并提示着你此时的所在。

那场对话(其实毋宁说是他的自问自答)大约就停留在那里。但是由此我体悟到,"身体"与"地形"(topography,我这里把它当作前述之"环境"的另一种表述,一种更为强调主客交互的表述)或许可以也应该作为选择和判断的依据。"身体"是建造活动的终极指向与依归,而"地形"则是建造活动的首要前提并决定着建筑的存在状态,它们理当能够担当起这一任务。因此在本书完成后的几年中,我便是围绕着这些问题做了一些工作,我称之为"面向身体与地形的建构学"。

而不论是本书中展开的空间角度的材料研究,还是近几年"面向身体与地形"的拓展,对于研究对象都会有一个疑问:是建构学吗?还是所谓的"表皮"?

聚焦于材料的知觉属性使得本书与"表面"更为紧密,但在我内心,我把它视为建构学的一个部分,只是介入的向度不同而已。稍稍回顾一下,我们会发现,在中国的特殊时段和独特语境下,一方面"建构"与"表皮"被理解为两个对立的话题,但其实又关注着非常类似的问题,甚至看上去不过是同一个问题的两张面孔而已。建筑的物质性便是这一问题的核心关注,而建筑内的结构以及与这一结构发生紧密关联的外部与内部包裹,则是这一问题的两张面孔。以对立的方式看待"建构"与"表皮",一方面是简化了各自的内涵,另一方面则漠视了它们所共享的对于建筑物质性的关注。

本书以材料来命名,意在与已被公认和接受的建构保持距离,从而提供新的认识。而在其后的建构研究中,"身体"与"地形"视野的强化,可以暂时移离与具体物质构件的关键,指向某种价值上的依归,也希望因此能够有助于破除"建构"与"表皮"的对立,对当代状况作出有力的和有意义的回应。

　　建筑学的命题都很古老,尤其是那些本体的、核心的问题。但正是它们使得建筑成为建筑,区别于他者。建构便是这样一个命题。对于这些命题,自新的向度介入,展现不一样的视野,尤为重要。因为唯有如此,它才能够应对和回应不同的时代和地域条件。新的向度与视野,意味着与既往者和现存者都保持了距离,有时也是有意识地创造了距离。这是理论思考中最美最迷人的一部分。

　　在非常久远的过去,理论(theory)意味着"一段旅程,一片景致,和一场报告"。那是离开你熟悉的家乡,去到远方的旅程,在陌生的国度,把家乡藏在心间,见证那里的神奇或是奇异,再回到家乡分享你的认识。因此,所谓理论,并非对既有知识与经验的归纳或是所谓的提升,而是在不一样的视野下,把熟悉的东西陌生化,并由此发展出新的认识。

　　在建筑学中也是如此,尤是如此。那些命题便是出发的原点,新的向度或是视野便是远离,为的是还能回到那个命题,并展现不一样的发现与面貌。

　　这些大约也是所有文字工作的意义所在。

史永高

2016 年 11 月于南京

主要参考文献

一、中文著作

1　王群. 解读弗兰普顿的《建构文化研究》. A+D, 雷尼国际出版有限公司, 南京大学建筑研究所主办, 2001(1&2)
2　董豫赣. 极少主义: 绘画·雕塑·文学·建筑. 北京: 中国建筑工业出版社, 2003
3　冯烊. 实体与边界——作为边界连续的墙体之建造: [硕士学位论文]. 南京: 东南大学建筑系, 2004
4　贾倍思. 型和现代主义. 北京: 中国建筑工业出版社, 2003
5　朱青生. 没有人是艺术家, 也没有人不是艺术家. 北京: 商务印书馆, 2000
6　顾大庆. 设计与视知觉. 北京: 中国建筑工业出版社, 2002
7　张永和. 平常建筑. 北京: 中国建筑工业出版社, 2002
8　邵宏. 美术史的观念. 杭州: 中国美术学院出版社, 2003
9　陈平. 李格尔与艺术科学. 杭州: 中国美术学院出版社, 2002
10　朱竞翔. 约束与自由——来自现代运动结构先驱的启示: [博士学位论文]. 南京: 东南大学建筑系, 1999

二、中文译著

1　[德]汉诺–沃尔特·克鲁夫特著; 王贵祥译. 建筑理论史——从维特鲁威到现在. 北京: 中国建筑工业出版社, 2005
2　[古罗马]维特鲁威著; 高履泰译. 建筑十书. 北京: 知识产权出版社, 2001
3　[英]彼得·柯林斯著; 英若聪译. 现代建筑设计思想的演变. 第二版. 北京: 中国建筑工业出版社, 2003
4　[英]尼古拉斯·佩夫斯纳著; 殷凌云等译. 现代建筑与设计的源泉. 北京: 三联书店, 2001
5　[英]罗宾·米德尔顿, 戴维·沃特金著; 邹晓玲等译. 新古典主义与19世纪建筑. 北京: 中国建筑工业出版社, 2000
6　[意]布鲁诺·赛维著; 席云平译. 现代建筑语言. 北京: 中国建筑工业出版社, 1986
7　[斯] 阿莱斯·艾尔雅维茨著; 胡菊兰, 张云鹏译. 图像时代. 长春: 吉林人民出版社, 2003
8　[德]瓦尔特·本雅明著; 胡不适译. 技术复制时代的艺术作品. 杭州: 浙江文艺出版社, 2005

9　[法]勒–柯布西耶著; 陈志华译. 走向新建筑. 西安: 陕西师范大学
　　出版社, 2004

10　[荷]亚历山大·佐尼斯著; 金秋野, 王又佳译. 勒–柯布西耶: 机器
　　与隐喻的诗学. 北京: 中国建筑工业出版社, 2004

11　[瑞士]维尔纳·布鲁泽著; 王又佳, 金秋野译. 范斯沃斯住宅. 北
　　京: 中国建筑工业出版社, 2006

12　[英]艾伦·麦克法兰, 格里·马丁著; 管可秾译. 玻璃的世界. 北京:
　　商务印书馆, 2003

13　[芬]迈克尔·魏尼–艾利斯著; 焦怡雪译. 感官性极少主义. 北京:
　　中国建筑工业出版社, 2002

14　[法]莫里斯·梅洛–庞帝著; 姜志辉译. 知觉现象学. 北京: 商务印
　　书馆, 2003

15　[德]马丁·海德格尔著; 孙周兴译. 艺术作品的本源. 见: 马丁·海
　　德格尔著; 孙周兴译. 林中路. 上海: 上海译文出版社, 2004

16　[德]鲁道夫·阿恩海姆著; 滕守尧译. 艺术与视知觉. 成都: 四川
　　人民出版社, 1998

17　[英]E H 贡布里奇著; 范景中, 杨思梁, 徐一维译. 秩序感——装
　　饰艺术的心理学研究. 长沙: 湖南科学技术出版社, 2003

18　[德]彼得·比格尔著; 高建平译. 先锋派理论. 北京: 商务印书馆,
　　2002

19　[英]玛格丽特.A.罗斯著; 张月译. 后现代与后工业——评论性分
　　析. 沈阳: 辽宁教育出版社, 2002

20　[美]马泰·卡林内斯库著; 顾爱彬, 李瑞华译. 现代性的五副面孔.
　　北京: 商务印书馆, 2003

21　[意]阿其烈·伯尼托·奥利瓦著; 毛健雄, 艾红华译. 超级艺术. 长
　　沙: 湖南美术出版社, 1998

22　[英]雷蒙·威廉斯著; 刘建基译. 关键词: 文化与社会的词汇. 北
　　京: 三联书店, 2005

23　[意]卡尔维诺著; 萧天佑译. 美国讲稿. 见:卡尔维诺著;萧天佑
　　译. 卡尔维诺文集. 南京: 译林出版社, 2003

三、外文著作

1　Kenneth Frampton, *Modern architecture: A Critical History* (New
　York: Thames and Hudson, 1992).

2　Kenneth Frampton, *Studies in Tectonic Culture: the Poetics of Con-
　struction in Nineteenth and Twentieth Century Architecture* (Cam-
　bridge, Mass.: MIT Press, c1995).

3　Edward R. Ford, *The Details of Modern Architecture* (Cambridge,
　Mass.: MIT Press, c1990).

4　Sigfried Giedion, *Building in France, Building in Iron, Building in*

Ferroconcrete, trans. J. Duncan Berry (Santa Monica, Calif.: Getty Center for the History of Art and the Humanities, 1995).

5   K. Michael Hays, ed., *Architecture Theory since 1968* (Cambridge, Mass.: The MIT Press, c1998).

6   K. Michael Hays, ed., *Oppositions Reader: Selected Readings from A Journal for Ideas and Criticism in Architecture, 1973 –1984* (New York: Princeton Architectural Press, c1998).

7   Kate Nesbitt, ed., *Theorizing A New Agenda for Architecture : An Anthology of Architectural Theory 1965 –1995* (N.Y.: Princeton Architectural Press, 1996).

8   Reyner Banham, *Theory and Design in the First Machine Age,* (Cambridge, Mass.: MIT Press, 1980).

9   Peter Collins, *Changing Ideals in Modern Architecture, 1750–1950* (London: Faber and Faber, 1965).

10   Adrian Forty, *Words and Buildings: A Vocabulary of Modern Architecture* (New York: Thames & Hudson, 2000).

11   David Leatherbarrow, *The Roots of Architectural Invention: Site, Enclosure, Materials* (New York: Cambridge University Press, 1993).

12   David Leatherbarrow and Mohsen Mostafavi, *Surface Architecture* (Cambridge, Mass.: MIT Press, c2002).

13   Mohsen Mostafavi and David Leatherbarrow, *On Weathering: The Life of Buildings in Time* (Cambridge, Mass.: MIT Press, c1993).

14   Todd Gannon, ed., *The Light Construction Reader* (New York: The Monacelli Press, 2002).

15   Tonkao Panin, *Space –Art: The Dialectic between the Concepts of Raum and Bekleidung* (PhD diss., University of Pennsylvania, 2003).

16   Werner Oechslin, *Otto Wagner, Adolf Loos, and The Road to Modern Architecture,* trans. Lynette Widder (Cambridge: Cambridge University Press, 2001).

17   David J. Watkin, *Morality and Architecture: The Development of A Theme in Architectural History and Theory from The Gothic Revival to The Modern Movement* (Oxford: Clarendon Press, 1977).

18   Gottfried Semper, *The Four Elements of Architecture and Other Writings,* trans. Harry Francis Mallgrave and Wolfgang Herrmann (New York: Cambridge University Press, 1989).

19   Micthel Schwarzer, *German Architectural Theory and the Search for Modern Identity* (Cambridge: Cambridge University Press, 1995).

20   Wolfgang Hermann, *Gottfried Semper: in Search of Architecture* (Cambridge, Mass.: MIT Press, 1984).

21   Joseph Rykwert, *On Adam's House in Paradise: The Idea of the*

Primitive Hut in Architectural History (Cambridge, Mass.: MIT Press, 1981).

22　Bernard Cache, "Digital Semper, " in *Anymore*, ed. Cynthia Davidson (Cambridge, Mass.: MIT Press, c2000), 190–7.

23　Ákos Moravànszky, "'Truth to Material' vs 'The Principle of Cladding': the language of materials in architecture," *AA Files* 31 (2004): 39–46.

24　M. F. Hearn ed., *The Architectural Theory of Eugène-Emmanuel Viollet-le-Duc* (Cambridge, Mass.: MIT Press, 1990).

25　Adolf Loos, *Spoken into the Void: Collected Essays 1897–1900*, trans. Jane O. Newman and John H. Smith (Cambridge: The MIT Press, 1982).

26　Benedetto Gravagnuolo, *Adolf Loos: Theory and Works*, trans. C.H. Evans (New York: Rizzoli, 1982).

27　Panayotis Tournikiotis, *Adolf Loos* (New York: Princeton Architectural Press, c1994).

28　Yehuda Safran and Wilfried Wang, ed., *The Architecture of Adolf Loos: An Arts Council Exhibition* (London: Arts Council of Great Britain, 1985).

29　Leslie Van Duzer & Kent Kleinman, *Villa Müller: A Work of Adolf Loos* (New York: Princeton University Press, c1994).

30　Janet Stewart, *Fashioning Vienna: Adolf Loos's Cultural Criticism* (London; New York: Routledge, 2000).

31　Massimo Cacciari, *Architecture and Nihilism: On the Philosophy of Modern Architecture*, trans. Stephen Sartarelli (New Haven: Yale University Press, c1993).

32　*Le Corbusier Œuvre Complète*, Volume 1, 1910–1929. (Zurich: Les Editions d'Architecture, c1964).

33　Eduard S. Sekler and William Curtis, *Le Corbusier at Work* (Cambridge, MA.: Harvard University Press, 1978).

34　Stan Allen, *Practice: Architecture, Technique and Representation* (Amsterdam: G+B Arts International, c2000).

35　Max Risselada, ed., *Raumplan versus Plan Libre: Adolf Loos and Le Corbusier, 1919–1930* (New York: Rizzoli, 1987).

36　Beatriz Colomina, *Privacy and Publicity: Modern Architecture as Mass Media* (Cambridge, Mass.: MIT Press, c1994).

37　Mark Wigley, *White Walls, Designer Dresses: The Fashioning of Modern Architecture* (Cambridge, Mass.: MIT Press, c1995).

38　Eve Blau and Nancy J. Troy, ed., *Architecture and Cubism* (Cambridge, Mass.; London: MIT Press, c1997).

39　Le Corbusier, *The Decorative Art of Today*, trans. James Dunnet

(Cambridge: MIT Press, 1987).

40 Peggy Deamer, "Restructuring Surface, " *Perspecta* 32 (2001).

41 William J. R. Curtis, *Le Corbusier: Ideas and Forms* (Oxford: Phaidon, 1986).

42 Colin Rowe and Robert Slutzky, *Transparency* (Basel: Birkhäuser, c1997).

43 *Five Architects: Eisenman, Graves, Gwathmey, Hejduk, Meier* (New York: Oxford University Press, 1975).

44 Peter Eisenman, *Diagram Diaries* (New York: Universe, 1999).

45 Franz Schulze, *Mies Van Der Rohe: A Critical Biography* (Chicago: the University of Chicago Press, 1985).

46 Detlef Mertins, ed., *The Presence of Mies* (New York: Princeton Architectural Press, c1994).

47 Peter Carter, *Mies Van Der Rohe at Work* (London: Phaidon, 1999).

48 Wolf Tegethoff, *Mies Van Der Rohe: The Villas and Country Houses*, trans. Russell M. Stockman (New York: Museum of Modern Art, 1985).

49 Franz Schulze, ed., *Mies Van Der Rohe: Critical Essays* (New York: Museum of Modern Art, c1989).

50 Terence Riley and Barry Bergdoll, ed., *Mies in Berlin* (New York: Museum of Modern Art, c2001).

51 Phyllis Lambert, ed., *Mies in America* (Montréal: Canadian Centre for Architecture; New York: Harry N. Abrams, 2001).

52 Paul Overy, *De Stijl* (London: Thames and Hudson, c1991).

53 Heinz Ronner & Sharad Jhaveri, ed., *Louis I. Kahn: Complete Work 1935–1974* (Basel, Boston: Birkhäuser, c1987).

54 Alessandra Latour, ed., *Louis I. Kahn: Writings, Lectures, Interviews* (New York: Rizzoli International Publications, 1991).

55 Thomas Leslie, *Louis I. Kahn: Building Art, Building Science* (New York: George Braziller, Inc. 2005).

56 David B. Brownlee and David G. De Long, *Louis I. Kahn: In the Realm of Architecture* (London: Thames & Hudson, 1997).

57 Philip Ursprung, ed., *Herzog & de Meuron: Natural History* (Montreal: Canadian Centre for Architecture; Baden, Switzerland: Lars Müller Publishers, c2002).

58 Peter Zumthor, *Three Concepts: Thermal Bath Vals, Art Museum Bregenz, 'Topography of Terror' Berlin* (Basel: Birkhäuser Verlag, 1997).

59 Peter Zumthor, *Thinking Architecture* (Baden, Switzerlands: Lars Müller, c1998).

60 Peter Zumthor, *Atmospheres: Architectural Environments, Sur-*

rounding Objects (Basel: Birkhäuser, 2006).

61　Francesco dal Co, ed., *Tadao Ando: Complete Works* (London: Phaidon Press, 1995).

62　Richard Pare, *Tadao Ando: The Color of Light* (New York: Phaidon, 2000).

63　Bianca Albertini and Sandro Bagnoli, *Carlo Scarpa: Architecture in Details* (Cambridge, Mass.: The MIT Press, 1988).

64　Deyan Sudjic, *John Pawson: Works* (London: Phaidon, 2000).

65　John Pawson, *Minimum* (London: Phaidon, 1996).

66　Rafael Moneo, *Theoretical Anxiety and Design Strategies in the Work of Eight Contemporary Architects*, trans. Gina Cariño (Cambridge, Mass.; London: MIT, c2004).

67　Neil Leach, *The Anaesthetics of Architecture* (Cambridge, Mass. ; London : MIT Press, c1999).

68　Richard Weston, *Materials, Form and Architecture* (New Haven, CT : Yale University Press, 2003).

69　David Dernie, *New Stone Architecture* (Boston: McGraw-Hill, 2003).

70　Vincenzo Paven, ed., *Scriptures in Stone: Tectonic Language and Decorative Language* (Milan: Skira, c2001).

71　Oliver Herwig, *Featherweights: Light, Mobile and Floating Architecture* (Munich: Prestel, 2003).

72　Rodolfo Machado and Rodolphe el-Khoury, ed., *Monolithic Architecture* (Munich: Prestel, c1995).

73　Bauhaus Dessau Foundation; Margret Kentgens-Craig, eds., *The Dessau Bauhaus Building, 1926-1999*, trans. Michael Robinson (Basel: Birkhäuser, c1998).

74　Frank Kaltenbach, ed., *Translucent Materials: Glass, Plastics, Metals* (Basel: Birkhäuser; Munich: Edition Detail, c2004).

75　Bernard Tschumi and Matthew Berman, ed., *Index Architecture: A Columbia Architecture Book* (Cambridge, Mass.: MIT Press, 2003).

76　Toshiko Mori, ed., *Immaterial / Ultramaterial: Architecture, Design, and Materials* (Cambridge, Mass.: Harvard Design School in association with George Braziller, c2002).

77　Ellen Lupton, *Skin: Surface, Substance, and Design.* (New York: Princeton Architectural Press, 1st edition, c2002).

78　Albert Ferre ..., ed., *Verb matters: a survey of current formal and material possibilities in the context of the information age; built, active substance in the form of networks, at all scales from the biggest to the smallest.* trans. Edward Krasny, Thomas Daniell and Ian Pepper (Barcelona: Actar, 2004).

图片来源

第一章

图 1-1，图 1-3~图 1-6：David Leatherbarrow, *The Roots of Architectural Invention: Site, Enclosure, Materials* (New York: Cambridge University Press, 1993).

图 1-2，图 1-8，图 1-9：Richard Weston, *Materials, Form and Architecture* (New Haven, CT: Yale University Press, 2003).

图 1-7：Joseph Rykwert, *Louis Kahn* (New York: Harry N. Abrams, Inc., Publishers, 2003).

图 1-10，图 1-11：建筑与设计（A+D）. 雷尼国际出版有限公司, 南京大学建筑研究所主办, 2001(02)

图 1-12：Kenneth Frampton, *Studies in Tectonic Culture* (Cambridge, Mass.: MIT Press, c1995).

第二章

图 2-1，图 2-4，图 2-5，图 2-8~图 2-10：Gottfried Semper, *The Four Elements of Architecture and Other Writings*, trans. Harry Francis Mallgrave and Wolfgang Herrmann (New York: Cambridge University Press, 1989).

图 2-2：http://www.he.xinhua.org/photo/2004-07/31/content_2596788_7.htm

图 2-3：Richard Weston, *Materials, Form and Architecture* (New Haven, CT: Yale University Press, 2003).

图 2-6，图 2-7：Sergio Polano, ed., *Hendrik Petrus Berlage: Complete Works* (Milano: Electa Architecture, c2002).

第三章

图 3-1，图 3-4，图 3-10~图 3-15：Leslie Van Duzer & Kent Kleinman, *Villa Müller: A Work of Adolf Loos* (New York: Princeton University Press, c1994).

图 3-2，图 3-3：Adolf Loos, *Spoken into the Void: Collected Essays, 1897-1900*, trans. Jane O. Newman and John H. Smith (Cambridge, Mass.: MIT Press, 1982).

图 3-5，图 3-8，图 3-17，图 3-34，图 3-38，图 3-39：Richard Weston, *Materials, Form and Architecture* (New Haven, CT: Yale University Press, 2003).

图 3-6，图 3-16：Panayotis Tournikiotis, *Adolf Loos* (New York: Princeton Architectural Press, c1994).

图 3-7：http://www.mullerovavila.cz/english/pruvod-e.html

图 3-9：Max Risselada, ed., *Raumplan versus Plan Libre: Adolf Loos and Le Corbusier, 1919–1930* (New York: Rizzoli, 1987).

图 3-18：Kenneth Frampton, *Modern Architecture: A Critical History* (New York: Thames and Hudson, 1992).

图 3-19,图 3-21,图 3-23：范路摄

图 3-20：建筑师. 2003(05)

图 3-22：Franz Schulze, ed., *Mies Van Der Rohe: Critical Essays* (New York: Museum of Modern Art, c1989).

图 3-24,图 3-25,图 3-32,图 3-37：Kenneth Frampton, *Studies in Tectonic Culture* (Cambridge, Mass.: MIT Press, c1995).

图 3-26, 图 3-27：Peter Carter, *Mies Van Der Rohe at Work* (London: Phaidon, 1999).

图 3-28：Edward R. Ford, *The Details of Modern Architecture* (Cambridge, Mass. : MIT Press, c1990).

图 3-29,图 3-35,图 3-36：David B. Brownlee, David G. De Long, *Louis I. Kahn: In the Realm of Architecture* (London: Thames & Hudson, 1997).

图 3-30, 图 3-31：Heinz Ronner & Sharad Jhaveri, ed., *Louis I. Kahn: Complete Work 1935–1974* (Basel, Boston: Birkhäuser, c1987).

图 3-33：作者自绘。

图 3-40~图 3-43,图 3-45~图 3-47,图 3-51：*a+u*, 1998(02).

图 3-44：Peter Zumthor, *Three Concepts: Thermal Bath Vals, Art Museum Bregenz, 'Topography of Terror' Berlin* (Basel: Birkhäuser Verlag, 1997).

图 3-48,图 3-49：*Domus*, No. 798.

图 3-50：Frank Kaltenbach, ed., *Translucent Materials: Glass, Plastics, Metals* (Basel: Birkhäuser; Munich: Edition Detail, c2004).

第四章

图 4-1,图 4-2,图 4-4,图 4-34：Richard Weston, *Materials, Form and Architecture* (New Haven, CT: Yale University Press, 2003).

图 4-3：葛明摄

图 4-5,图 4-8：[法]勒-柯布西耶著;陈志华译.走向新建筑.西安:陕西师范大学出版社, 2004

图 4-6,图 4-7：Mohsen Mostafavi and David Leatherbarrow, *On Weathering: The Life of Buildings in Time* (Cambridge, Mass.: MIT Press, c1993).

图 4-9,图 4-10：*Perspecta*, No. 13/14.

图 4-11, 图 4-12：Peter Eisenman, *Diagram Diaries* (New York: Universe, 1999).

图 4-13,图 4-16,图 4-17,图 4-19,图 4-20,图 4-21：*Le Corbusier Œuvre Complète*, Volume 1, 1910–1929. (Zurich: Les Editions d'Architecture, c1964).

图 4-14，图 4-15：Geoffrey H. Baker, *Le Corbusier—The Creative Search: The Formative Years of Charles-Edouard Jeanneret* (New York: Van Nostrand Reinhold, 1996).

图 4-18：[荷]亚历山大·佐尼斯著；金秋野，王又佳译. 勒-柯布西耶：机器与隐喻的诗学. 北京：中国建筑工业出版社，2004

图 4-22~图 4-24：Phillip Arnold（澳）摄

图 4-25，图 4-27~图 4-30：Colin Rowe and Robert Slutzky, *Transparency* (Basel: Birkhäuser, c1997).

图 4-26：Dennis Sharp, *Dessau Aid Bauhaus* (Architecture in Detail) (Phaidon Press, 2002).

图 4-31：Max Risselada, ed., *Raumplan versus Plan Libre: Adolf Loos and Le Corbusier, 1919-1930* (New York: Rizzoli, 1987).

图 4-32：Kenneth Frampton, *Modern Architecture: A Critical History* (New York: Thames and Hudson, 1992).

图 4-33，图 4-35，图 4-36：Francesco dal Co, ed., *Tadao Ando: Complete Works* (London: Phaidon Press, 1995).

图 4-37~图 4-39：时代建筑. 2005(06)

图 4-40，图 4-41，图 4-44：http://www.campobaeza.com/

图 4-42，图 4-43：Richard Pare, *Tadao Ando: The Color of Light* (New York: Phaidon, 2000).

图 4-45：*EL*, No. 68-69+95, 2000.

图 4-46~图 4-49：Deyan Sudjic, *John Pawson: Works* (London: Phaidon, 2000).

图 4-50：Bianca Albertini and Sandro Bagnoli, *Carlo Scarpa: Architecture in Details* (Cambridge, Mass.: The MIT Press, 1988).

第五章

图 5-1：Michael Wigginton, *Glass in Architecture* (London: Phaidon Press, 1996).

图 5-2，图 5-30~图 5-35，图 5-38~图 5-40，图 5-43~图 5-45，图 5-48：Todd Gannon, ed., *The Light Construction Reader* (New York: The Monacelli Press, 2002).

图 5-3，图 5-4：Oliver Herwig, *Featherweights: Light, Mobile and Floating Architecture* (Munich: Prestel, 2003).

图 5-5，图 5-8，图 5-9，图 5-14~图 5-16：*Global Architecture* (GA), No. 27.

图 5-6，图 5-10：http://homepages.mty.itesm.mx/al787753/

图 5-7，图 5-22：http://www.campobaeza.com/

图 5-11，图 5-19：[澳]黑格·贝克，杰基·库珀主编；蔡松坚译. UME——国际建筑设计. 广州：广东科技出版社，2004

图 5-12，图 5-23：Franz Schulze, ed., *Mies Van Der Rohe: Critical Essays* (New York: Museum of Modern Art, c1989).

图 5-13：Kenneth Frampton, *Studies in Tectonic Culture* (Cambridge, Mass.: MIT Press, c1995).

图 5-17~图 5-18，图 5-24，图 5-47：Franz Schulze, *Mies Van Der Rohe: A Critical Biography* (Chicago: the University of Chicago Press, 1985).

图 5-20，图 5-26：http://www.shigerubanarchitects.com/

图 5-21，图 5-27：时代建筑. 2005(06)

图 5-25：Peter Carter, *Mies Van Der Rohe at Work* (London: Phaidon, 1999).

图 5-28，图 5-36，图 5-37，图 5-60~图 5-62：Richard Weston, *Materials, Form and Architecture* (New Haven, CT: Yale University Press, 2003).

图 5-29：Nicola Flora, Paolo Giardiello, Gennaro Postiglione, ed., *Sigurd Lewerentz: 1885-1975* (Milano: Electaarchitecture, c2002).

图 5-41，图 5-42，图 5-63：*EL*, No. 60.

图 5-46，图 5-56，图 5-57，图 5-67，图 5-68：David Dernie, *New Stone Architecture* (Boston: McGraw-Hill, 2003).

图 5-49~图 5-55：Vincenzo Paven, ed., *Scriptures in Stone: Tectonic Language and Decorative Language* (Milan: Skira, c2001).

图 5-58，图 5-59：*Domus*, No. 875. 2004(11).

图 5-64~图 5-66：*EL*, No. 108.

第六章

图 6-1：建筑师. 2006(01)

图 6-2，图 6-3：John Hejduk, *Education of An Architect: A Point of View, 1964-1971* (New York: The Monacelli Press, 2000).

图 6-4：*Harvard Design Magazine*, Fall 2003/Winter 2004, No. 19

图 6-5：Richard Weston, *Materials, Form and Architecture* (New Haven, CT: Yale University Press, 2003).

人名汉译对照表

Aalto, Alvar	阿尔瓦·阿尔托（1896—1976）
Alberti, Leon Battista	L. B. 阿尔伯蒂（1404—1472）
Algarotti, Francesco	弗兰西斯科·阿尔戈劳蒂
Arnheim, Rudolf	鲁道夫·阿恩海姆（1904— ）
Bachelard, Gaston	加斯东·巴舍拉尔（1884—1962）
Baker, Josephine	约瑟芬·贝克尔
Ban, Shingeru	坂茂（1957— ）
Banham, Reyner	雷纳·班汉姆（1922—1988）
Baniassad, Essy	埃斯·巴尼阿萨德
Barr, Alfred	阿尔弗雷德·巴尔
Behrens, Peter	彼得·贝伦斯（1868—1940）
Benjamin, Walter	瓦尔特·本雅明（1892—1940）
Berkel, Ben van	本–冯·贝克尔
Berlage, Hendrik Petrus	亨德里克·派特鲁斯·贝尔拉格（1856—1934）
Beuys, Joseph	约瑟夫·波伊斯（1921—1986）
Bijvoët, Bernard	伯纳德·比耶沃特
Bletter, Rosemarie Haag	罗斯玛丽·哈格·伯雷特尔
Blossfeldt, Karl	卡尔·波罗斯菲尔
Borromini, Francesco	弗朗西斯科·波罗米尼（1599—1667）
Botta, Mario	马里奥·博塔（1943— ）
Bötticher, Karl	卡尔·博迪舍（1806—1889）
Bunshaft, Gordon	戈登·本沙夫特（1909—1990）
Cacciari, Massimo	马西莫·卡西亚里
Cache, Bernard	伯纳德·凯奇
Campo Baeza, Alberto	阿尔伯托·坎波·巴埃萨（1946— ）
Carlo, Lodoli	卡罗·劳杜里（1690—1761）
Chareau, Pierre	皮耶·夏洛（1883—1950）
Chomsky, Noam	诺姆·乔姆斯基（1928— ）
Collins, Peter	彼得·柯林斯（1920—1981）
Colomina, Beatriz	比特雷兹·克罗米娜
Conze, Alexander	亚历山大·孔泽
Cuvier, Georges	乔治·居维叶（1769—1832）
Darwin, Charles	查尔斯·达尔文（1808—1882）
de Baudot, Anatole	阿纳托尔·德–博多（1834—1915）
Debray, Régis	雷吉斯·黛布雷（1940— ）

de Meuron, Pierre　　　　　皮埃尔·德莫隆（1950—　）

Dilthey, Wilhelm　　　　　威尔海姆·狄尔泰（1833—1911）

Doesburg, Theo van　　　　提奥·凡·杜斯伯格（1883—1931）

Einstein, Carl　　　　　　卡尔·爱因斯坦

Eisenman, Peter　　　　　彼得·艾森曼（1932—　）

Eissenstein, Sergei　　　　谢尔盖·艾森斯坦（1898—1948）

Erjavec, Aleš　　　　　　阿莱斯·艾尔雅维茨

Evans, Robin　　　　　　罗宾·埃文思（1945—1993）

Fiedler, Konrad　　　　　康纳德·菲德勒（1841—1895）

Ford, Edward R.　　　　　爱德华.F.福特

Forty, Adrian　　　　　　阿德里安·福特

Foster, Hal　　　　　　　哈尔·福斯特

Foster, Norman　　　　　诺曼·福斯特（1935—　）

Frampton, Kenneth　　　　肯尼斯·弗兰姆普敦（1930—　）

Gau, Franz Christian　　　弗兰茨–克里斯蒂安·高乌（1789—1853）

Gehry, Frank　　　　　　弗兰克·盖里（1929—　）

Gombrich, Ernst Hans Josef　恩斯特–汉斯–约瑟夫·贡布里奇（1909—2001）

Greenough, Horatio　　　　霍雷肖·格里诺（1805—1852）

Gropius, Walter　　　　　瓦尔特·格罗皮乌斯（1883—1969）

Guarini, Guarino　　　　　瓜利诺·瓜里尼（1624—1683）

Guimard, Hector　　　　　维克多·吉马尔德（1867—1942）

Harvey, William　　　　　威廉·哈维（1578—1657）

Hejduk, John　　　　　　约翰·海杜克（1929—2000）

Herrmann, Wolfgang　　　　沃尔夫冈·赫尔曼

Herzog, Jacques　　　　　雅克·赫尔佐格（1950—　）

Hilberseimer, Ludwig　　　路德维希·希尔伯施默（1885—1967）

Hildebrand, Adolf　　　　阿道夫·希尔德布兰特（1847—1921）

Hitchcock, Henry–Russell　亨利–罗素·希区柯克（1903—1987）

Hittorff, Jacques–Ignace　雅克–伊格尼斯·希托尔夫（1792—1867）

Hoesli, Bernhard　　　　　伯纳德·赫斯里（1923—　）

Hoffman, Josef　　　　　约瑟夫·霍夫曼（1870—1956）

Holl, Steven　　　　　　斯蒂文·霍尔（1947—　）

Ito, Toyo　　　　　　　伊东丰雄（1941—　）

Jameson, Fredric　　　　弗雷德里克·杰姆逊

Jane O. Newman　　　　　J.O.纽曼

Johnson, Philip　　　　　菲利普·约翰逊（1906—2005）

Judd, Donald　　　　　　唐纳德·贾德（1928—1994）

Kahn, Louis I.　　　　　路易斯·康（1901—1974）

Képes, György　　　　　乔治·科普斯（1906—2002）

Klemm, Gustav　　　　　古斯塔夫·克勒姆（1802—1867）

Piranesi, Giovanni Battista	吉奥瓦尼-巴蒂斯塔·皮拉内西（1720—1778）
Pugin, Augustus Welby	奥古斯特·威尔比·普金（1812—1852）
Quatremere de Quincy, M.	卡特勒梅尔·德昆西（1755—1849）
Reich, Lily	莉丽·赖茜
Riegl, Alois	阿洛瓦·李格尔（1858—1905）
Rietveld, Gerrit	盖里特·里特维尔德（1888—1964）
Rochette, Désiré Raoul	德西雷-洛勒·罗西特（1790—1854）
Rossi, Aldo	阿尔多·罗西（1931—1997）
Rowe, Colin	柯林·罗（1920—1999）
Ruff, Thomas	托马斯·鲁夫
Ruskin, John	约翰·拉斯金（1819—1900）
Rykwert, Joseph	约瑟夫·雷克沃特（1926— ）
Scarpa, Carlo	卡洛·斯卡帕（1906—1978）
Scheerbart, Paul	保罗·希尔巴特（1863—1915）
Schinkel, Karl Friedrich	卡尔·弗雷德里希·辛克尔（1781—1841）
Schmarsow, August	奥古斯特·施马索夫（1853—1936）
Schönberg, Arnold	阿诺德·勋伯格（1874—1951）
Sejima, Kazuyo	妹岛和世（1956— ）
Sekler, Eduard Franz	爱德华德·弗兰茨·塞克勒（1920— ）
Semper, Gottfried	戈特弗里德·森佩尔（1803—1879）
Silvestrin, Claudio	克劳第奥·斯沃斯汀（1954— ）
Simmel, Georg	乔治·西美尔（1858—1918）
Sitte, Camillo	卡米洛·西特（1843—1903）
Siza, Alvaro	阿尔瓦罗·西扎（1933— ）
Slutzky, Robert	罗伯特·斯拉茨基（1929—2004）
Smith, John H.	J. H. 史密斯
Solà-Morales Rubió, Ignasi	伊格拉斯·索拉-莫拉雷斯-卢比奥（1942— ）
Sontag, Susan	苏珊·桑塔格（1933—2004）
Steiner, Dietmar	迪特马尔·施坦纳
Street, George Edmund	G. E. 斯特雷特（1824—1881）
Summerson, John	约翰·萨默森（1904—1992）
Taut, Bruno	布鲁诺·陶特（1880—1938）
Tegethoff, Wolf	伍尔夫·塔基陶夫
Terragni, Giuseppe	吉斯普·特拉尼（1904—1943）
Tschumi, Bernard	伯纳德·屈米（1944— ）
Tzara, Tristan	特里斯坦·查拉（1896—1963）
Vidler, Anthony	安东尼·维德勒
Viollet-le-Duc, Eugène-Emmanuel	
	维奥莱-勒-迪克（1814—1879）
Vischer, Friedrich Theodor	弗雷德里希·提奥多·费希尔（1807—1887）

Wagner, Otto	奥托·瓦格纳（1841—1918）
Warhol, Andy	安迪·沃霍尔（1928—1987）
Watkin, David	戴维·沃特金
Weston, Richard	理查德·威斯顿（1953— ）
Wigley, Mark	马克·威格利
Williams, Raymond	雷蒙·威廉斯（1921—1988）
Winckelmann, Johann Joachim	约翰–约希姆·温克尔曼（1717—1768）
Winter, John	约翰·温特
Wittgenstein, Ludwig	路德维希·维特根斯坦（1889—1951）
Wittkower, Rudolf	鲁道夫·维特科（1901—1971）
Wölfflin, Heinrich	海因里希·沃尔夫林（1864—1945）
Wright, Frank Lloyd	弗兰克·劳埃德·赖特（1867—1959）
Zevi, Bruno	布鲁诺·赛维（1918—2000）
Zumthor, Peter	彼得·卒姆托（1943— ）